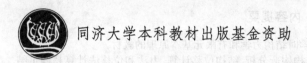
同济大学本科教材出版基金资助

结构力学与有限元基础

张　氢　秦仙蓉　孙远韬　编著

同济大学 出版社
TONGJI UNIVERSITY PRESS

内容提要

本书是为高等院校机械类专业编写的少学时结构力学和有限元基本原理的教材。

主要介绍机械结构的内力与变形,涉及结构构造分析、结构位移计算、力法和位移法计算超静定结构的基本理论和方法。通过讲解矩阵位移法的基本原理,结合杆系结构的有限元原理与方法的论述,实现了由矩阵位移法向结构力学问题的一维有限元法的过渡。在此基础上,将材料力学和结构力学涉及的杆及杆系结构向一般弹性体推广,引入弹性力学的基础理论,最终形成二维及三维有限元的概念。

全书结合结构分析技术的发展脉络,在内容编排上注重理论的连贯性,重点突出,基本理论阐述精炼扼要,并强调采用手算和练习加深巩固对基本原理的理解。每章均有小结,适量思考题和习题,以及习题答案。所有习题均概念清晰、易于练习且贴近工程应用。

本书可作为高等院校机械类及工程技术类相关专业的教材,对从事机械结构设计工作的工程技术人员也有参考价值。

图书在版编目(CIP)数据

结构力学与有限元基础 / 张氢,秦仙蓉,孙远韬编著.—上海:同济大学出版社,2018.12
　　ISBN 978-7-5608-8199-7

　　Ⅰ.①结… Ⅱ.①张… ②秦… ③孙… Ⅲ.①结构力学-高等学校-教材②弹性力学-有限元法-高等学校-教材 Ⅳ.①O342②O343

中国版本图书馆 CIP 数据核字(2018)第 238580 号

结构力学与有限元基础

张　氢　秦仙蓉　孙远韬　**编著**

责任编辑　宋　立　　**责任校对**　谢卫奋　　**封面设计**　陈益平

出版发行　同济大学出版社　　　www.tongjipress.com.cn
　　　　　(地址:上海市四平路 1239 号　邮编:200092　电话:021-65985622)
经　　销　全国各地新华书店
排　　版　南京文脉图文设计制作有限公司
印　　刷　苏州市古得堡数码印刷有限公司
开　　本　787 mm×1 092 mm　1/16
印　　张　16.75
字　　数　418 000
版　　次　2018 年 12 月第 1 版
印　　次　2022 年 8 月第 2 次印刷
书　　号　ISBN 978-7-5608-8199-7

定　　价　52.00 元

序

  机械结构作为机械设备的骨骼,构成了机械的外形并承载相应的各类工作载荷与自重,其受力与变形情况对整机的安全至关重要。随着机械向大型、高速、重载方向发展,研究复杂机械结构的受力与变形成为构造必须完成的工作;随着计算机的普及应用和有限元技术的迅速发展,求解复杂机械结构的受力和变形已经成为可能。因此,结构力学和有限元法已成为机械工程专业学生的必修专业基础课程。

  本书综合了作者长期从事机械结构分析科研和教学的深刻体会,总结了本课程的教学方法和教学难点,整合了结构力学、弹性力学及有限元方法的内容,特别是将结构力学和有限元法的自然联系及前后传承关系着重进行了融合;通过适量示例,指导学生从理论到实际进行手算分析,建立必要的力学基础;通过思考题和习题巩固所学知识,体现了对培养力学基础概念的重视,达到围绕机械专业培养目标——构建扎实的机械专业基础的意图,体现了本专业的特色。

  本教材通俗易懂,既能供本科生课堂教学使用,也可作为科技人员的参考书。

郑惠强

2018 年 7 月

前　言

　　为适应 21 世纪人才竞争的需要,机械专业除了继续强调拓宽基础和专业口径,不断更新教学内容并改革课程体系外,还需要将教学的重点从以"教"为中心向以"学"为中心转变,努力提高人才培养的教学目标达成度。为此,教材需要围绕培养目标的专业类知识体系和核心课程体系,用较少的学时简明扼要地指明重要概念和学习目标,将更多的时间留给学生进行探究。本书就是基于新培养计划要求,面向高等院校机械类专业的少学时结构力学和有限元基本原理教材。

　　机械结构构成了机械的外形,承载自身各部分的重量和外界的作用力。机械结构的受力及变形分析是本课程的主要内容。针对机械结构的受力和变形分析,各类大型结构有限元分析软件随着计算机软、硬件技术的发展,其功能和易用性不断完善。越来越友好的 GUI 虽然大大降低了使用软件进行结构分析的门槛,但是与此同时,商业软件的黑箱性质使得用户很难理解其计算原理,使用户不容易建立相关的力学概念,更不利于培养用户正确的结构分析的过程,从而不易分析判断计算结果的合理性,甚至计算出错时不知道如何排除。此外,传统意义上,结构力学和有限元法是两个截然不同的课程,过去一直采用不同的理论体系进行教学。这从本质上割裂了二者之间的天然联系和前后传承关系,导致学生在进行实际工程结构分析及相关软件的使用时存在较大困难。

　　本书正是针对上述问题所编写的。"结构力学与有限元基础"是机械专业的核心专业基础课,本书适合机械类少学时的结构力学和有限元课程教学使用。本书主要内容涵盖结构力学和有限元法基本知识,包括结构和弹性体的基本概念、机械结构计算简图、结构构造分析、静定结构的内力计算、静定结构的位移计算、超静定结构的力法和位移法、矩阵位移法、杆梁单元结构有限元分析、弹性力学基础、平面问题的有限单元法和等参数单元等基本知识。本书从建立基本的承载结构概念开始,强调基本力学概念以及结构力学和有限元法之间的联系,增加从矩阵位移法到杆系杆梁结构有限元之间的过渡,使读者能够充分理解有限元法的运作原理并更好地加以利用,方便读者在工作中从手算到电算"相互切换",更好地解决实际工程问题。本书每章均有小结,以及适量思考题和习题,其中习题提供答案以方便快速学习。

　　本书是在多年教学实践基础上总结而成的。其前身的教材源于 2004 年 10 月和 2009 年 9 月由卢耀祖、郑惠强、张氢编写的第一、第二版《机械结构设计》,以及卢耀祖、周中坚 1997 年 7 月编写的《机械与汽车结构的有限元分析》。上述教材经过同济大学多年教学实践,在各自专业方向上均取得较好的教学成果,在此基础上,本书又作了大幅度的修改和提高。

　　本书的编写分工是:张氢完成第 1～6 章,以及对全书的统稿;秦仙蓉完成第 7,9,10章;孙远韬完成第 8 章。在本书的编写过程中,博士生詹澎明、葛韵斐,硕士生陈文韬、翟金金、覃昶、赵书振、骆礼福等完成了资料收集、制图、算例准备和文本校对等方面的工作,在此一并表示感谢。

　　由于编者水平有限,书中难免还存在缺点和疏漏,欢迎广大专家、同行和读者批评指正。

编者

2018 年 5 月

目 录

第1章　绪　论

结构力学是研究结构的合理形式以及结构在受力状态下内力、变形和稳定性等方面规律的学科。目的是为了所设计的结构既安全可靠，又经济合理。本书主要介绍工程机械与港口机械中的基于结构力学与有限元法的应用，论述其原理和方法及在机械结构设计分析过程中的运用。

各种机械的结构主要起支承或者传递载荷的作用。由于金属材料具有强度高、性能稳定的特点，现在绝大部分的机械结构都采用金属材料制成。从这个意义上说，机械结构又可称为金属结构。它是以金属材料轧制的型钢（角钢、工字钢、槽钢等）和钢板、钢管等作为基本元件，通过焊接、铆接或螺栓连接等方式，按功能设计需要连接起来制成基本构件，并连接成能够承受外载荷的结构物。金属结构的重量通常占整台机械重量的 60%～70%，有些机械如塔式起重机的金属结构甚至占整机重量的 90%，因此要求结构自重尽量轻，既节约材料，又可提高机械的工作性能。图 1-1 可见机械结构构成了整台设备的外形。

图 1-1　浮式起重机、港口岸边集装箱起重机

金属结构大都采用钢材。与其他材料制成的结构相比，它具有下列一些特点：

（1）强度高、重量轻。钢材比木材、砖石、混凝土等材料的强度要高出很多倍，因此，当承受的载荷和条件相同时，用钢材制成的结构自重较轻，所需截面较小，运输和架设亦较方便。

（2）塑性和韧性好。钢材具有良好的塑性。在一般情况下，不会因偶然超载或局部超载造成突然断裂破坏，而是事先出现较大的变形预兆，以便及时采取补救措施。钢材还具有良好的韧性，对经常作用在机械上的动载荷的适应性强，为金属结构的安全使用提供了可靠保证。

（3）材质均匀。钢材的内部组织均匀，各个方向的物理力学性能基本相同，很接近各向同性体。在一定的应力范围内，钢材处于理想弹性状态，符合结构力学的基本假定，故计算结果准确可靠。

（4）制造方便，具有良好的装配性。金属结构是由各种通过机械加工制成的型钢和钢板等组成，采用焊接、铆接或螺栓连接等手段制造成基本构件，适合现场装配拼接，制造简便、施工周期短、效率高。

（5）密封性好。金属结构如采用焊接连接方式，易做到紧密不渗漏，密封性好。

（6）耐腐蚀性差。有些机械，特别是工程机械，经常处在潮湿环境中作业，用钢材制作的金属结构在湿度大或有侵蚀性介质情况下容易锈蚀，因而需进行相关维护和保养，如除锈、涂装等。

（7）耐高温性差。钢材虽然具有一定的耐热性，但不耐高温，随着温度的升高，钢材强度会迅速降低，因此，对重要的结构必须注意采取防火隔热措施。

由上述金属结构组成的机械，结构越来越复杂，比如复杂的几何形状、复杂的载荷作用和复杂的支承约束等。对于上述复杂工程问题，很难找到解析解，但是，仍然需要去分析、研究、解决。克服这些困难可以有多种途径，一般可归结为两种：一种方法是对复杂的问题作简化，通过提出各种假设、回避一些难点，最终简化为一个较容易解决的问题。这种方法有时是可行的，但是，由于太多的简化和假设，通常将得到极不准确甚至是错误的解答。另一种方法是尽可能保留问题的各种实际情况，尝试寻求近似的数值解，放弃封闭形式的解析解。这是因为近似数值解也可以满足工程实际需要，在计算机技术飞速发展并广泛应用的今天，这已经成为较为现实又非常有效的选择。

在众多的近似分析方法中，有限元法是运用最成功、最广泛的方法。它运用离散概念，把弹性连续体划分为一个由有限个单元组成的集合体，通过分析、组合各个单元，得到一组联立代数方程组，最后解得数值解。

本书首先探讨结构力学基本原理，分析机械结构的简化模型及其内力和变形，在此基础上介绍使用计算机求解复杂结构内力、变形和应力的近似方法——有限元法。

1.1　机械结构的分类

机械的金属结构类型很多，可以根据金属结构基本构件的几何特征、连接方式以及外载荷与结构构件在空间的相互位置这三种情况来区分。

1. 根据基本构件的几何特征，可分为杆系结构和板结构

若干杆件按照一定的规律组成的几何不变结构，称为杆系结构。其特征是每根杆件的长度远大于宽度和厚度，即截面尺寸较小而相对长度较大。如常见的塔式起重机的臂架和塔身（图1-2）、轮胎式起重机的臂架（图1-3）等都是杆系结构。通常结构力学的研究对象以杆系结构为主。

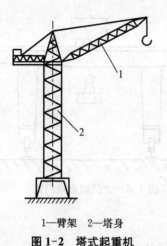

1—臂架 2—塔身

图1-2 塔式起重机

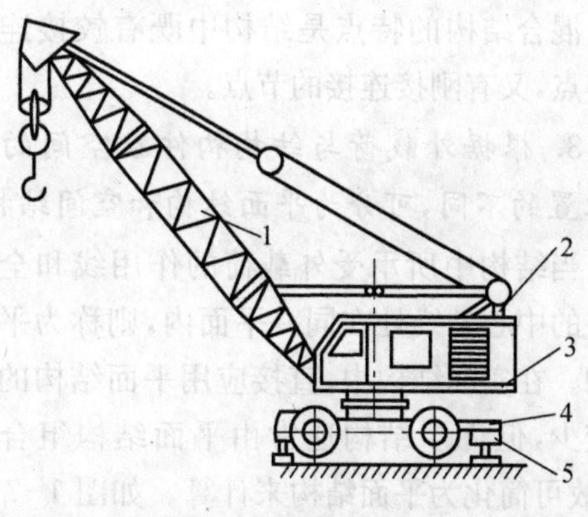

1—臂架 2—人字架 3—转台 4—车架 5—支腿

图1-3 轮胎式起重机

板结构主要由薄板焊接而成。薄板的厚度远小于截面其他两个方向上的尺寸,故又称薄壁结构。汽车起重机的箱形伸缩臂架、转台、车架、支腿(图1-4),挖掘机的动臂、斗杆、铲斗(图1-5)等都可以视为板结构制式。

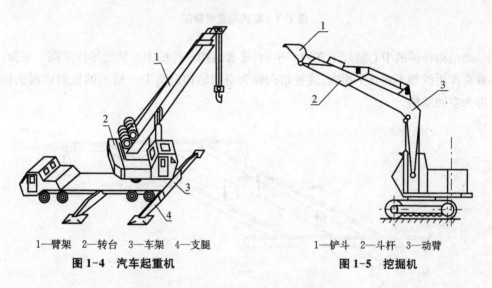

1—臂架 2—转台 3—车架 4—支腿

图1-4 汽车起重机

1—铲斗 2—斗杆 3—动臂

图1-5 挖掘机

2. 根据基本构件之间连接方式的不同,可分为铰接结构、刚接结构和混合结构

铰接结构中,所有连接点都假设是理想铰,即不传递弯矩。机械的金属结构中极少有全铰接结构,如起重机臂架与转台、挖掘机铲斗与斗杆和动臂与转台之间的连接。但如果杆系结构中的杆件主要承受轴向力,承受的弯矩相对甚小,或者当节点处的连接状态与铰接连接很相近(如塔式起重机的臂架、塔身),则在设计计算时,可近似简化为铰接结构处理。

刚接结构也称刚架结构。这种结构的特点是杆件连接处刚性大。在外载荷作用下,各构件之间的夹角不会变化,或变化甚小可忽略不计,连接处的节点往往要承受较大弯矩。龙门起重机(图1-6)的门架就是刚接结构。

混合结构的特点是结构中既有铰接连接的节点，又有刚接连接的节点。

3. 根据外载荷与结构构件在空间的相互位置的不同，可分为平面结构和空间结构

当结构中所承受外载荷的作用线和全部杆件的中心轴线处在同一平面内，则称为平面结构。在实际结构中，直接应用平面结构的情况较少，但许多结构通常由平面结构组合而成，故可简化为平面结构来计算。如图1-7所示，在塔式起重机水平臂架上，小车轮压、结构自重与桁架式臂架平面共面，因此，该臂架可简化为平面结构计算。

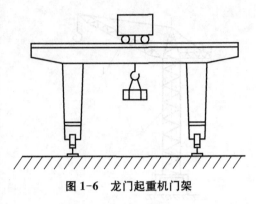

图 1-6　龙门起重机门架

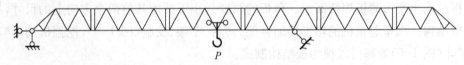

图 1-7　塔式起重机臂架

当结构杆件的中心轴线不在同一平面，或者结构杆件的中心轴线虽位于同一平面，但外载荷作用线却不在其平面内，这种结构称为空间结构。图1-8所示的轮胎式起重机车架即为空间结构。

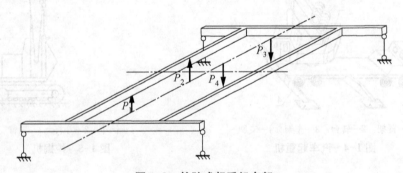

图 1-8　轮胎式起重机车架

1.2　结构力学和材料力学的研究对象

材料力学是研究工程结构中材料的强度和构件承载力、刚度、稳定性的学科，它的研究对象是变形小的单个简单变形体。结构力学是研究结构的合理形式以及结构在受力状态下内力、变形、动力响应和稳定性方面的规律的学科，它的研究对象是由多个变形小的简单变形体组成的复杂变形体系。

1.3 有限元法的研究对象及其应用

弹性力学的研究对象是任意形状的弹性体。有限元法则是应用离散化的思想,将弹性连续体分割成数目有限的单元,并认为相邻单元之间仅在节点处相连并通过节点传力,节点位移是结构的基本未知量。这样组成有限个弹性体单元的集合体,然后引进等效节点力及节点约束条件,由于节点数目有限,就成为具有有限个自由度的有限元计算模型。设计计算时,它替代了原来具有无限多自由度的弹性连续体。

在此基础上,对每一单元根据分块近似的思想,假设一个简单的函数来近似模拟其位移分量的分布规律,即选择位移模式,再通过虚功原理(或变分原理与其他方法)求得每个单元的平衡方程,就建立了单元节点力与节点位移之间的关系。把所有单元的这种特性关系按照节点位移连续和节点力平衡的方式集合起来,就可以得到整个弹性体的平衡方程组。引入边界约束条件后,解此方程组能求得节点位移,将求得的节点位移代回单元位移模式可得单元位移,继而计算出各单元应力。有限元法最早应用于航空工程,现已迅速推广到机械与汽车、船舶、建筑结构等多个工程技术领域,并从固体力学领域扩展到流体、电磁、声振动等各学科。近年来,随着计算技术的迅猛发展,有限元法几乎在所有工程问题上得到了发展和应用,成为一个基础稳固并为大家所接受的工程分析工具。

在工程技术领域,根据分析目的,有限元分析可以分成三大类:

一是进行静力分析,也就是求解不随时间变化的系统平衡问题,如线弹性系统的应力分析,也可应用在分析静力学、静磁学、稳态热传导和多孔介质中的流体流动等方面。

二是模态分析和稳定性分析。它是平衡问题的推广,可以确定一些系统的特征值或临界值,如分析结构的稳定性及线弹性系统固有特性等。

三是进行瞬时动态分析。可以求解一些随时间而变的传播问题。如分析弹性连续体的瞬时动态响应(或称动力响应)、流体动力学等。

1.4 本章小结

机械结构是各种机械的骨架,主要起支承或传递载荷的作用,大型机械的结构重量甚至超过整机重量的一半,不但决定了机械的承载能力,也决定了其外形。

本章首先简述了机械结构的主要形式及其特点。随后介绍了机械结构的分类,根据基本构件的几何特征,机械结构可分为杆系结构和板结构;根据基本构件之间的连接方式不同,可分为铰接结构、刚接结构和混合结构;根据外载荷与结构构件在空间的相互位置的不同,结构可分为平面结构和空间结构。

本章区分了结构力学和材料力学的研究对象,材料力学研究单个简单弹性体,而结构力学则研究由众多简单弹性体构成的复杂体系。最后,简单介绍了有限元法的基本原理及其在工程中的应用。

思考题

1.1 在结构力学中,机械结构的定义是什么?

1.2 金属结构的特点是什么?

1.3 结构力学与材料力学有何区别?

1.4 弹性力学的有限元法研究对象是什么?

1.5 有限元分析可以分成哪几种类型?

第 2 章　结构构造分析

2.1　机械结构构造分析的目的

本章的主要任务是研究结构的组成规律,图 2-1 所示是两类不同的结构类型。

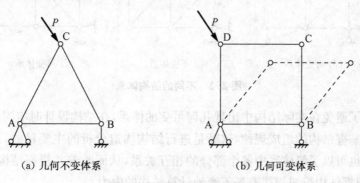

（a）几何不变体系　　　　　　　　　　（b）几何可变体系

图 2-1　两类不同的结构类型

从直观和常识可以知道:图 2-1(a)所示的结构是能够承载的,而 2-1(b)所示的结构是不能承载的。很明显,为了确定结构是否能够承载,必须对结构进行构造分析,即从机械运动和几何学的角度出发,分析机械结构或体系的组成形式,确定其能否承载。

由于大部分机械结构是用金属材料做成的,结构承受载荷以后会产生一定的弹性变形或弹塑性的变形。这种由于材料应变引起的结构形状的改变量,与结构原来的尺寸相比,一般来说十分微小,并不影响结构的正常使用。因此,在进行机械结构的构造分析时,将忽略构件的弹性变形,即把每一构件都假设成刚性的。

杆系结构是由杆件组成的体系,在不计材料应变的条件下,若体系的形状或各杆的相对位置能保持不变[图 2-1(a)],则称为几何不变体系(简称不变体系)。如果体系的形状或各杆的相对位置可以改变[图 2-1(b)],则称为几何可变体系(简称可变体系)。

在实际工程中,各种结构都要承受一定的载荷,但可变体系不能完成这样的工作,所以设计结构时必须采用几何不变体系。

要使设计的结构是几何不变的,结构必须具有必要数量的约束,并且约束布置方式应合理。如图 2-2(a)和图 2-2(d)所示的体系,由于它们都不具备必要数量的约束,因此,都是可变体系;如图 2-2(b)和图 2-2(e)所示的体系,由于它们都具备了必要数量的约束,并且约束的布置方式也都合理,所以都是不变体系;而图 2-2(c)和图 2-2(f)所示的体系,虽然也都具备了必要数量的约束,但它们的约束布置方式不完全恰当,因而还是可变体系。

其中图 2-2(c)所示的体系,由于它仅在开始施加载荷的一瞬间发生较小的变形,此后就不能再变形了,故又称它为瞬变体系。而图 2-2(a)、图 2-2(d)和图 2-2(f)所示的可变体系,由于它们可以产生很大的位移,故有时也称它们为常变体系。

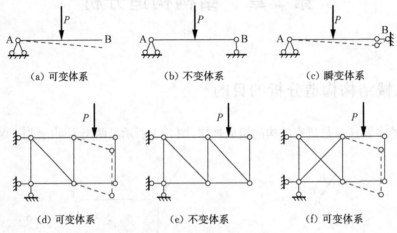

(a) 可变体系　　　　(b) 不变体系　　　　(c) 瞬变体系

(d) 可变体系　　　　(e) 不变体系　　　　(f) 可变体系

图 2-2　不同的结构体系

因此,为了避免在实际结构中出现几何可变的体系,在结构设计时应当具备分析几何组成的知识、掌握结构的组成规律,这就是进行结构构造分析的主要目的。其次,通过结构构造分析,也可以了解体系中各个部分的相互关系,从而改善并提高结构的受力性能。同时还可以根据结构组成规律有条不紊地计算结构的内力。

2.2　结构的构造分析

相同数量的杆件,当布置不同时可能会得到不同的结构,可通过图 2-3 所示例子来说明。

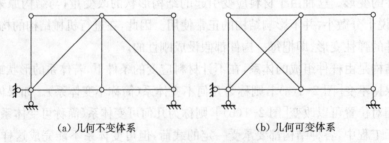

(a) 几何不变体系　　　　　　　(b) 几何可变体系

图 2-3　不同布置的结构

图 2-3 中两个结构的杆件数相同,约束方式也相同,但是图 2-3(a)为几何不变体系,而图 2-3(b)则为几何可变体系。因此,必须研究判别几何不变体系的方法。

判别一个体系是否是几何不变体系,实际上就是判别该体系是否存在刚体运动的自由度。所谓自由度,是指完全确定体系位置所需要的独立坐标的数目。这里的独立坐标是指广义坐标,它既可以是直角坐标,也可以是其他任何可独立变化的几何参数。

在平面内，1个质点有2个自由度，如图 2-4(a)所示，用 x 和 y 两个独立坐标就可以完全确定平面内质点 A 的位置。图 2-4(b)所示的一个几何形状不变的平面刚体，称为刚片。先用 x 和 y 两个独立坐标可以确定该刚片上一点的位置，然后用独立参数 θ 确定刚片上任意直线段 AB 的倾角，这样就完全确定了刚片在平面内的位置，所以，1个刚片在平面内有3个自由度。

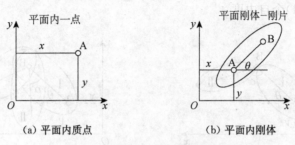

图 2-4　平面质点与刚片的自由度

在平面内，多个刚片之间或刚片与基础之间用链杆联结、铰联结或刚性联结相连，就组成了平面刚片系。这些联结将对体系内各部分之间的位置关系形成几何学上的限制，这种限制称为几何约束，简称为约束。

采用不同的联结方式，所起到的约束效果也不同。如图 2-5(a)所示，A，B 两点间由一链杆联系，原本 A，B 两点独立动点有4个自由度，联结后成为 AB 杆后，在平面内只有3个自由度；如图 2-5(b)所示，刚片 I，II 间由链杆 BC 联结，原本两个独立刚片有6个自由度，联结后由图示的5个独立坐标 x，y，θ，α，β 确定其位置。由此可知，1根链杆相当于1个约束，体系可以减少1个自由度。一般称联结两个节点的链杆为单链杆，联结两个以上节点的链杆为复链杆。图 2-5(c)所示的链杆联结了4个节点，原本有8个自由度，联结后为3个自由度，减少了5个自由度。以此类推，联结了 n 个节点的复链杆的体系将减少 $(2n-3)$ 个自由度。需要注意的是复链杆的画法，图 2-5(d)所示并不是复链杆而是两个单链杆。

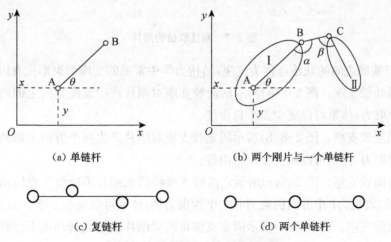

图 2-5　不同联结方式的约束效果

9

图 2-6(a)所示两个刚片在 B 点用铰联结,原本两个刚片共有 6 个自由度,联结后自由度减为 4 个。由此可知,1 个铰相当于 2 个约束,体系可以减少 2 个自由度。图 2-6(b)所示三个刚片用 1 个铰联结,联结后自由度减为 5 个,减少了 4 个自由度。一般称联结两个刚片的铰为单铰,联结两个以上刚片的铰为复铰。图 2-6(b)所示的复铰相当于两个单铰。以此类推,从减少自由度的角度来看,联结 n 个刚片的复铰可以当作 $n-1$ 个单铰,体系将减少 $2(n-1)$ 个自由度。

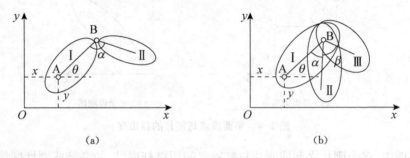

(a)　　　　　　　　　(b)

图 2-6　铰接的刚片

图 2-7(a)所示平面内两个刚片在 A 点刚性联结,原本两个刚片共有 6 个自由度,联结后变成一个刚片,自由度为 3 个。因此,1 个刚节点相当于 3 个约束,体系可以减少 3 个自由度。一般称联结两个刚片的刚节点为单刚节点,联结两个以上刚片的刚节点为复刚节点。以此类推,联结 n 个刚片的复刚节点可以当作 $n-1$ 个单刚节点,体系将减少 $3(n-1)$ 个自由度,如图 2-7(b)所示。

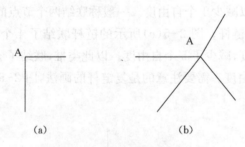

(a)　　　　　　　　　(b)

图 2-7　刚性联结的刚片

刚片与基础之间的联结点称为支座,结构力学中常见的支座约束形式有以下四种:

(1) 活动铰支座。图 2-8(a)所示活动铰支座对刚片产生支座方向上的约束,表现为 1 个方向约束力,体系可以减少 1 个自由度。

(2) 固定铰支座。图 2-8(b)所示固定铰支座对刚片产生两个方向上的约束,表现为 2 个方向约束力,体系可以减少 2 个自由度。

(3) 定向铰支座。图 2-8(c)所示定向铰支座将约束刚片不能绕节点转动,只能沿某一方向移动,表现为 1 个方向约束力和 1 个约束力偶,体系可以减少 2 个自由度。

(4) 固定支座。图 2-8(d)所示固定支座将约束刚片既不能转动也不能移动,表现为 2 个方向约束力和 1 个约束力偶,体系可以减少 3 个自由度。

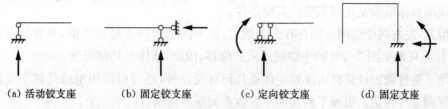

| (a) 活动铰支座 | (b) 固定铰支座 | (c) 定向铰支座 | (d) 固定支座 |

图 2-8　四种类型的支座

应当注意的是，并非所有约束都能减少体系的自由度。图 2-9(a)所示的体系自由度为零。若再加一个活动铰支座，如图 2-9(b)所示，体系自由度仍为零。一般将几何不变体系所必需的约束称为必要约束；将必要约束以外的约束称为多余约束。

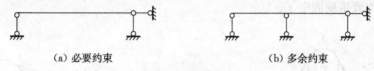

| (a) 必要约束 | (b) 多余约束 |

图 2-9　多余约束

体系的自由度等于体系各部分互不相连时的总自由度减去体系中的必要约束数，当体系的自由度等于零时，就是几何不变体系。对于复杂体系，很难直观得到必要约束数，所以，引入计算自由度的概念。将体系的计算自由度定义为体系各部分互不相连时的总自由度减去体系总的必要约束数，记为 W，其值通过式(2-1)计算：

$$W = 3m - (2 \times h + r) \tag{2-1}$$

式中　m——刚片数；

　　　h——单铰数；

　　　r——单链杆数(含支座链杆)。

很容易得到体系的计算自由度 W，其值可以大于零，也可以等于零或小于零。当所有约束都是必要约束时，体系的计算自由度就等于体系的自由度，当存在多余约束时，体系的计算自由度小于体系的自由度。注意，计算自由度 $W \leqslant 0$ 是体系几何不变的必要条件，但并不是充分条件，不能由 $W \leqslant 0$ 推导出体系几何不变；若 $W > 0$，则体系一定几何可变。

例 2.1　试求图 2-10 所示平面体系的计算自由度，并分析体系的几何可变性。

解：将图 2-10(a)视为铰结刚片体系。体系刚片数=14，折算单铰数=$4 \times 2 + 4 \times 3 = 20$，支座链杆数=3，于是，有：

$$W = 14 \times 3 - 20 \times 2 - 3 = -1$$

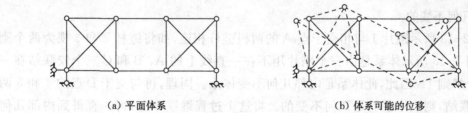

| (a) 平面体系 | (b) 体系可能的位移 |

图 2-10　例 2.1

说明该体系满足几何不变的必要条件。

但是,左右两个结间分别存在多余约束,而中间结间缺少必要约束,其实体系自由度为1,体系可发生图2-10(b)中虚线所示的位移,因此,该体系几何可变。

除了通过确定计算自由度判定体系几何可变性外,还可以运用组成几何不变体系的基本规则进行判定。组成平面几何不变体系的基本规则有以下三个:

规则1:如果三个刚片用不在一直线上的三个单铰两两联结在一起,则组成的体系是内部几何不变的。

如图2-11所示,当A,B和C三个铰不在一直线上时,则AB,BC和CA三条直线可组成一个三角形。由于三边长度已定,故所组成的三角形是唯一的。因此,1,2,3三个刚片的相对位置也就固定了。

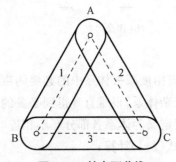

图2-11　铰点不共线

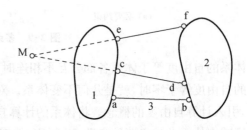

图2-12　三根不交于一点/不平行的链杆

规则2:如果两个刚片用不交于一点或互不平行的三根链杆联结在一起,则组成的体系是内部几何不变的。

图2-12所示1和2两个刚片,由3根链杆ab,cd和ef相连,组成了内部几何不变体系。因为若把链杆ab视为刚片3,而链杆cd和ef的作用相当于一个铰节点,将刚片1和2联结在它们延长线上得到交点M,通常称M为虚铰。这样,三个刚片被不在一条直线上的a,b和M三个铰联结在一起,符合规则1。因此,图2-12所示体系是内部几何不变体系。

规则2也可表述为两个刚片用一个铰和不通过该铰的一根链杆联结在一起,则组成的体系是内部几何不变的。显然,图2-12所示1和2两个刚片可看作由铰M和链杆3联结在一起,这是内部几何不变体系。

规则3:如果一个刚片与两根不在一条直线上且交于一点的链杆相连,则组成的体系是内部几何不变的。

图2-13所示刚片1与相交于点A的两根链杆相连,如将链杆2和3视为两个刚片,则图2-13所示体系是由三个刚片用不在一直线上的A,B和C三个铰联结在一起,符合规则1。因此,此体系是内部几何不变体系。同理,再与交于D点的4和5两链杆相联结,则该体系仍是几何不变的。将这个过程继续下去,可一直得到内部几何不变体系。

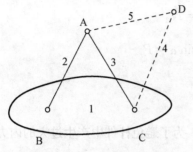
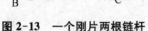

图 2-13 一个刚片两根链杆

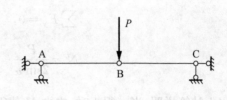

图 2-14 共线的三个铰点

由此可见,规则 2 和规则 3 皆以规则 1 为依据,而规则 1 基于三角形组成的唯一性法则。因此,通常采用三角形基本法则来判断体系的几何可变性。这个法则叙述如下:如果用不在一直线上的 3 个铰联结 3 个刚片(或杆件),则它们组成的体系是几何不变的。

应用三角形法则判断结构的几何可变性应注意下列两点:

(1) 三个铰不允许在一直线上。

(2) 三个铰不应交于一点。

当体系的几何组成不满足三角形法则时,则为几何可变体系。

如果联结刚片的三个铰在一直线上(图 2-14),那么在铰 B 处即使作用很小的外力 P,体系也将产生微小运动。直到三个铰不在一直线上且满足受力平衡条件,运动才终止。这种在某一瞬时可以产生微小运动的体系,称为瞬变体系。瞬变体系也是几何可变体系的一种,这种体系不能作为结构使用。因为瞬变体系即使在很小的外力作用下,也会产生很大的内力,从而导致结构的破坏。因此,瞬变体系也称为危形结构。下面通过图 2-15(a)所示瞬变体系的静力解特征来说明它的危害性。

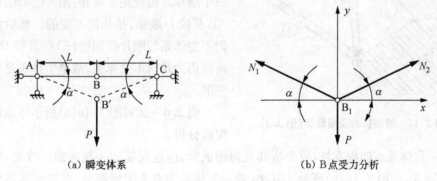

(a) 瞬变体系　　　　　　　　　　(b) B 点受力分析

图 2-15 三个共线铰的计算简图

假定在 B 点加载荷 P 之后,B 点移到 B_1 点,由于体系对称,两杆转动了同一微小角度 α 后能维持平衡,如图 2-15(b)所示。

由静力平衡条件:

$$\sum F_x = 0, \quad N_1 = N_2$$

$$\sum F_y = 0, \quad 2N\sin\alpha = P$$

$$N = \frac{P}{2\sin\alpha}$$

以上计算说明,当 α 很小时,内力 N 值很大。为了避免杆件中产生过大的内力,应避免采用接近于瞬变体系的结构。

例 2.2 图 2-16 所示为一塔式起重机中塔身桁架结构的一部分,试分析其几何构造。

解:对于一个复杂的体系,为了分析其几何构造,可以采用"刚体合成法"来逐步进行。这个方法是先从体系中找出一部分很明显的几何不变体系作为分析的基础,然后逐步将各杆件依次组合上去,以获得几何不变体系。如此逐段进行,若最后所得仍为几何不变体系,则整个体系就是几何不变的,若最后所得不是一个几何不变体系,也易于判别哪一部分是几何可变的。

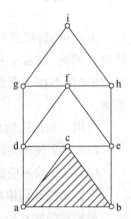

图 2-16 塔式起重机塔身桁架一部分(例 2.2)

对于本例所示塔身结构,可将图中阴影三角形 abc 作为分析的基础。显然,三角形 abc 是几何不变的。在此基础上,依次组合 d 点和 e 点,得几何不变体系 adceb,再依次组合 f,g,h 三点,得几何不变体系 adgfheb,最后组合 i 点,所得仍为几何不变体系。因此,最后可判定整个体系是几何不变的,而且没有多余的联系。

例 2.3 图 2-17 所示为一挖掘机的臂架变幅部分,试分析其几何构造。

解:将机体①、臂架③、撑杆②分别看作三个刚片。由规则 2 可知:刚片①和②用链杆 AB 及铰 D 联结,是几何不变的。然后将此几何不变体系与刚片③用链杆 BC 及铰 D 联结,所得仍为几何不变体系,故整个体系是几何不变的。

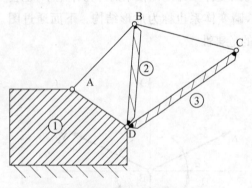

图 2-17 挖掘机的变幅臂架(例 2.3)

例 2.4 试对图 2-18(a)所示体系作几何组成分析。

解:该体系有四根支杆,故分析其几何组成时,应连同基础一起考虑。首先,划出局部合成刚片,如图 2-18(b)所示。其次,看一下体系中有无附属部分,易知此体系没有附属部分。下一步可分析体系的几何组成,看它是否符合几何不变体系的组成规则。为此,不妨先假设局部不变体 ADE 为刚片Ⅰ,然后再从同它有关的联系中,去寻找其他刚片。据此,通过铰 A 和铰 D,就很自然地会把局部刚片 BDF 和基础分别当作刚片Ⅱ和刚片Ⅲ。可是这样考虑时,连接刚片Ⅱ和刚片Ⅲ的只有一根链杆(即支杆 B),而另外有三根链杆

（即链杆 CE、链杆 CF 及支杆 C）都未能用上。显然，这种组成方式，与几何不变体系的组成规则不符，说明分析方法不对，应当重新考虑。

　　在上述分析中，最初是假设 ADE 为刚片，结果行不通。既然如此，不妨不再把 ADE 当作刚片，而将其看作三根链杆。这样改变之后，可先假设局部不变体 BDF 为刚片Ⅰ，如图 2-18(c) 所示。由于节点 A 是固定铰支座，故可将其看作基础的扩大部分。与刚片Ⅰ相连的有一根支杆和三根链杆，其中链杆 DE 和 FC 都与链杆 EC 相连，而链杆 DA 和支杆 B 又都与基础相连。因此，可以很自然地把链杆 EC 和基础分别看作刚片Ⅱ和刚片Ⅲ。最后，还发现在刚片Ⅱ和刚片Ⅲ之间也有链杆 AE 和支杆 C 相连。这样，三个刚片两两之间各有两根链杆（或支杆）相连，形成三个虚铰（Ⅰ-Ⅱ）、（Ⅱ-Ⅲ）和（Ⅰ-Ⅲ），其位置如图 2-18(c) 所示。三个铰不在一直线上，符合规则 1，故为几何不变体系。

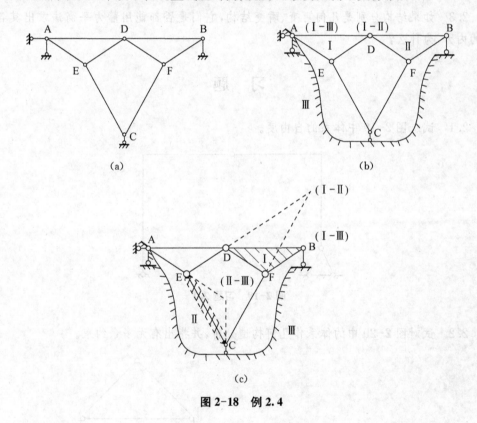

图 2-18　例 2.4

2.3　本章小结

　　对杆系结构，按形状或各杆的相对位置能否保持不变，可将体系分为几何不变体系和几何可变体系。在几何可变体系中，仅在开始施加载荷的一瞬间发生较小的变形，此后变形不能再恢复的体系称为瞬变体系；可以产生很大的变形的体系称为常变体系。

　　在进行结构受力分析之前，首先要判定整体体系能否构成一个可以承载的结构。机械结构的构造分析就是从机械运动和几何学的角度出发，对机械结构或体系的组成形式进行分析,并判定其能否承载的过程。同时,也可以了解体系中各个部分的相互关系,从而改善和提高结构的受力性能。

通过求自由度的方法可以非常快地判定体系是否几何可变,但无法判定体系是否是几何不变。要判定体系的几何不变性可以运用组成平面几何不变体系的三个基本规则。

思考题

2.1 如果已知体系的自由度为零,是否能推导出体系是几何不变的?

2.2 试归纳体系的自由度与几何构造特性之间的关系。

2.3 如果结构分别是几何可变、瞬变结构,它们是否都能用静力平衡法求出其各部分的内力,为什么?

习 题

2.1 试求图 2-19 中体系的自由度。

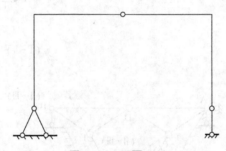

图 2-19 习题 2.1

2.2 试对图 2-20 中的体系作几何构造分析,并指出有无多余约束。

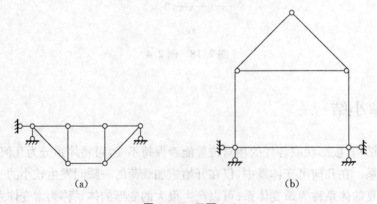

(a)   (b)

图 2-20 习题 2.2

2.3 图 2-21 为某一大型挖掘机臂架简图,试进行几何构造分析。

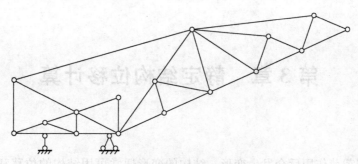

图 2-21 习题 2.3

2.4 对图 2-22 中的塔式起重机结构作几何构造分析。试问除去哪些杆件后，仍能保证结构的几何不变性？

2.5 对图 2-23 中的体系作几何构造分析。

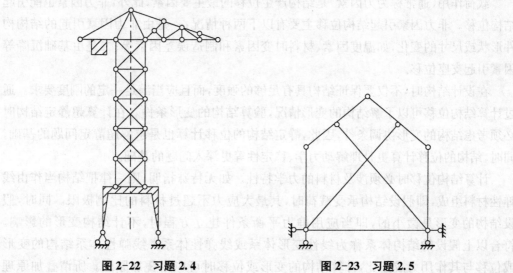
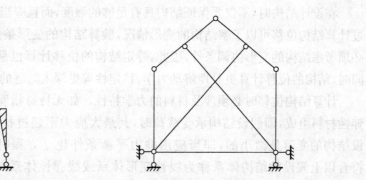

图 2-22 习题 2.4   **图 2-23 习题 2.5**

第3章　静定结构位移计算

结构受到载荷作用后会发生变形。结构的变形通常可用结构的位移和应变来描述。结构的位移是指结构上给定点或截面的位置变化,通常可分为线位移和角位移两种。线位移是指结构上给定点产生的位置移动,角位移则是指结构上给定截面产生的位置转动。结构上单个点或截面在指定参考系中的位移通常称为绝对位移。一个点或截面相对于另一个点或截面的位移称为相对位移。

载荷作用(通常称为力因素)是结构产生位移的最主要因素,此外,非力因素也能引起结构位移。非力因素引起结构位移主要有以下两种情况:一是由非力因素引起的结构构件形状或尺寸的变化,如温度因素、材料时变因素和制造误差因素等;二是由基础沉降等因素引起支座位移。

在设计结构时,不仅要保证结构具有足够的强度,而且应当满足一定的刚度要求。通过计算结构位移可以了解结构的变形情况,验算结构的变形条件。在计算超静定结构时必须考虑结构的变形协调条件,因此,静定结构的位移计算也是求解超静定问题的基础。同时,结构的位移计算更是理解动力学、稳定性等更深入问题的基础。

计算结构位移时必须涉及材料的力学特性。如无特殊指明,则一律把结构当作由线弹性材料组成,即假设结构承受载荷时,其最大应力不超过材料的比例极限。同时,假设结构的变形是微小的,即当应用静力平衡条件建立方程时,不计结构变形的影响。符合以上假设的结构体系称为线性变形体系或线弹性体系。线弹性体系结构的变形或位移与其作用力成正比,计算结构的变形或位移时可应用叠加原理。所谓叠加原理是指结构由一组载荷所产生的效果(内力、变形等)等于每一载荷单独作用时所产生的效果的叠加。

3.1　机械结构的计算简图

实际的机械结构一般都很复杂,想要完全按照结构的真实情况去分析往往很难办到。因此,对实际结构进行力学分析时,总是需要作出一些简化和假设,略去某些次要因素,保留其主要受力特性,从而使计算切实可行。这种把实际结构适当简化,用作力学分析的结构图形,就称为结构计算简图,或者结构计算模型。

结构计算简图的力学分析结果,又是实际结构杆件截面的设计依据。因此,合理选取结构计算简图,是结构设计中非常重要的一项工作,同时,也是力学分析时必须首先解决的问题。一般说来,选取结构计算简图时,应当符合以下两点原则:

（1）结构计算简图必须能够反映实际结构的主要受力特性，确保计算结果可靠。

（2）在满足计算精度要求的条件下，结构计算简图应当尽量简单，使得计算方便可行。

对于机械结构来说，选取结构计算简图所涉及的内容主要有结构各部分联系的简化、支座的简化、节点的简化、杆件的简化和载荷的简化等。

1. 结构体系、构件以及构件间联系的简化

严格说来，实际的结构都是空间结构。然而，对于绝大多数空间结构来说，其主要承重结构和力的传递大多是由若干平面组合形成的。由于平面力系的计算要比空间力系简单得多，所以通常尽可能简化为平面结构来计算。

对桁架结构，在计算简图中，杆件通常以其轴线来代表，曲率不大的微曲杆件可以用直的轴线或折线段来代替。

结构中各杆件之间通过"结点"相连接。在实际的机械结构中，结点本身往往是很复杂的，但是，在计算时通常可简化为"铰结点"和"刚结点"两种。铰结点是指连接杆件的结点是光滑无摩擦的理想铰，各杆可绕此铰结点作相对转动，因此，铰结点上的弯矩为零。当然，无摩擦的理想铰在实际结构中并不存在。但是，当杆件的长细比较大时，可以将桁架结构中的结点简化为理想铰结点，这样可大大简化计算，而所求得的主要内力（杆件的轴力）基本上符合实际受力情况。由于实际结点与铰结点的差异，发生在结点附近的附加次内力（弯矩）与轴力相比是很小的，在一般情况下可忽略不计。

2. 支座的简化

任何机械结构只有设置或支承在某一基础或其他结构之上，才能承受外载荷并正常、可靠地工作。相应的计算模型也必须根据工程实际加上约束，才能保证计算顺利进行，才能使计算结果与实际情况相吻合。

支座是用来支承结构并与基础相连的构件或结构。结构所承受的载荷通过支座传到基础或其他结构上。在传递力的过程中，支座部分将承受支反力，同时，也阻止结构在支座方向上的位移。

在工程实际中，支座分为刚性支座和弹性支座。刚性支座又分为四类：

（1）活动铰支座。其特点是在支承部分有一个铰结构或类似于铰结构的装置，其上部结构可以绕铰点自由转动，而铰结构又可沿一个方向自由移动。如桥式起重机横梁与车轮用轴相接，可以绕轮轴转动，车轮则可以在轨道上自由滚动，如图 3-1(a)所示。这种支座可以简化为活动铰支座，如图 3-1(b)所示。它产生垂直方向的支反力，其作用线沿着支座链杆方向。

（2）固定铰支座。固定铰支座与活动铰支座的区别在于整个支座不能移动，但是被支承的结构可以绕一固定轴线或铰自由转动，如图 3-2(a)所示，支座简图如图 3-2(b)所示。支座反作用力通过支座铰点，其大小和方向由作用在结构上的载荷所决定。

（3）固定支座。其特点是当结构用这种支座与基础或其他结构相连接后，结构不能转动或移动。固定支座的实例如图 3-3(a)所示。图中上部结构焊接固定于基础上。支座简图如图 3-3(b)所示。支座反力除支反力外，还有支反力矩。

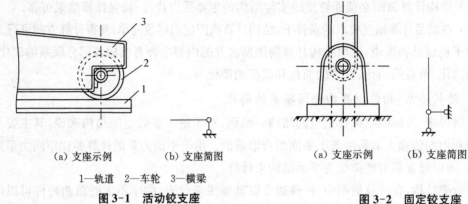

(a) 支座示例　　　　(b) 支座简图　　　　　　(a) 支座示例　　　　(b) 支座简图

1—轨道　2—车轮　3—横梁

图 3-1　活动铰支座　　　　　　　　　　　　**图 3-2　固定铰支座**

　　(4) 定向铰支座。这类支座能限制结构的转动和沿一个方向上的移动,但允许结构在另一方向上有滑动的自由度,如图 3-4(a)所示,支座简图如图 3-4(b)所示。支座反力包括限制竖直方向移动的支反力和限制转动的支反力矩。

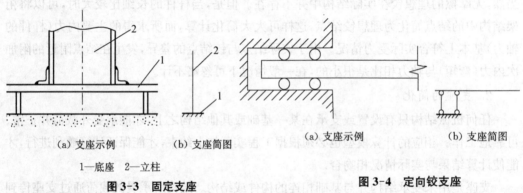

(a) 支座示例　　　　(b) 支座简图　　　　　　(a) 支座示例　　　　(b) 支座简图

1—底座　2—立柱

图 3-3　固定支座　　　　　　　　　　　　　**图 3-4　定向铰支座**

　　对于以上刚性支座的四种基本形式,当支座的位移和支反力不处于同一平面时,称为空间支座。

　　在实际结构中,经常还会遇到支承结构的基础或支座本身在外载荷作用下产生较大的弹性变形,这种情况下的支座称为弹性支座。例如,载重汽车的车架通过悬挂支承在轮胎上。对汽车车架而言,悬挂和轮胎都

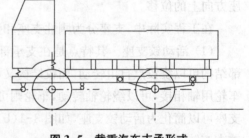

图 3-5　载重汽车支承形式

是弹性支座(图3-5)。又如,汽车起重机的主臂架安装在转台上,转台又通过回转装置与底架相连。臂架系统受载时,支腿和底架都将产生弹性变形。这些变形,对臂架系统而言,犹如支承在弹性支座上(图3-6)。

　　根据支座反力的不同,弹性支座亦分为弹性线支座和弹性铰支座(图3-7),分别产生弹性线位移和支反力、弹性角位移和反力矩。

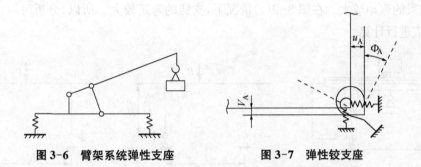

图 3-6　臂架系统弹性支座　　　　　　图 3-7　弹性铰支座

在机械结构分析中,对结构的变形很小、基本不变形或者可能产生反力处都要加约束。至于选择何种支承或约束,则要根据具体结构形式、计算工况和支承条件作具体分析。

实际结构中,明显的铰支座形式是不多见的。如附着式塔式起重机塔身底部的支承,是用固定铰支座还是固定支座模拟,需要根据底部的构造及与地基的连接情况来分析决定。当塔式起重机底部结构刚度很大,又与地基用地脚螺栓相连时,则认为在底部能承受弯矩,可以假定为固定端。反之,当底部刚度不大、不能承受弯矩时,可以认为是固定铰支座。

同一空间支座,在分解成平面结构分析时,支座的形式有可能不同。如塔式起重机臂架的根部是通过转轴与塔架相连,如图 3-8(a)所示。在臂架起升平面,由于臂架根部可以绕着 O 点转动,不能承受弯矩,可认为是固定铰支座。而在回转平面,由于两铰点作用,可以承受绕垂直轴的弯矩,一般可以作为固定端处理,整个臂架可视为悬臂梁,如图 3-8(b)所示。

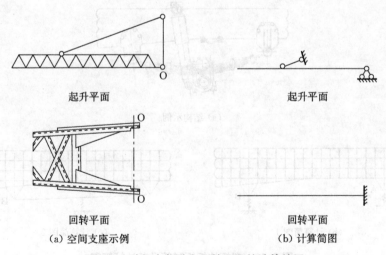

起升平面　　　　　　　　　　　　起升平面

回转平面　　　　　　　　　　　　回转平面
(a) 空间支座示例　　　　　　　　(b) 计算简图
图 3-8　臂架在起升和回转平面的计算简图

即使对同一平面的支座,有时针对分析对象不同,也有可能取两种支承形式。如图 3-9(a)所示龙门起重机。在分析时,可以取图 3-9(b)和图 3-9(c)所示的两种支承形式,在实际中都可能出现。但是在两种情况下,结构的内力分布是不一样的。在图 3-9(b)情况下，横梁的弯矩较大。在图 3-9(c)情况下，支腿的弯矩较大。所以，分析时对以上两种情况都应进行计算。

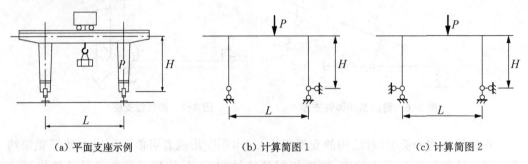

(a) 平面支座示例　　　　　　　　(b) 计算简图 1　　　　　　　　(c) 计算简图 2

图 3-9　龙门起重机主梁和支腿计算简图

在对结构施加约束时，还应注意分析约束对结构所产生的反力特征。如载重汽车的车架，与前车轮相连的前悬挂采用纵向滑轮式结构的钢板弹簧[图 3-10(a)]。前车轮和钢板弹簧都表现为弹性元件。由于前悬挂的对称性，A，B 处所受垂直反力基本相等。在计算车架时，若简单地如图 3-10(b)所示在 A，B 两点加弹性支座，则 A，B 处的垂直反力不可能相等。这时可以如图 3-10(c)所示加约束，即前悬挂(钢板弹簧)用变截面梁来模拟，轮胎则在垂直方向用弹性支座模拟，纵向与横向可以用活动铰支座模拟。

另外，由于在实际结构中，钢板弹簧的前端为固定铰链，后端可在支架内纵向移动，所以图 3-10(c)中，模拟钢板弹簧的变截面梁在 A，B 两端的转动自由度均应释放，同时，在 B 端的轴向位移自由度也应释放。这样处理，才基本可以反映车架前端的支承情况。

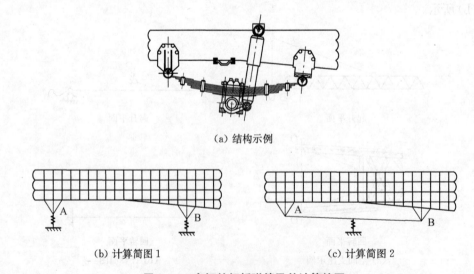

(a) 结构示例

(b) 计算简图 1　　　　　　　　　　　　(c) 计算简图 2

图 3-10　车辆的钢板弹簧及其计算简图

支承形式确定后，一般可以直接沿相应的坐标轴方向施加约束(包括弹性约束)。但是，对于和坐标轴不平行的斜支座和弹性斜支座，则不能简单地用坐标轴方向的约束替代，而应用等效杆单元来模拟。

3. 载荷的简化

对机械结构进行分析时,需要确定载荷。根据不同的计算工况确定载荷,是保证分析计算结果能够反映工程结构实际情况的前提。由于计算上的需要,载荷可以按不同的方法分类。根据载荷在结构上的分布情况,可分为以下两类:

(1) 集中载荷。当外载荷作用在结构上的区域很小时,可以认为这种载荷是集中载荷。如龙门起重机的轮压、塔式起重机臂架上变幅小车的轮压和吊重、挖掘机的挖掘阻力等。在载重汽车中,发动机的重量也是以集中载荷的形式作用在车架上的。

(2) 分布载荷。如果作用在结构上的载荷,其位置是连续变化的,即载荷作用在一定面积或一定长度上,称其为分布载荷。当分布载荷的集度是均匀的,则为均布载荷。结构的自重、风载荷、由重量引起的惯性力等,通常都作为分布载荷。

根据载荷作用是否随时间变化的情况,可以分为以下两类:

(1) 静载荷。当载荷的大小、方向和作用点都不随时间变化时,称为静载荷或固定载荷,如结构自重。

(2) 动载荷。当载荷的大小、方向和作用点随时间变化时,称为动载荷,其中,如果仅仅是载荷的作用点随时间而变,则称为移动载荷。动载荷作用在结构上时一般都需要一个过程。比如,起重机吊重的离地起升过程,吊重由地面到离地、直到平稳上升,臂架结构将承受一个十分复杂的起升动载荷。又如,汽车在正常行驶过程中突然制动,在制动过程中汽车结构也将承受很复杂的动载荷。桥式起重机上起重小车的移动对主梁而言是典型的移动载荷。

机械结构承受的动载荷,其大小与变化情况不仅与施加的载荷本身有关,而且与承受载荷的结构刚度有关。在动载荷作用下的结构分析方法完全不同于静载荷作用时的分析方法。结构在动载荷作用下,经常发生结构振动现象。因此,动载荷作用下的分析比静载荷作用时要复杂得多。

在形成计算模型时,计算载荷组合一定要根据相应规范、标准所规定的计算工况来确定。对同一结构进行分析时,可以有多种计算工况。如对汽车起重机车架进行有限元分析时,载荷位置可以位于正侧方、正后方和后支腿上方。这三种工况都应进行计算,因为它们都有可能使车架的应力分布出现最不利情形。

对同一结构进行分析时,针对不同部件的校核又有不同的载荷组合。如龙门起重机,在对主梁进行校核时,应把载荷作用在主梁跨中,此位置主梁受力最大。而对支腿进行校核时,则应把载荷作用在支腿附近(自然应是小车能够行驶到的位置)。这是两种不同的载荷组合,都应计算。

在确定计算载荷时,除上述根据不同工况计算实际载荷组合外,还常用单位载荷作用法。该法是计算同一工况中不同的载荷在单位值作用时的结果,然后根据实际工况的载荷直接把相应的计算结果加权叠加,从而得出实际工况下的结果。以汽车起重机车架分析为例,首先分别计算在回转中心作用单位垂直力、绕纵轴的单位力矩和绕横轴的单位力矩时的情形,然后计算出臂架在不同位置时的实际垂直力、绕纵轴力矩和绕横轴力矩。根据它们与单位力的权值,把相应点的计算结果加权叠加,即可得到实际位移和应力值。

以上是有关形成计算简图(计算模型)的一些原则。应当指出,一个结构的计算简图并非是永远不变的。一方面,随着人们认识的发展和计算技术的进步,可以不断改进简化要求,从而使计算简图更趋近于结构的实际工作情况;另一方面,也可以因需要不同而异。例如,在结构初步设计时,为了粗略估算杆件的截面,可以选用比较简单的计算简图;在正式设计和校核时,再采用比较复杂且更能反映实际情况的计算简图进行精确计算。

3.2 静定结构的内力计算

一般将无多余约束的几何不变体系称为静定结构。因为无多余约束,所以,在任何载荷作用下,静定结构的全部反力和内力都可以根据静力平衡原理求得。静定结构也由此得名。静定结构的种类有很多,包括静定梁、刚架、桁架、组合结构等。内力计算是静定结构位移计算的基础。下面将结合工程中常见的结构形式,讨论静定结构的内力计算问题。

3.2.1 静定梁

静定梁在工程中有广泛的应用。图 3-11 所示由单根杆件构成、只有一个跨度的静定梁称为单跨梁,其中图 3-11(a)、图 3-11(b)和图 3-11(c)所示的单跨梁分别称为简支梁、悬臂梁和外伸梁。

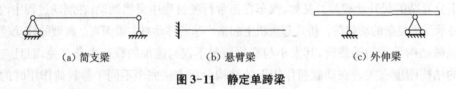

(a) 简支梁   (b) 悬臂梁   (c) 外伸梁

图 3-11 静定单跨梁

计算单跨梁的内力的一般步骤:

(1) 计算支反力。对整体列静力平衡方程,解方程计算出全部支座支反力。

(2) 截面法计算指定截面内力。将指定截面切开,取截面任一侧部分为隔离体,由平衡条件求得内力。

结构力学中规定内力图的纵坐标一般画在垂直于杆件轴线方向。轴力以拉力为正,压力为负;剪力以使微段顺时针方向转动为正,逆时针方向转动为负;绘制轴力图和剪力图时,图形的正号部分可画在杆件的任意一侧,负号部分画在另一侧,并需要在图上注明正负号;绘制弯矩图时,图形画在杆件受拉一侧,不标正负号。

例 3.1 绘制图 3-12(a)所示简支梁的内力图。

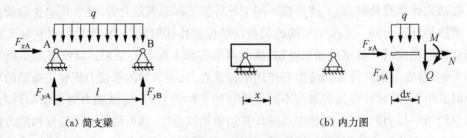

(a) 简支梁   (b) 内力图

图 3-12 受均布载荷作用的简支梁

解：(1) 列静力平衡方程求支反力

$$\sum F_x = F_{xA} = 0;$$

$$\sum F_y = F_{yA} + F_{yB} - ql = 0;$$

$$\sum M_A = F_{yB} \times l - ql \times \frac{l}{2} = 0;$$

易求得 $F_{yA} = F_{yB} = \frac{1}{2}ql$。

(2) 截面法求内力

截取离左支座距离 x 处截面的左半部分为分析对象如图 3-12(b)所示，进行静力分析。

由 $\sum F_x = 0$，得 $N = 0$；

由 $\sum F_y = 0$，得 $F_{yA} - qx - Q = 0$，$Q = F_{yA} - qx = \frac{1}{2}ql - qx$；

由 $\sum M = 0$，得 $F_{yA}x + M - \frac{1}{2}qx^2 = 0$，$M = \frac{1}{2}qx^2 - F_{yA}x = -\frac{1}{2}q(l-x)x$。

(3) 画内力图(图 3-13)

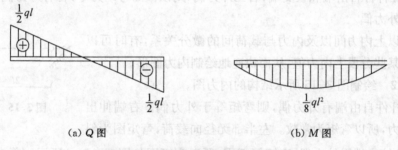

(a) Q 图   (b) M 图

图 3-13　受均布载荷简支梁的内力图

观察例 3.1 中计算求得的剪力 Q 和弯矩 M，可以发现 Q 恰为 M 对 x 的一阶导数。杆件的内力间甚至内力与载荷间似乎存在着一定的微分关系。下面即研究杆件内力间和内力与载荷间的关系。

图 3-14 所示为受连续分布载荷的杆件上截取的一个微段，微段上的分布载荷可以视为均布载荷，在杆件轴线方向和垂直轴线方向的分量分别记为 q_x 和 q_y，N 为轴力。建立静力平衡方程并略去高阶微量，可以导出杆件内力间和内力与载荷间的微分关系：

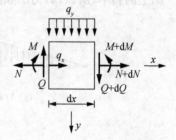

图 3-14　受连续分布载荷杆件的一个微段

$$\sum F_x = 0, \quad -N + q_x dx + N + dN = 0, \quad \frac{dN}{dx} = -q_x \tag{3-1}$$

$$\sum F_y = 0, \quad q_y \cdot \mathrm{d}x + Q + \mathrm{d}Q - Q = 0, \quad \frac{\mathrm{d}Q}{\mathrm{d}x} = -q_y \tag{3-2}$$

$$\sum M_x = 0, \quad M + Q \cdot \mathrm{d}x - q_y \cdot \mathrm{d}x \cdot \frac{\mathrm{d}x}{2} - M - \mathrm{d}M = 0, \quad \frac{\mathrm{d}M}{\mathrm{d}x} = Q \tag{3-3}$$

由以上微分关系可知：

(1) 当无横向分布载荷时，即 $q_y = 0$ 时，杆件剪力为常数，对应的剪力图形为水平线，而弯矩图为斜直线，斜率等于剪力值。

(2) 当杆件承受横向均布载荷时，剪力图为斜直线，而弯矩图为二次抛物线；当杆件承受横向非均布载荷时，剪力图为二次抛物线，而弯矩图为三次抛物线。

(3) 在杆件剪力为零处，弯矩图的切线与杆的轴线平行，此时弯矩有可能取得极值，在无剪力段，杆件的弯矩图为水平线。

(4) 当无轴向载荷，即 $q_x = 0$ 时，杆件轴力为常数，轴力图为水平线；当有轴向载荷时，轴力图为斜直线。

(5) 在集中力作用处，对应轴力图、剪力图有突变，突变量等于集中力值；当剪力图突变时，弯矩图中有尖点。

(6) 在集中力偶作用处，弯矩图有突变，突变量等于集中力偶值；剪力图没变化。

(7) 在杆件自由端和铰支端，若无外力偶，则该截面弯矩为零；若有外力偶，则该截面弯矩等于外力偶。

利用以上内力间以及内力与载荷间的微分关系，有时可以直接确定某些分段上内力值，从而快速地绘制内力图形。

例 3.2 绘制图 3-15 所示结构的内力图。

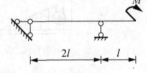

图 3-15 例 3.2

解： 杆件自由端有外力偶，则弯矩等于外力偶。右端伸出部分无剪力，所以弯矩为常数。左半部无径向载荷，弯矩图为斜直线，并且铰支端无外力偶，弯矩等于零，所以弯矩图如图 3-16(a)所示。剪力值为弯矩图上的斜率，所以，剪力图如图 3-16(b)所示。

(a) M 图   (b) Q 图

图 3-16 例 3.2 的内力图

当梁上承受多个载荷或载荷将杆件分为多个部分时，用截面法画弯矩图需要取多个截面列平衡方程，因此比较麻烦。对于这种类型的题目可以用叠加法进行计算。

叠加法画弯矩图步骤：

(1) 以外力不连续点(集中力、力偶作用点、分布荷载起始点)将整个梁分成若干段，求出各段端点处弯矩，并以虚线相连。

（2）当某段中无荷载时，将虚线改为实线。

（3）当某段中有荷载时，以虚线为基线，叠加上相同荷载作用下简支梁弯矩图（竖标相加）。

（4）最后得到的图形即为实际结构弯矩图。

例 3.3　绘制图 3-17 所示简支梁 AC 段的弯矩图。

解：均布载荷将整个梁分为 AC 和 BC 两个部分，列静力平

衡方程易得点 B 处的支反力为 $\frac{1}{8}ql$，并可求出点 C 处的弯矩为

$\frac{1}{16}ql^2$。

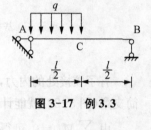

图 3-17　例 3.3

AC 段的弯矩图如图 3-18(a) 所示，可由图 3-18(b) 与图 3-18(c) 两种载荷作用下的弯矩图叠加而成。

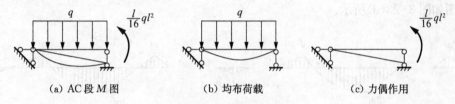

（a）AC 段 M 图　　　　（b）均布荷载　　　　（c）力偶作用

图 3-18　例 3.3 的内力图

用单跨梁作为基本单元，可以构造出跨越几个相连跨度的静定梁，称为多跨静定梁，如图 3-19 所示。

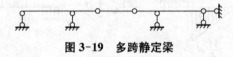

图 3-19　多跨静定梁

对于多跨静定梁，按各杆件与基础的关系，可分为基本部分和附属部分。基本部分是结构中直接与基础组成几何不变体系的部分，能独立承载；附属部分是结构中通过基本部分与基础组成几何不变体系的部分，不能独立承载。对于多跨静定梁的分析，可以先把结构拆成单个杆，计算基础部分，再计算附属部分。

例 3.4　绘制图 3-20 所示简支梁的内力图。

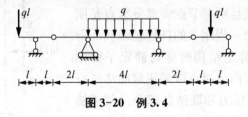

图 3-20　例 3.4

解：将结构分为图 3-21(a)、图 3-21(b) 和图 3-21(c) 所示三个部分。图 3-21(a) 和图 3-21(c) 为基本部分，通过静力平衡条件很容易就能计算出铰接处的内力。

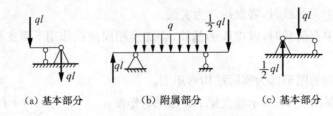

(a) 基本部分　　　　(b) 附属部分　　　　(c) 基本部分

图 3-21　例 3.4 的基本部分和附属部分

有了铰接处的内力,将图 3-21(b)所示的外伸梁转化为简支梁(图 3-22)就能计算附属部分的支反力。

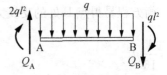

由 $\sum M_A = 0$,可得 $Q_B = -11ql/4$;

由 $\sum F_y = 0$,可得 $Q_A = 5ql/4$。

图 3-22　外伸梁转化的简支梁

先画出各部分内力图如图 3-23(a)、图 3-23(b)和图 3-23(c)所示,最后叠加为体系内力图如图 3-23(d)所示。

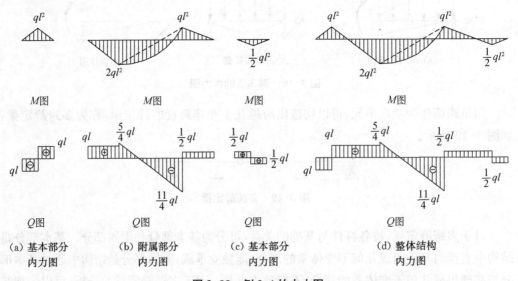

(a) 基本部分　　(b) 附属部分　　(c) 基本部分　　(d) 整体结构
　　内力图　　　　　内力图　　　　　内力图　　　　　内力图

图 3-23　例 3.4 的内力图

3.2.2　静定平面刚架

一般将由直杆组成且所有节点或部分节点是刚性联结的结构称为刚架。当刚架的杆件轴线和载荷都处于同一平面且是静定结构时称为静定平面刚架。分析静定平面刚架内力时可以采用截面法进行计算,一般是先求支座反力和联结各部分的铰或链杆的约束力,再求出刚架截面的内力,最后绘制内力图。

例 3.5　绘制图 3-24 所示刚架的内力图。

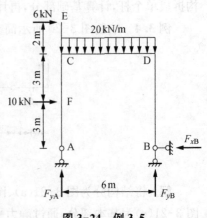

图 3-24　例 3.5

解: 由 $\sum F_x = 6 + 10 - F_{xB} = 0$,得 $F_{xB} = 16$ kN;

由 $\sum M_A = 6 \times 8 + 10 \times 3 + 20 \times 6 \times 3 - F_{yB} \times 6 = 0$,得 $F_{yB} = 73$ kN;

由 $\sum M_B = F_{yA} \times 6 + 6 \times 8 + 10 \times 3 - 20 \times 6 \times 3 = 0$,得 $F_{yA} = 47$ kN。

得到支座反力后,运用截面法就可以计算出各截面内力,最终绘制内力图如图 3-25 所示。

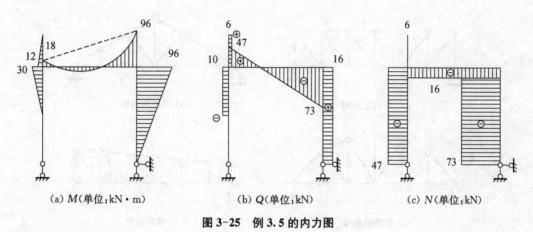

(a) M(单位:kN·m)　　　(b) Q(单位:kN)　　　(c) N(单位:kN)

图 3-25　例 3.5 的内力图

3.2.3　桁架

在实际工程中,桁架是由若干直杆通过杆件两端的铰联结相连所组成的几何不变体系,如图 3-26 所示。它与刚架的主要区别在于,桁架主要承受轴力,刚架同时承受弯矩、剪力和轴力。

分析桁架时,一般认为桁架是理想桁架。所谓理想桁架要满足以下三个基本假设:

(1) 各杆端用光滑的理想铰相联结。

(2) 各杆轴线绝对平直,且在同一平面并通过铰。

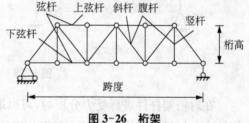

图 3-26　桁架

(3) 载荷和支反力都作用在节点上,且位于桁架平面内。

理想桁架的杆件只承受轴力,每根杆两端所受的力大小相等,方向相反,称为二力杆。按几何组成,可分以下三类:

(1) 简单桁架,可以在基础或一个铰结三角形上依次加二元体构成的桁架,如图 3-27(a) 所示。

(2) 联合桁架,由几片简单桁架按照几何组成规则组成的桁架,如图 3-27(b) 所示。

(3) 复杂桁架,不属于前两类的桁架,如图 3-27(c) 所示。

按照外形,桁架可分为平行弦桁架、三角形桁架、抛物线桁架和梯形桁架,如图 3-28 所示。

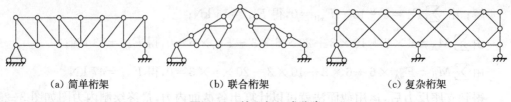

(a) 简单桁架   (b) 联合桁架   (c) 复杂桁架

图 3-27 按几何组成分类

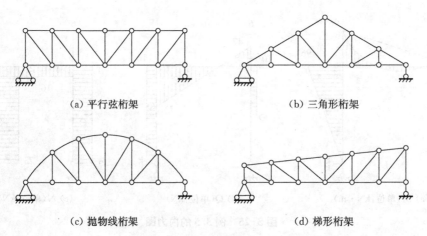

(a) 平行弦桁架   (b) 三角形桁架

(c) 抛物线桁架   (d) 梯形桁架

图 3-28 按外形分类

按受力特性,可分为无推力的梁式桁架和有推力的拱式桁架,如图 3-29 所示。

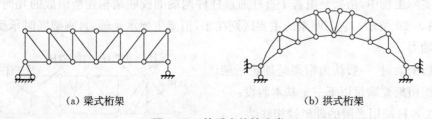

(a) 梁式桁架   (b) 拱式桁架

图 3-29 按受力特性分类

在对桁架杆件进行受力分析时,可以取桁架中一部分作为隔离体,由平衡方程解出各杆轴力。如果隔离体中只有一个节点,则该法称为节点法;如果隔离体中包含两个以上节点,则该法称为截面法。

节点法是截取桁架的一个节点作为隔离体来计算杆件内力的方法。由于一个节点上的力都通过节点,只有两个平衡方程可用,所以,使用节点法时先计算未知力不超过两个的节点。对于简单桁架,由于其几何组成是通过增加二元体来形成的,适合用节点法求解,求解顺序与几何组成的方向相反。

例 3.6 用节点法求图 3-30 所示桁架各杆的轴力。

解:(1)求支反力。因为体系只受竖向载荷,无

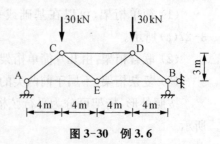

图 3-30 例 3.6

横向载荷,所以节点 B 处只有竖向的支反力,体系对称,易得 $F_{yA}=F_{yB}=30$ kN。

(2) 体系为简单桁架,分析其几何组成。体系是由 △DBE 依次加上节点 C、节点 A 构成。

(3) 按组成的反方向 A⇒C⇒E⇒D⇒B 顺序求解。

对节点 A[图 3-31(a)]: $\sum F_y=0$, $N_{AC}\sin\alpha+30=0$, $N_{AC}=-50$ kN;

$\sum F_x=0$, $N_{AC}\cos\alpha+N_{AE}=0$, $N_{AE}=40$ kN;

对节点 C[图 3-31(b)]: $\sum F_y=0$, $50\sin\alpha-30-N_{CE}\sin\beta=0$, $N_{CE}=0$;

$\sum F_x=0$, $50\cos\alpha+N_{CD}=0$, $N_{CD}=-40$ kN;

对节点 E[图 3-31(c)]: $\sum F_y=0$, $N_{ED}=0$; $\sum F_x=0$, $N_{EB}=40$ kN;

对节点 D[图 3-31(d)]: $\sum F_x=0$, $N_{DB}\cos\alpha+40=0$, $N_{DB}=-50$ kN。

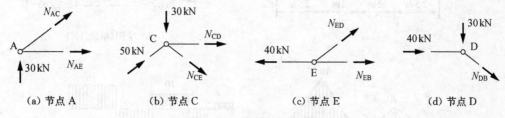

(a) 节点 A　　　(b) 节点 C　　　(c) 节点 E　　　(d) 节点 D

图 3-31　各节点受力分析

截面法是用适当的截面截取一部分桁架作为隔离体,隔离体包含了两个以上节点。截面法适用于求解联合桁架或求解指定杆轴力的问题。

例 3.7　计算图 3-32 所示桁架中杆 1 和杆 2 的轴力。

解: 因为此桁架为对称结构,支座反力如图 3-33(a) 所示,并分别用 1,2 两个截面,截取体系的左半部分。

对于截面 1,受力如图 3-33(b) 所示: $\sum M_A=0$, $N_1\times 2-3\times 2+1\times 2=0$　$N_1=2$;

对于截面 2,受力如图 3-33(c) 所示: $\sum F_y=0$, $N_2=-2$。

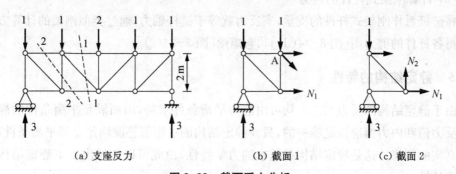

(a) 支座反力　　　　(b) 截面 1　　　　(c) 截面 2

图 3-33　截面受力分析

3.2.4 组合结构

组合结构是指由若干链杆和刚架式杆件联合组成的结构,其中链杆只承受轴力,为二力杆,刚架式杆件一般受弯矩、剪力和轴力共同作用。

静定组合结构的受力分析与一般静定结构相同,通常先求出支反力,计算出各链杆的轴力,再分析受弯构件的内力。分析时注意区分两种类型的杆件,它们的受力形式是不同的。

例 3.8 绘制出图 3-34(a)所示组合结构的内力图。

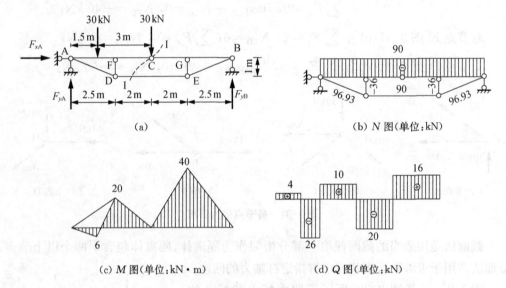

(a)

(b) N 图(单位:kN)

(c) M 图(单位:kN·m)

(d) Q 图(单位:kN)

图 3-34　例 3.8

解:(1) 由体系的整体平衡求得支反力

$F_{xA}=0$, $F_{yA}=40$ kN, $F_{yB}=20$ kN;

(2) 计算各链杆的内力

作截面Ⅰ—Ⅰ,取右半部分为隔离体:$\sum M_C=20\times4.5-N_{DE}\times1=0$, $N_{DE}=90$ kN,由此可以通过 D 和 E 的平衡条件,求得其他链杆的内力如图 3-34(b)所示。

(3) 计算刚架式杆件的内力

将链杆看作刚架式杆件的支承,支反力就等于链杆轴力,通过类似刚架的计算方法可以求得各杆件的剪力图[图 3-34(d)]和弯矩图[图 3-34(c)]。

3.2.5 静定结构的特性

由于静定结构的反力和内力均可由静力平衡条件求得,因而满足平衡条件的静定结构的反力值和内力值应该是唯一的,只要静定结构的一组解答能满足全部平衡条件,则必然是真实的解答。这是静定结构最基本的力学特性,由此可以推导出以下静定结构的多项静力特性。

静定结构具有以下几项特性：

(1) 温度变化、支座位移、材料收缩和制造误差等非载荷因素不引起静定结构的反力和内力。

图 3-35(a) 和图 3-35(b) 分别为三铰刚架在支座位移和温度变化作用时的情况，实线代表变化前的形状和位置，虚线代表变化后的形状和位置。在变化前后，支座反力和内力均为零。

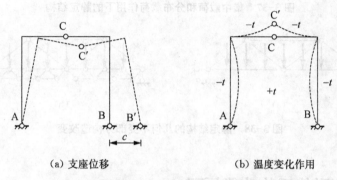

(a) 支座位移　　　　　　　　(b) 温度变化作用

图 3-35　支座位移、温度变化作用下的三铰刚架

(2) 平衡力系作用于静定结构中某一几何不变或可独立承受该平衡力系的部分时，则仅有该部分受力，而其余部分的反力和内力均为零。

图 3-36(a) 和图 3-36(b) 所示的静定刚架，各有一组平衡力系作用于几何不变部分 CD 上，因而仅在 CD 部分上有内力存在，图 3-36(c) 中载荷与支反力构成平衡力系，因此仅在 AC 杆中有轴力存在。

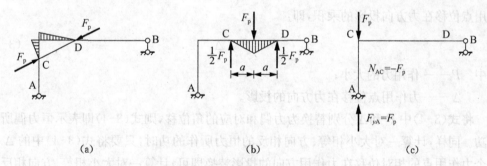

(a)　　　　　　　　　(b)　　　　　　　　　(c)

图 3-36　平衡力系作用下的静定刚架

(3) 当作用于静定结构中某一几何不变部分上的载荷作等效变换(主矢和对同一点的力矩均相等)时，则仅有该部分的内力发生变化，而其余部分的反力和内力均不变。

将图 3-37(a) 所示杆 CD 上受到的均布载荷等效替换成图 3-37(b) 所示的集中载荷。对比两个弯矩图，仅在 CD 段上弯矩有变化，而其他段上的弯矩不变。

(4) 静定结构中的某一几何不变部分做构造改变时，其余部分的反力和内力均不变。

将图 3-38(a) 所示的桁架的下弦改成图 3-38(b) 所示的结构后，支反力和其余杆件的内力均不变。

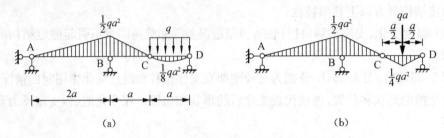

图 3-37 集中载荷和分布载荷作用下的静定结构

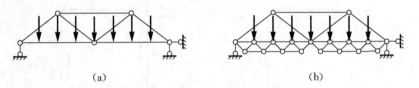

图 3-38 静定结构的几何不变部分构造改变

3.3 线性变形体系的功能原理

3.3.1 功的概念

本章的理论基础是功能原理,包括实功原理、附加功或虚功的互等定理及虚功原理等。以下将从功和变形能的概念开始讨论。

在物理学和理论力学中都已经学过功的概念。单个恒力所作的功 W 为作用力与力作用点位移在力方向投影的乘积,即:

$$W = P \times \Delta \tag{3-4}$$

式中 P—— 作用力的大小;

Δ ——力作用点位移在力方向的投影。

将式(3-4)中 P 和 Δ 分别替换为力偶和对应的角位移,则式(3-4)即表示恒力偶所作的功。同样,计算一对大小相等、方向相反的恒力所作的功时,只要将式(3-4)中的 Δ 用两个力作用点的相对位移在力作用方向的投影替换即可;计算一对大小相等、方向相反的恒力偶所作的功时,只要将式(3-4)中的 P,Δ 用对应的力偶和相对角位移替换即可。因此,可以将式(3-4)中的 P,Δ 推广为"广义力"和"广义位移"。本书中以后凡涉及力和位移的地方,如果不加特别说明,都可以理解为广义力和广义位移,但必须注意广义力和广义位移的对应关系。当 P 为力时,Δ 为线位移;当 P 为力偶时,Δ 为角位移;当 P 为一对大小相等、方向相反的力时,Δ 为相对线位移;当 P 为一对大小相等、方向相反的力偶时,Δ 为相对角位移。

对于变力所作的功则可以通过积分进行计算。作用于线性变形体系的载荷若从零开始逐渐增加,则体系的变形(或位移)亦由零开始逐渐增大,当载荷达到其最后数值时,变形也到达最后状态。如果在此过程中,载荷的施加速度非常缓慢,不至引起体系的振动,可不计惯性力的影响,则这样的加载过程称为静力加载,相应的载荷称为静力载荷。

体系在静力加载过程中,载荷和变形都是变化的,载荷从零开始逐渐增加到其最后数值 P,相应的位移亦由零开始逐渐增大到其最后数值 Δ。如果作用在体系的载荷只有一个力(或广义力),由于在整个变形过程中位移和载荷成比例变化,若以 F 表示在此过程中某一瞬时外力的值,相应的位移 λ 为:

$$\lambda = \delta \times F \tag{3-5}$$

与上同理,当外力到达其最后数值 P 时,相应的位移 Δ 为:

$$\Delta = \delta \times P \tag{3-6}$$

式中,系数 δ 为当外力 $F = 1$ 时,沿作用力方向体系的位移。

当外力 F 增加 $\mathrm{d}F$ 时,位移 λ 亦相应地增加 $\mathrm{d}\lambda$。这时,如忽略外力增量 $\mathrm{d}F$ 在产生位移增量 $\mathrm{d}\lambda$ 的过程中所作的功(是二阶微量),则外力 F 所作的功为:

$$\mathrm{d}W = F \times \mathrm{d}\lambda \tag{3-7}$$

若根据式(3-5)作出体系的作用力与其相应位移关系图,如图 3-39 所示。则外力功的增量 $\mathrm{d}W$ 可由图 3-39(e)中用斜影线标志的矩形面积来表示。

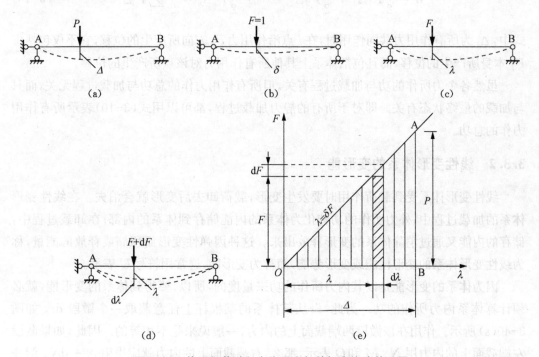

图 3-39　体系加载过程中作用力与其相应位移关系图

对式(3-5)进行微分,得 $\mathrm{d}\lambda = \delta\mathrm{d}F$,再将此式代入式(3-7)并积分,得:

$$W = \int dW = \int_0^P F \times \delta\, dF = \delta \int_0^P F\, dF = \frac{1}{2} \delta P^2 \tag{3-8}$$

利用式(3-6)的关系,式(3-8)所表示的载荷在加载过程中所作的功为:

$$W = \int dW = \frac{1}{2} P \times \Delta \tag{3-9}$$

式中　P—— 静力载荷的最终值;

　　　Δ ——载荷作用点的位移在力方向投影的最终值。

式(3-9)表示图 3-39(e)中三角形 OAB 的面积。由此可知,线性变形体系在静力载荷作用下,外力所作的实功等于外力的最后数值与其相应位移乘积的一半。

如果载荷由多个力组成,则每个力在加载过程中所作的功不仅与载荷的最终状态有关,而且与加载过程有关。例如,先加载第一个力至最终值后保持不变,然后加载第二个力,则在加载第二个力时,将在第一个力的作用点产生新的位移,所以,在第一个力保持不变时仍将继续作功。因此,在多载荷的情况,计算一个力在加载过程中所作的功时,必须考虑整个加载过程。然而,在加载过程中,如果使所有的作用力都保持成比例变化,则每个力所作的功仍然可以用式(3-9)计算。因此,对于各力成比例变化加载的多个力组成的静力载荷,整个载荷所作的功为:

$$W = \frac{1}{2} P_1 \Delta_1 + \frac{1}{2} P_2 \Delta_2 + \cdots + \frac{1}{2} P_n \Delta_n = \frac{1}{2} \sum_{i=1}^n P_i \Delta_i \tag{3-10}$$

式中,Δ_i 为所有作用力共同作用时,在 i 点沿作用力 P_i 方向所产生的位移,它不仅包括由 P_i 本身所产生的位移,而且包括体系上其他所有作用力对该点所产生的位移。

虽然各个力所作的功与加载过程有关,但所有作用力作的总功与加载过程无关,而只与加载的最终状态有关。即对于所有的静力加载过程,都可以用式(3-10)表示所有作用力作的总功。

3.3.2　线性变形体系的变形能

线性变形体系受到载荷作用时要发生变形,载荷卸去后变形就会消失。在线性变形体系的加载过程中,外力所作的功转化为体系的内能储存到体系的内部;在卸载过程中,储存的内能又通过消除体系的变形释放出来。这种因弹性变形而积储或释放的能量,称为线性变形体系的变形位能或变形势能,简称为变形能,通常用符号 U 表示。

因为体系的变形能是以其内力所作的功来量度的,所以,要得到体系的变形能,就必须计算体系内力所作的功。为此,设从某体系的某根杆上任意截取一个微段 ds,如图 3-40(a)所示。作用在该微段两端截面上的内力,一般说来是不相等的。因此,如果微段左端截面上的内力用 N、M 和 Q 表示,那么,右端截面上的内力就应当用 $N+dN$、$M+dM$ 和 $Q+dQ$ 表示。这些内力是由作用于该体系上的静力载荷所产生的,它们同外力一样,也是由零开始逐渐增加到其最后数值。

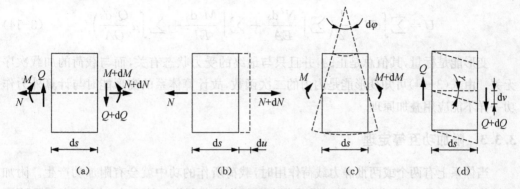

图 3-40　某杆件微段上的内力

就整个体系而言,这些力无疑是内力,然而对于该微段来说,它们却应当算是外力,因为它们是杆件的其他部分对该微段的作用力。所以,计算该微段上内力所作的功,无异于前面所述的计算外力所作的功。因此,若设该微段两端截面的相对轴向变形为 du [图 3-40(b)],相对转角为 $d\varphi$ [图 3-40(c)],相对剪切位移为 dv [图 3-40(d)],则该微段两端截面上的轴向内力 N、弯曲内力 M 和剪切内力 Q 在相应位移上所做的功即为在变形过程中储存到该微段的变形能。若略去二阶微量,微段的变形能为:

$$dU = dU_N + dU_M + dU_Q = \frac{1}{2}N\,du + \frac{1}{2}M\,d\varphi + \frac{1}{2}Q\,dv \qquad (3\text{-}11)$$

式中,dU_N、dU_M 和 dU_Q 分别表示该微段的轴向变形能、弯曲变形能和剪切变形能。对于小变形直杆来说,这三种变形能是各自独立、互不牵连的。对于线弹性材料来说,上述微段的三项变形可由材料力学得到:

$$du = \frac{N\,ds}{EA}, \quad d\varphi = \frac{M\,ds}{EI}, \quad dv = \gamma\,ds = \mu\frac{Q\,ds}{GA} \qquad (3\text{-}12)$$

式中　A—— 杆件横截面的面积;

　　　I—— 截面弯曲惯性矩;

　　　E—— 材料的拉压弹性模量;

　　　G—— 剪切弹性模量;

　　　μ—— 考虑横截面上剪应力不均匀分布与截面形状有关的系数,矩形截面取 1.2,

　　　　　即 6/5,圆形截面取 32/27,工字形截面取其总面积 A 除以腹板面积 A_s,即

　　　　　A/A_s。

将式(3-11)沿杆长度积分,可得整根杆件的变形能。如果体系包含多根杆件,则将所有杆件的变形能相加即可得到整个变形体系的变形能。

$$U = \sum\int dU = \frac{1}{2}\left(\sum\int N\,du + \sum\int M\,d\varphi + \sum\int Q\,dv\right) \qquad (3\text{-}13)$$

将式(3-12)代入得:

$$U = \sum \int \mathrm{d}U = \frac{1}{2}\left(\sum \int \frac{N^2 \mathrm{d}s}{EA} + \sum \int \frac{M^2 \mathrm{d}s}{EI} + \sum \int \mu \frac{Q^2 \mathrm{d}s}{GA} \right) \tag{3-14}$$

变形能是标量,其值总是正的,并且只与最终的受力状态有关,而与载荷的加载次序无关。由式(3-14)可知变形能是内力的二次函数,故计算体系的变形能时与计算外力作功一样不能应用叠加原理。

3.3.3 附加功互等定理

当体系上有两个或两批静力载荷作用时,载荷所作的功中就会有附加功产生。附加功的物理意义是:一批载荷在另一批载荷产生的位移上所作的外力功。因此,如采取不同的加载顺序,则可得不同形式的附加功。例如,假定先加第 1 批载荷(称为第 1 状态或 i 状态),后加第 2 批载荷(称为第 2 状态或 k 状态),如图 3-41(a)所示。设第 1 批载荷在其本身产生的位移上所作的功为 W_{11},第 2 批载荷在其本身产生的位移上所作的为 W_{22},第 1 批载荷在第 2 批载荷产生的位移上所作的附加功为 W_{ik}。则载荷作的总功为:

$$W = W_{11} + W_{22} + W_{ik} \tag{3-15}$$

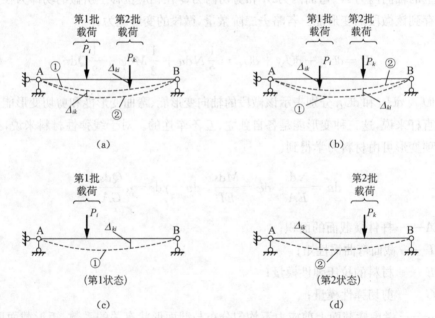

(a)　　　　　　　　　　　　　(b)

(第1状态)　　　　　　　　(第2状态)

(c)　　　　　　　　　　　　　(d)

图 3-41　附加功计算

其中,附加功 W_{ik} 按式(3-16)计算:

$$W_{ik} = \sum P_i \Delta_{ik} \tag{3-16}$$

式中,作功的位移 Δ_{ik} 是在第一批载荷作用点及其方向上,但产生位移的原因不是第一批载荷而是第二批载荷。

如果与上述加载顺序相反,即先加第二批载荷后加第一批载荷,则如图 3-41(b)所示,此时载荷作的总功为:

$$W' = W_{11} + W_{22} + W_{ki} \tag{3-17}$$

其中,附加功 W_{ki} 按式(3-18)计算:

$$W_{ki} = \sum P_k \Delta_{ki} \tag{3-18}$$

载荷所作总功即为体系的最终变形能,与载荷的加载次序无关,由 $W = W'$ 得:

$$W_{ik} = W_{ki} \tag{3-19}$$

式(3-19)即为附加功互等定理,简称功互等定理。

为方便叙述起见,将上述两批静力载荷单独作用在体系上所对应的状态分别称之为第一状态和第二状态,如图 3-41(c)和图 3-41(d)所示。不难看出,附加功 W_{ik} 就是第一状态的外载荷在第二状态的位移上所作的功;而附加功 W_{ki} 则正好相反,即是第二状态的外载荷在第一状态的位移上所作的功。因此,附加功互等定理可以叙述为:第一状态的载荷在第二状态的位移上所作的功等于第二状态的载荷在第一状态的位移上所作的功。

附加功互等定理所涉及的两种载荷状态可以是毫不相干的,第一状态的载荷和第二状态的载荷不一定同时作用在体系上,因此,对应的附加功是假想的,只是在考虑附加功时,才将两种载荷状态的外载荷与位移联系在一起。

以下进一步介绍附加功互等定理的两个推论:位移互等定理和反力互等定理。

设体系承受着两种载荷状态,如图 3-42 所示,在 i 状态只有一个外力 $P_i = 1$,在 k 状态也只有一个外力 $P_k = 1$。这样,i 状态的外力在 k 状态位移上所作的功为 $W_{ik} = 1 \times \delta_{ik}$,$k$ 状态的外力在 i 状态位移上所做的功为 $W_{ki} = 1 \times \delta_{ki}$,于是,根据功的互等定理可得:

$$\delta_{ik} = \delta_{ki} \tag{3-20}$$

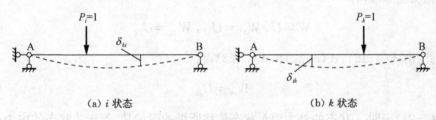

（a）i 状态　　　　　　　　　　　　　　　（b）k 状态

图 3-42　两种加载状态

式(3-20)表明,如果两个单位力分别作用于同一个体系,则由第一个(广义)单位力在第二个(广义)单位力方向上所产生的位移,等于由第二个(广义)单位力在第一个(广义)单位力方向所产生的位移。这就称为位移互等定理。

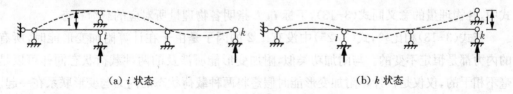

（a）i 状态　　　　　　　　　　　　　　　（b）k 状态

图 3-43　两种位移状态

反力互等定理则主要适用于超静定结构,现以连续梁来说明。如图 3-43 所示,设在 i 状态下支杆 i 沿着其自身方向发生单位位移,在 k 状态下支杆 k 沿着其自身方向发生单位位移。因为体系的反力也属外力,所以,i 状态的反力在 k 状态的位移上所做的功为 $W_{ik}=r_{ki}\times1$。反之,k 状态中的反力在 i 状态中的位移上所做的功为 $W_{ki}=r_{ik}\times1$。其余的支座没有发生位移,故其余的支座反力不作功。于是,由功的互等定理得:

$$r_{ik}=r_{ki} \tag{3-21}$$

式(3-21)表明,对于同一个体系,如果有两个约束分别沿各自的方向作单位位移,则由第一个约束作单位位移时在第二个约束中所引起的反力,等于由第二个约束作单位位移时在第一个约束中所引起的反力。这就称为反力互等定理。

3.3.4 虚功原理

虚功原理又称为虚位移原理,它是系统平衡的充要条件,是力学中一个重要的基本原理,在许多力学问题中得到广泛的应用。在理论力学中也学过关于质点、质点系和刚体系的虚位移原理,这里进一步将虚位移原理推广应用于变形体系的问题。

由前可知,若线性变形体系上先后作用有两批静力载荷[图 3-41(a)],则作用在体系上所有外力所作的总功可由式(3-15)表示。类似的,设以 U_{11} 表示与外力所作功 W_{11} 相对应的变形能,以 U_{22} 表示与外力所作功 W_{22} 相对应的变形能,以 U_{ik} 表示与外力所作(附加)功 W_{ik} 相对应的(附加)变形能,则体系总的变形能为:

$$U=U_{11}+U_{22}+U_{ik} \tag{3-22}$$

根据功能原理,有

$$W=U,\ W_{11}=U_{11},\ W_{22}=U_{22} \tag{3-23}$$

因此,由式(3-15)、式(3-22)和式(3-23)得:

$$W_{ik}=U_{ik} \tag{3-24}$$

式(3-24)表明:i 状态的外力因 k 状态位移所做的附加功,等于 i 状态的内力因 k 状态的变形而产生的附加变形能。式(3-24)中,附加功 W_{ik} 可由式(3-16)计算,而附加变形能则与式(3-13)类似地可表示为:

$$U_{ik}=\sum\int\mathrm{d}U_{ik}=\sum\int N_i\mathrm{d}u_k+\sum\int M_i\mathrm{d}\varphi_k+\sum\int Q_i\mathrm{d}v_k \tag{3-25}$$

式中,各物理量的意义同式(3-13),下标 i,k 指明各物理量所对应的载荷状态。

与式(3-13)相比较,式(3-25)中没有 1/2 的因子是由于在计算附加变形能时,所有的内力都是恒定不变的。与附加功类似,附加变形能所涉及的两种载荷状态同样可以是毫不相干的,仅仅是在计算附加变形能时假想将两种载荷状态的内力与变形联系在一起。

将式(3-16)和式(3-25)代入式(3-24)得:

$$\sum P_i \Delta_{ik} = \sum \int N_i \, \mathrm{d}u_k + \sum \int M_i \, \mathrm{d}\varphi_k + \sum \int Q_i \, \mathrm{d}v_k \qquad (3\text{-}26)$$

式(3-24)即为线性变形体系的外力附加功与附加变形能的关系,简称为附加功原理,上述方程称为附加功方程。

由上可见,附加功原理要涉及两个状态,一个状态取其外力和内力,一个状态取其位移和变形。因此,如要应用这一原理,则必须要有两个状态。而在实际应用时,往往是只提供一个状态,即实际状态,另一个状态则是根据分析问题的需要特意假设的,称为虚拟状态。如果涉及位移和变形的 k 状态是虚设的,就称为虚位移原理;如果涉及外力和内力的 i 状态是虚设的,则称为虚力原理。无论是虚位移原理还是虚力原理,通常都将附加功原理通称为虚功原理,将附加功方程称为虚功方程。

因为虚功原理涉及的是一个状态的外力与内力,在另一个状态的变形与位移上所作的功,它并不涉及体系材料的变形特性和体系产生变形或位移的原因。所以,虚功原理不但适用线性变形体系由载荷所产生的变形或位移的计算,而且也适用于非线性变形体系及由非力因素所产生的变形或位移的计算。

3.4　位移计算的单位载荷法的基本原理

本节主要介绍计算结构位移的单位载荷法。单位载荷法将实际状态作为 k 状态,并应用虚功原理导出结构位移计算的一般公式。虚拟的 i 状态的载荷可以根据计算需要进行假设,它与实际状态是无关的。如果假设虚拟的 i 状态只有一个单位载荷 $P_i = 1$,则虚功方程式(3-26)化为:

$$\Delta_i = \sum \int \bar{N} \, \mathrm{d}u + \sum \int \bar{M} \, \mathrm{d}\varphi + \sum \int \bar{Q} \, \mathrm{d}v \qquad (3\text{-}27)$$

在式(3-27)中,因 k 状态为实际状态,故省略下标 k, $\mathrm{d}u$、$\mathrm{d}\varphi$ 和 $\mathrm{d}v$ 即表示实际状态结构杆件微段的变形;由虚设单位载荷 $P_i = 1$ 产生的内力表示为 $\bar{N}$, $\bar{M}$, $\bar{Q}$; Δ_i 则表示在虚设单位载荷 $P_i = 1$ 处沿载荷方向的结构实际位移。

在式(3-27)中,虚拟状态的单位载荷可以根据计算需要而设置在结构的任意位置,式中的待求位移 Δ_i 既可以是一般的线位移,也可以是任意的广义位移。但必须注意,当所求的位移是广义位移时,则设置的单位载荷也应该是与广义位移对应的广义单位载荷。这里广义位移与广义力的对应关系与式(3-4)计算外力功时所作的说明是一致的。当 Δ_i 为线位移时,对应的 P_i 应设置为单位力; Δ_i 为角位移时,对应的 P_i 应设置为单位力偶;当 Δ_i 为相对线位移时,对应的 P_i 应设置为一对大小相等、方向相反的单位力; Δ_i 当成为相对角位移时,对应的 P_i 应设置为一对大小相等、方向相反的单位力偶。

式(3-27)可用来计算杆件体系由于杆件变形引起的结构位移,它不但适用于由载荷引起的结构位移,也适用于由非力因素引起杆件变形而产生的结构位移。通常就称它为结构位移的一般计算公式。

3.5 在载荷作用下的结构位移计算

结构在实际载荷作用下,杆件的变形是由内力引起的。式(3-27)中各杆件在实际载荷作用下的变形与杆件实际内力之间的关系由式(3-12)表示。将式(3-12)代入式(3-27)得:

$$\Delta_i = \sum \int \frac{\bar{N}N}{EA}\mathrm{d}s + \sum \int \frac{\bar{M}M}{EI}\mathrm{d}s + \sum \int \mu \frac{\bar{Q}Q}{GA}\mathrm{d}s \qquad (3\text{-}28)$$

式中,各物理量的意义同前,其中,带上划线的内力为虚拟的单位载荷产生的杆件内力,不带上划线的内力为实际载荷产生的杆件内力。

式(3-28)表明,杆件结构在实际载荷作用下,结构的位移与轴力、弯矩及剪力三种内力有关。这是就一般的结构而言的,并非所有的结构都有这三项内力,因而式(3-28)带有一定的普遍意义,故称为在载荷作用下结构位移的一般计算公式。下面将针对不同类型的结构来进行讨论。

对于桁架结构,由于杆件内只存在轴力,没有弯矩和剪力,并且沿杆件长度轴力和横截面一般都是不变的。因此,对于桁架结构的位移计算公式,式(3-28)可简化为:

$$\Delta_i = \sum \int \frac{\bar{N}N}{EA}\mathrm{d}s = \sum \frac{\bar{N}N}{EA}\int_0^l \mathrm{d}s = \sum \frac{\bar{N}Nl}{EA} \qquad (3\text{-}29)$$

式中,l 为杆件长度。

对于梁和刚架,杆件内虽有可能同时存在三种内力,但由轴力产生的轴向变形和由剪力产生的剪切变形对于结构位移的影响,一般说来是很小的,故可略去,而只考虑由弯矩产生的弯曲变形影响。因此,对于梁和刚架结构的位移计算公式,式(3-28)可简化为:

$$\Delta_i = \sum \int \frac{\bar{M}M}{EI}\mathrm{d}s \qquad (3\text{-}30)$$

对于组合结构,由于结构中同时包含两类杆件:一类是只承受轴力的桁架杆件(称为链杆);另一类是主要承受弯矩的梁或刚架杆件(称为受弯杆件)。在载荷作用下计算组合结构的位移时,对于链杆可按桁架杆件处理,即仅考虑由轴力产生的轴向变形的影响;对于受弯杆件可按梁或刚架杆件处理,仅考虑由弯矩产生的弯曲变形的影响。故对于组合结构的位移计算公式,由式(3-29)和式(3-30)可得:

$$\Delta_i = \sum \frac{\bar{N}Nl}{EA} + \sum \int \frac{\bar{M}M}{EI}\mathrm{d}s \qquad (3\text{-}31)$$

例3.9 图3-44(a)所示的钢桁架,其上弦两个节点上各有一个竖向载荷 $P=160$ kN,各杆采用两个 80 mm×5 mm 等边角钢,截面积 $A=2\times7.912$ cm²,弹性模量 $E=2.1\times10^4$ kN/cm²,试求下弦中间节点 C 的竖向位移 Δ_{cv}。

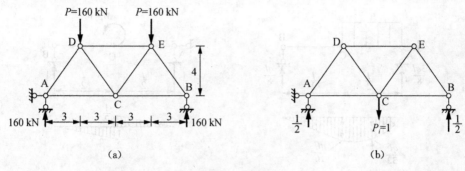

图 3-44　例 3.9

解： 计算节点 C 竖向位移的虚拟状态，如图 3-44(b)所示。在载荷的作用下，桁架的位移按式(3-29)进行计算。为此，先必须分别计算出两个状态的杆件内力 N_p 和 $\bar{N}_i$，然后才能按公式计算位移。为清楚起见，将计算过程列成表格的形式，如表 3-1 所示。根据该表的计算结果，得到中间节点 C 的竖向位移为：

$$\Delta_{\mathrm{CV}} = \Delta_{ip} = \sum \frac{N_i N_p l}{EA} = \frac{147.264}{2.1 \times 10^4} = 0.007\,012 \text{ m} = 7.012 \text{ mm}(\downarrow)$$

最后，求得的位移是正的，表明该节点位移的实际方向与虚单位力 $P_i = 1$ 的假设方向一致，即位移向下。

表 3-1　例 3.9 计算过程

杆件名称	杆长 l/m	截面积 A/cm^2	轴力 N_p/kN	轴力 $\bar{N}_i$	$\dfrac{\bar{N}_i N_p l}{A}/(\text{kN} \cdot \text{m} \cdot \text{cm}^{-2})$
A—C	6	15.824	$+120$	$+3/8$	$+17.063$
B—C	6	15.824	$+120$	$+3/8$	$+17.063$
D—E	6	15.824	-120	$-3/4$	$+34.126$
A—D	5	15.824	-200	$-5/8$	$+39.497$
C—D	5	15.824	0	$+5/8$	0
C—E	5	15.824	0	$+5/8$	0
B—E	5	15.824	-200	$-5/8$	$+39.497$
$\sum \dfrac{\bar{N}_i N_p l}{A} =$					$+147.24$

例 3.10　图 3-45(a)所示为等截面简支梁，其左半跨内受均布载荷 q，梁横截面的弯曲惯性矩为 I，弹性模量为 E，试求该梁中点截面 C 的角位移 θ_{C}。

解： 计算梁中点截面 C 的角位移，其虚拟状态如图 3-45(b)所示。考虑到梁左半跨和右半跨内弯矩方程是不同的，所以应将梁分成两段进行计算。设以 A 为坐标原点，于是，可得：

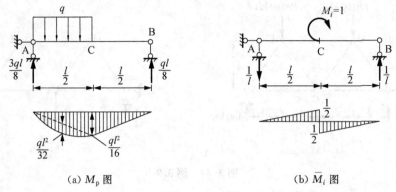

图 3-45 例 3.10

在左半跨内 $(0 \leqslant x \leqslant l/2)$：

$$\bar{M}_i = -\frac{x}{l}$$

$$M_p = \frac{3ql}{8}x - \frac{q}{2}x^2 = \frac{q}{8}(3lx - 4x^2)$$

在右半跨内 $(l/2 \leqslant x \leqslant l)$：

$$\bar{M}_i = \frac{l-x}{l}$$

$$M_p = \frac{ql}{8}(l-x)$$

将以上各式代入式(3-27)，并在各自段内分别进行积分，得：

$$\theta_C = \Delta_i = \sum \int \frac{\bar{M}_i M_p}{EI} \mathrm{d}s$$

$$= \int_0^{\frac{l}{2}} \left(-\frac{x}{l}\right) \cdot \frac{q}{8}(3lx - 4x^2) \cdot \frac{\mathrm{d}x}{EI} + \int_{\frac{l}{2}}^l \frac{l-x}{l} \cdot \frac{ql}{8}(l-x) \cdot \frac{\mathrm{d}x}{EI} = -\frac{ql^3}{384EI}$$

最后，求得的角位移是负的，表明该截面角位移的实际方向与虚单位力矩 $M_i = 1$ 的假设方向相反，即沿逆时针转动。

3.6 用图形相乘法计算积分

由上节例题可知，应用公式(3-30)计算梁和刚架的位移时，需逐杆或逐段地进行式(3-32)类型的积分计算：

$$\int \frac{\bar{M}_i M_k}{EI} \mathrm{d}s \tag{3-32}$$

当结构中杆件的数量较多或载荷情况比较复杂时，计算工作是相当繁琐的，所以，应

当寻求简化计算的途径。在计算梁或刚架的位移时,经常会遇到以下情况:

(1) 杆件轴线是直的——直杆。

(2) 沿杆长或在其某一段内截面是不变的——$EI =$ 常数。

(3) 两个弯矩图至少有一个是直线变化的——直线图形。

如果符合上述三个条件,则两个图形的积分运算可用图形相乘的方法来计算,这种方法称为图形相乘法或简称为图乘法,下面就来介绍这个方法。

根据上述第一和第二两个条件,ds 可用 dx 来表示,EI 可从积分号内移出,故式 (3-32) 型的积分可化为:

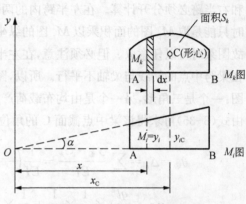

$$\int \frac{M_i M_k}{EI} ds = \frac{1}{EI} \int_A^B M_i M_k dx \quad (3-33)$$

因此,式 (3-32) 型的积分归结为式 (3-33) 右侧的积分。根据上述第三个条件,不失一般性,设 M_i 是直线变化的,M_k 是任意形式的,如图 3-46 所示。

图 3-46 图乘法计算示例

根据图 3-46,可将式 (3-33) 右侧的积分化为:

$$C = \int_A^B M_i M_k dx = \int_A^B x \tan \alpha \cdot M_k dx = \tan \alpha \int_A^B x \cdot M_k dx = \tan \alpha \cdot x_C \cdot S_k \quad (3-34)$$

式中,x_C 和 S_k 分别为 M_k 图形的形心坐标和面积(带符号)。由此得:

$$C = \int_A^B M_i \cdot M_k dx = y_{iC} \cdot S_k \quad (3-35)$$

式中,y_{iC} 为与 M_k 图的形心坐标对应的 M_i 图的纵坐标(图 3-46)。

式 (3-35) 表明,对于等截面直杆来说,两个弯矩图中如果有一个是直线变化的,则可利用图形相乘法来计算积分运算。图乘的方法是:一个图形的面积乘以其形心处另一个直线图形的纵坐标。但在具体计算时,必须注意需满足适合图乘法的三个条件,必要时可对原积分进行分段处理。

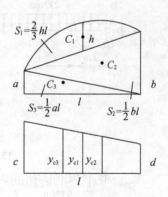

图 3-47 复杂图形的图乘分解

如图 3-47 所示,当两个弯矩图中,一个为直线变化,另一个为二次曲线时。可以将其中具有二次曲线图形的弯矩图看作是图示三个部分的和。由此应用图乘法(具体推算过程省略)可求出对应的积分值为:

$$C = \int_A^B M_i \cdot M_k dx = \frac{l}{6}(2ac + 2bd + ad + bc) + \frac{l}{3}h(c + d) \quad (3-36)$$

式中,a,b,c,d,h均为带符号的代数量。当两个弯矩图均为直线变化时,只要在式(3-36)中令$h=0$即可。

以下就图乘法实际应用举例说明。

例 3.11 试用图乘法求解例题 3.10 中的问题。

解:实际状态中由载荷产生的弯矩图M_p和虚拟状态中由$M_i=1$产生的弯矩图$\overline{M}_i$前面已经绘出,如图 3-45(a)和图 3-45(b)所示。根据图乘法的第三个条件,梁的左半跨和右半跨必须分开计算。在左半跨内的两个弯矩图中,只有$\overline{M}_i$图是直线变化的,故图乘时只能是取M_p图的面积乘以$\overline{M}_i$图的纵坐标。在右半跨内两个弯矩图都是直线变化的,故图乘时可以任意取。但必须注意,在左半跨内的M_p图不是标准的二次抛物线,因为它在梁跨中点的切线与梁轴不平行。所以,图乘时为避免麻烦,可以将其分解为两个简单的图:一个是三角形,另一个是由均布载荷产生的简支梁弯矩图,如图 3-45(a)所示。因此,由式(3-35)可求得该梁中点截面 C 的角位移为:

$$\theta_C = \Delta_i = \sum \frac{y_{iC} \cdot S_k}{EI} = \frac{1}{EI} \left(-\frac{1}{2} \times \frac{l}{2} \times \frac{ql^2}{16} \times \frac{2}{3} \times \frac{1}{2} - \frac{2}{3} \times \frac{l}{2} \times \right.$$

$$\left. \frac{ql^2}{32} \times \frac{1}{2} \times \frac{1}{2} + \frac{1}{2} \times \frac{l}{2} \times \frac{ql^2}{16} \times \frac{2}{3} \times \frac{1}{2} \right)$$

$$= -\frac{ql^3}{384EI}$$

例 3.12 图 3-48(a)所示刚架 $EI=$ 常数,在图示载荷作用下,试求 C,D 两点沿 CD 方向的相对线位移 Δ_{CD}。

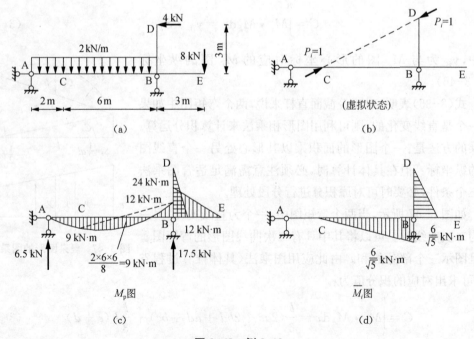

图 3-48 例 3.12

解：根据题意，在 C，D 两点沿 CD 方向加一对单位力 $P_i = 1$，如图 3-48(b) 所示，并按平衡条件，分别作出两个状态的弯矩图 M_p 和 $\overline{M}_i$，如图 3-48(c) 和 3-48(d) 所示。在 $\overline{M}_i$ 图中，AB 杆上的弯矩图是由两段直线组成的，所以图乘时须将该杆分作两段来进行计算。为此，必须算出 M_p 图中截面 C 的弯矩纵坐标，这个弯矩可由该截面以左隔离体的平衡条件求得为 9 kN·m。在 BC 段内的弯矩图可将其分解为线性变化和二次变化弯矩部分。因此，由式(3-33) 和式(3-35) 可得：

$$\Delta_{CD} = \sum \frac{y_{iC} \cdot S_k}{EI} = \frac{1}{EI} \left[\frac{6}{6} \left(2 \times 9 \times 0 + 9 \times \frac{6}{\sqrt{5}} - 12 \times 0 - 2 \times 12 \times \frac{6}{\sqrt{5}} \right) + \frac{2}{3} \times 6 \times \right.$$

$$\left. 9 \times \frac{1}{2} \times \frac{6}{\sqrt{5}} + \frac{1}{2} \times 3 \times 12 \times \frac{2}{3} \times \frac{6}{\sqrt{5}} \right] = \frac{18\sqrt{5}}{EI} = \frac{40.3}{EI} \, \text{m}(\rightarrow \blacktriangleright \blacktriangleleft \leftarrow)$$

最后求得的位移是正的，表示 C，D 两点相对线位移的实际方向与虚拟状态一对单位力 $P_i = 1$ 的假设方向相同，即 C，D 两点相互接近。

例 3.13　图 3-49(a) 所示为一组合结构，链杆 CD 的横截面面积 $A = 20 \, \text{cm} \times 20 \, \text{cm}$，受弯杆件 AB 和 BE 的横截面面积为 $b \times h = 30 \, \text{cm} \times 60 \, \text{cm}$，弹性模量 $E = 3 \times 10^3 \, \text{kN/cm}^2$，在图示载荷作用下，试求节点 B 的水平位移 Δ_{BH}。

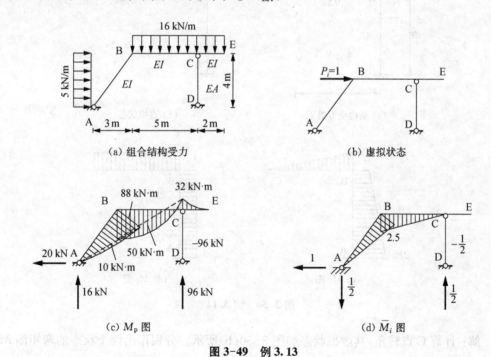

（a）组合结构受力　　　　　　　（b）虚拟状态

（c）M_p 图　　　　　　　　　　（d）$\overline{M}_i$ 图

图 3-49　例 3.13

解：计算节点 B 的水平位移，其虚拟状态如图 3-49(b) 所示。由平衡条件，可分别求得实际状态中和虚拟状态中的弯矩图及链杆 CD 的轴力，如图 3-49(c) 和 3-49(d) 所示。在 M_p 图中，杆件 AB 和 BC 上的弯矩图都不是标准的二次抛物线，故图乘时仍须将其分解为两个简单的图（相互叠加），于是：

$$\Delta_{BH} = \sum \frac{\bar{N}Nl}{EA} + \sum \frac{y_{iC} \cdot S_k}{EI} = \frac{\left(-\frac{1}{2}\right)(-96) \times 4}{EA} + \frac{1}{EI}\left[\frac{1}{2} \times 5 \times 88 \times \right.$$

$$\frac{2}{3} \times 2.5 + \frac{2}{3} \times 5 \times 10 \times \frac{1}{2} \times 2.5 + \frac{5}{6}(2 \times 2.5 \times 88 - 2.5 \times 32) +$$

$$\left.\frac{2}{3} \times 5 \times 50 \times \frac{1}{2} \times 2.5\right] = \frac{192}{EA} + \frac{916.7}{EI}$$

上式中，$EA = 3 \times 10^3 \times 20 \times 20 = 12 \times 10^5$ kN，$EI = 3 \times 10^3 \times 30 \times 60^3/12 = 162 \times 10^7$ kN·cm^2 或 $EI = 162 \times 10^3$ kN·m^2，代入上式得：

$$\Delta_{BH} = \frac{192}{12 \times 10^5} + \frac{916.2}{162 \times 10^3} = 0.005\,82 \text{ m} = 5.82 \text{ mm}(\rightarrow)$$

例 3.14 计算图 3-50(a)所示结构 C 点转角。

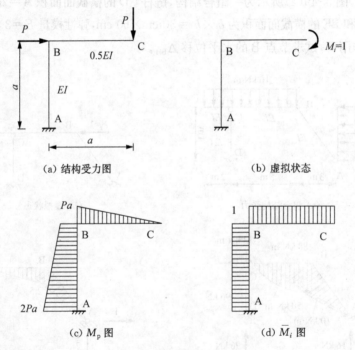

(a) 结构受力图　　　　　　　　(b) 虚拟状态

(c) M_p 图　　　　　　　　(d) $\bar{M}_i$ 图

图 3-50　例 3.14

解： 计算 C 点转角，其虚拟状态如图 3-50(b)所示。分别作出两个状态的弯矩图 M_p 和 $\bar{M}_i$，如图 3-50(c)和图 3-50(d)所示。因此，由式(3-35)可求得 C 点转角为：

$$\theta_C = \sum \frac{y_{iC} \cdot S_k}{EI} = \frac{1}{EI} \times \frac{1}{2} \times (Pa + 2Pa) \times a + \frac{1}{0.5EI} \times \frac{1}{2} \times Pa \times a = \frac{5Pa^2}{2EI}$$

例 3.15 已知 EI 为常数，计算图 3-51(a)所示结构铰两侧相对转角 θ_C。

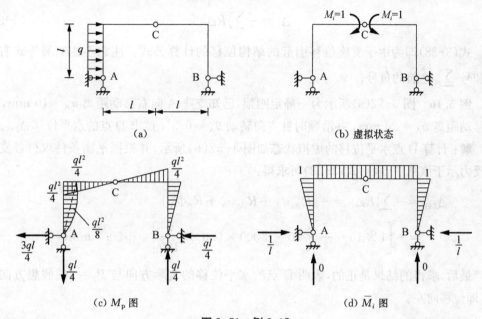

图 3-51　例 3.15

解： 虚拟状态如图 3-51(b)所示。分别作出两个状态的弯矩图 M_p 和 $\bar{M}_i$，如图 3-51(c)和图 3-51(d)所示。因此刚架为对称结构，由式(3-35)可求得 C 点相对转角为：

$$\theta_C = \sum \frac{y_{iC} \cdot S_k}{EI} = -\frac{1}{EI} \times \frac{2}{3} \times \frac{ql^2}{8} \times \frac{1}{2} = -\frac{ql^3}{24EI}$$

3.7　由支座位移引起的结构位移

　　静定结构受到制造误差、温度变化、支座位移等非载荷因素的作用时也会产生位移，这里主要讨论由支座位移引起的结构位移。在静定结构中，由于体系只具备满足几何不变所必要的约束数，故当支座发生位移时，结构及其各杆只可能引起位置的改变，但不会产生任何的反力和内力，因而杆件本身也不发生变形。

　　在式(3-27)中没有考虑支座反力的虚功，所以，不能应用于计算由支座位移引起的结构位移。为了计算由支座位移引起的结构位移，必须在式(3-27)中增加支座反力的虚功部分。当考虑支座位移时，式(3-27)化为：

$$\Delta_i + \sum \bar{R}\Delta_C = \sum \int \bar{N} du + \sum \int \bar{M} d\varphi + \sum \int \bar{Q} dv \tag{3-37}$$

式中　$\bar{R}$ ——虚拟状态中由虚设单位载荷 $P_i=1$ 所产生的（广义）支座反力；

　　　Δ_C ——实际状态中相应的（广义）支座位移。

　　因为静定结构在支座位移的影响下，只可能引起结构位移，而不会产生任何的反力和内力，杆件也不发生变形，故式(3-37)右方为零。

　　因而式(3-37)可简化为：

$$\Delta_i = -\sum \bar{R}\Delta_C \tag{3-38}$$

式(3-38)即为由于支座位移引起的结构位移的计算公式。注意不能遗漏等式右方总和号 $\sum$ 之前的负号。

例 3.16 图 3-52(a)所示为一静定刚架,已知支座 A 向右移动距离 $u_A = 10$ mm,向下移动距离 $v_A = 20$ mm,并沿顺时针方向转动 $\theta_A = 0.3°$,试求 D 点的水平位移 Δ_{DH}。

解: 计算 D 点水平位移的虚拟状态如图 3-52(b)所示,并根据平衡条件求得各支座的反力示于该图中,故由式(3-28)可求得:

$$\Delta_{DH} = -\sum \bar{R}\Delta_C = -[\bar{R}_{Ax}u_A + \bar{R}_{Ay}v_A + \bar{R}_{\Phi}\Phi_A]$$

$$= -\left[1 \times 10 - \frac{3}{4} \times 20 - 3\,000 \times 0.3° \times \frac{\pi}{180}\right] = +20.7 \text{ mm}(\leftarrow)$$

最后,求得的结果是正的,表明 D 点的水平位移的实际方向与 $P_i = 1$ 的假想方向相同,即位移向左。

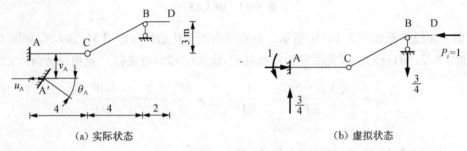

(a) 实际状态　　　　　　　　　　　　(b) 虚拟状态

图 3-52　例 3.16

3.8　本章小结

本章介绍了机械结构的计算简图及其简化方法,包括结构体系的简化、杆件的简化、节点的简化、支座的简化、载荷的简化等。

静定结构的种类有很多,本章分别介绍了静定梁、刚架、桁架和组合结构的内力分析方法。还说明了静定结构的最基本特性——解答唯一性和由此推衍出的多种静力特性。

在引入功和变形能的基础上,介绍了线弹性变形体系的两种常见功能原理,即附加功互等定理和虚功原理,接着介绍了基于单位载荷法(虚功原理)的静定结构位移计算方法,结合算例详细讨论了结构在载荷和支座位移作用下的位移计算。

虽然内力分析在《材料力学》课中已经重点学习过,但由于内力分析是本章结构位移计算及后续章节的基础,所以,学习掌握本章总结的四种类型静定结构的内力计算方法是非常重要的。而位移求解也是后面章节的基础,必须通过多加练习牢固掌握。

静定结构在载荷作用下的位移计算的一般步骤:

(1) 根据待求量确定相应的虚拟单位载荷,确定结构各部件在虚拟单位载荷作用下的内力。

(2) 确定结构各部件在实际载荷作用下的内力。

(3) 将各部件的内力方程代入式(3-28),分段积分后再求和,即可得到所求位移。

在实际计算中,式(3-28)可根据具体结构进行简化如式(3-29)至式(3-31)所示。

为避免复杂的积分运算,本章进一步介绍了利用图形相乘法(图乘法)计算积分的原理。

思考题

3.1 试说明实功与虚功的差别。虚功原理的实质是什么? 虚功原理在刚体中和变形体中有什么区别? 变形体虚功原理的应用条件与应用范围是什么?

3.2 何谓变形能? 列出在各种基本变形下变形能的表达式。怎样利用虚功原理求解结构位移,试举例说明。

3.3 利用图乘法计算积分项,其表达式是怎样的? 在应用中是否有限制,其适用条件是什么? 求变截面梁和拱的位移时,是否可用图乘法? 如果梁的截面沿杆长呈阶梯形变化,求位移时是否可以用图乘法?

3.4 利用虚功原理求位移时,怎样选择虚设的单位载荷?

3.5 利用图乘法计算位移时,正负号怎样确定?

3.6 反力互等定理是否可以用于静定结构? 这时会得出什么结果?

习 题

3.1 作图 3-53 所示静定梁的内力图。

3.2 计算图 3-54 所示的桁架结构中各杆内力。

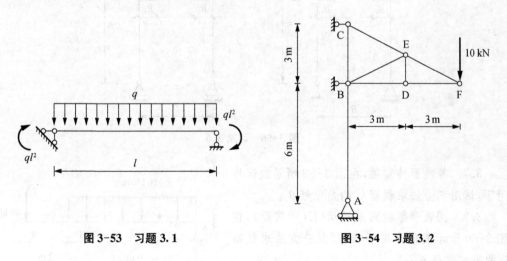

图 3-53 习题 3.1   图 3-54 习题 3.2

3.3 计算图 3-55 所示桁架 1,2,3 杆的轴力。

3.4 作出图 3-56 所示刚架的内力图。

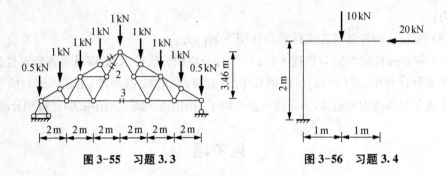

图 3-55 习题 3.3   图 3-56 习题 3.4

3.5 作出图 3-57 所示组合结构的弯矩图,并算出各链杆的轴力。

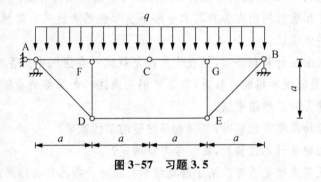

图 3-57 习题 3.5

3.6 作出图 3-58 所示装卸桥支腿平面计算简图的弯矩图。

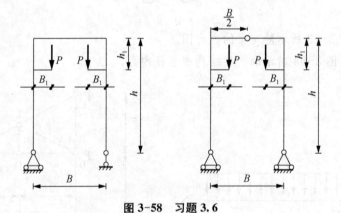

图 3-58 习题 3.6

3.7 等截面伸臂梁,在图 3-59 所示载荷作用下,试用积分法求截面 C 的角位移 θ_c。

3.8 圆弧形等截面悬臂梁($EI=$ 常数),在图 3-60 所示载荷作用下,试用积分方法求截面 B 的竖直位移 Δ_{BV}。

3.9 桁架各杆的材料和截面均相同,已知 $E=2.1\times10^4\ \text{kN/cm}^2$, $A=15\ \text{cm}^2$。在图 3-61

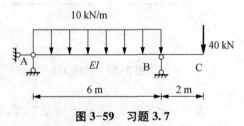

图 3-59 习题 3.7

所示载荷 $P = 100 \text{ kN}$ 作用下,试求顶点 C 的竖向位移 Δ_{CV}。

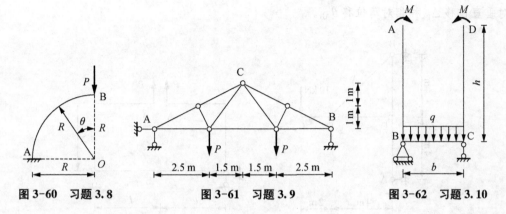

图 3-60　习题 3.8　　　　图 3-61　习题 3.9　　　　图 3-62　习题 3.10

3.10　图 3-62 所示为集装箱门式跨车在支腿平面内结构计算简图,试求在图示载荷作用下 A,D 两点间的相对水平位移 Δ_{AD}。

3.11　图 3-63 所示为某门座起重机象鼻架结构计算简图,试求在外载荷作用下 C 点的垂直位移。已知:$A_1 = 64 \text{ cm}^2$, $A_2 = 132 \text{ cm}^2$, $E = 210 \text{ GPa}$。

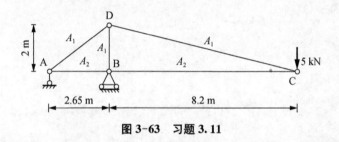

图 3-63　习题 3.11

3.12　刚架的支座位移如图 3-64 所示,试求 C 点的竖向位移 Δ_{CV}。

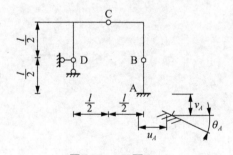

图 3-64　习题 3.12

3.13　图 3-65 所示为简易单梁葫芦吊计算简图。已知:$E = 210 \text{ GPa}$,杆 BD 截面面积 $A = 12 \text{ cm}^2$,杆 AB 和杆 EC 的 $I = 3\ 600 \text{ cm}^4$,试求:

(1) C 点的垂直位移;(2)若杆 AB 的 $I = \infty$,C 点的垂直位移又是多大?(AB,EC 杆的 N,Q 不计)

3.14 试求图 3-66 所示结构在外载荷作用下，A，B 两截面的相对水平位移 Δ_1、相对垂直位移 Δ_2 和相对角位移 θ_{AB}。

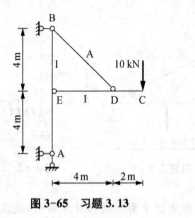

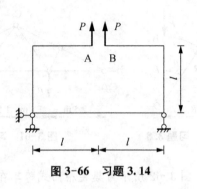

图 3-65　习题 3.13　　　　　　　图 3-66　习题 3.14

第4章 超静定结构与力法

4.1 超静定结构的概念

通过第 2 章结构构造的分析与讨论,可知结构或体系可分为几何可变、几何瞬变和几何不变三类。下面从静力学的特征来进一步探讨三类体系各自的特点。

对于几何可变体系,在载荷作用下,一般都将发生运动而不能维持平衡,因而也就没有静力学的解答,这类体系只能作为机构而不能作为结构来承受载荷。而对于瞬变体系,由于在载荷的作用下,将产生很大的内力,这类体系也不能作为结构来承载。

材料力学中已指出,当分析一个结构在外力或温度、支承沉陷、装配误差等外部因素作用下产生内力和变形时,一般需要考虑力的平衡条件、变形的协调条件和结构材料应满足的物理性质三个条件,而力的平衡条件则是最基本的。

一个结构物在外力系的作用下,如果不发生运动,则这些外力系必须保持平衡,这是静力学的基本原理。所谓力系,包括作用在结构上的一切外力:各种载荷、自重和支承反力。按照静力学的方法,任何力系都可以合成为一个主矢和一个主矩,力的平衡条件要求主矢和主矩都等于零。用数学式来表示,即:

$$\sum_{i=0} F_{xi}=0, \quad \sum_{i=0} F_{yi}=0, \quad \sum_{i=0} F_{zi}=0;$$

$$\sum_{i=0} M_{xi}=0, \quad \sum_{i=0} M_{yi}=0, \quad \sum_{i=0} M_{zi}=0$$

其中,F_{xi},F_{yi} 和 F_{zi} 是第 i 个力沿三个坐标轴方向 Ox,Oy 和 Oz 的分力,而 M_{xi},M_{yi} 和 M_{zi} 是该力对三个坐标轴的力矩。

一个结构总是由若干构件组成的,当结构处于平衡状态时,除了作为结构整体必须满足上述静力平衡条件外,结构的每一个构件、节点或者某部分隔离体受到的力也都必须处于平衡状态,即满足上述平衡条件。因此,静力平衡条件是结构分析的一个重要基础。

在结构分析中,一般先需要求出支座反力,然后求解各部分的内力。如上所述,凡是由静力平衡条件即可完全确定杆件内力的结构称为静定结构。显然,静定结构是无多余约束的几何不变结构。如果一个结构,它所要求解的未知力超过静力平衡方程式的个数,即仅仅利用静力平衡方程式尚不足以求解全部支座反力和内力时,该结构就称为超静定结构。显然,超静定结构是具有多余约束的几何不变结构。多余约束的个数,即未知力个数减去平衡方程个数所得的差则称为结构的超静定次数。在实际结构中,大多数属于超静定结构,因此,对超静定结构进行研究是十分必要的。

如图 4-1 所示超静定结构,由构造分析可知,该体系是具有两个多余约束的几何不变结构,设想去掉两个多余约束而代以支承反力 X_1 和 X_2[图 4-1(b)],则该结构仍然是几何不变的,无论 X_1 和 X_2 取什么值,在外力 P_1,P_2 和 P_3 作用下,仍能维持结构的平衡。但是,仅满足平衡条件无法求出 X_1 和 X_2 值,此结构是二次超静定结构。

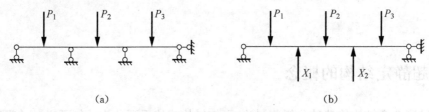

(a)   (b)

图 4-1   二次超静定结构示例

如果结构的支承反力可由静力平衡条件求出,则该结构称为外部静定;反之,则为外部超静定结构。如果结构的内力可由静力平衡条件求出,则该结构称为内部静定;反之,则为内部超静定结构。图 4-2(a)和图 4-2(b)均为静定结构,图 4-2(c)为外部超静定结构,图 4-2(d)为二次内部和一次外部共三次超静定结构。

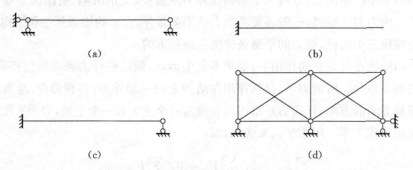

(a)   (b)

(c)   (d)

图 4-2   静定结构与超静定结构示例

判断一个结构内部或外部超静定次数的常用方法是将支承看作外部约束,将连接节点的杆件看作内部约束,然后适当地解除约束并以约束反力代替,直到结构成为静定。被解除的约束数即为其超静定次数。如将图 4-2(c)右端支承杆去掉,并以一反力 X_1 代替,即成为图 4-3(a)所示静定结构。因此,此结构为外部一次超静定结构。再如将图 4-2(d)两个上弦杆切断以 X_1 和 X_2 力代替,而将中间支承杆去掉,并以反力 X_3 代替,则为图 4-3(b)所示的静定结构。该结构为一次外部和二次内部超静定结构。

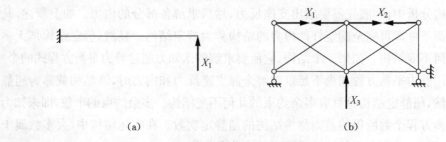

(a)   (b)

图 4-3   约束反力代替约束

分析超静定结构的主要目的在于确定其支座反力和各部分的内力。按照基本未知量的选择,分析超静定结构的基本方法主要可分为两类:力法(或称柔度法)和位移法(或称刚度法)。凡是以结构多余联系的内力或多余的支座反力作为基本未知量的计算方法称力法。以结构的位移作为基本未知量的,称位移法。如果将力法和位移法联合使用,即既有内力或反力作为未知量,又有位移作为未知的,则称为混合法。这三种方法的主要区别在于其基本未知量的选择。所谓基本未知量是指当这些数值求出后,其他未知值均可以求得到。

4.2 超静定结构力法计算的基本结构

通过解除多余约束可以判断结构的超静定次数,而解除多余约束后得到的静定结构,就是超静定结构力法计算的基本结构。用力法求解超静定问题时,就是在解除相应的多余约束后得到的静定结构上进行的。下面来研究解除多余约束以获得静定基本结构的一般方法。

在前述章节已指出过,一根链杆(支座链杆、单轴力杆件)相当于一个约束。一个单铰(连接两个杆件的)相当于两个约束。一个固定铰支座(具有两个链杆)为两个约束。一个固定支座为三个约束。根据这些条件,可确定解除多余约束的方法。

(1) 撤去结构中一个活动铰支座,或切断一根链杆,各相当于解除一个约束。如图4-4(a)所示平面刚架,有两个固定铰支座,共四个约束,其中有一个多余约束。若撤去支座 B 的一根水平链杆,即得静定结构如图 4-4(b)所示。

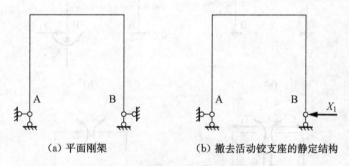

(a) 平面刚架   (b) 撤去活动铰支座的静定结构

图 4-4 撤除一个活动铰支座

(2) 撤除一个固定铰支座,或拆开一个单铰,均相当于解除两个约束。如图 4-5(a)所示刚架,将固定铰支座 B 撤去,即得静定刚架[4-5(b)]。又如图 4-5(c)所示具有顶部铰的刚架,为二次超静定刚架。如将顶部铰拆开,解除两个约束,即得两个静定刚架[图 4-5(d)]。

(3) 撤除一个固定支座,或切断一根受弯杆件,各相当于解除三个约束(图 4-6)。

(4) 将固定支座改为固定铰支座,相当于解除一个约束。将受弯杆件切开并改为铰节点,也相当于解除一个约束。图 4-6(a)所示刚架为三次超静定,若将 A,B 支座分别改为固定铰支座,并将横杆切开,改为铰节点[图 4-6(d)],则共解除三个约束,得一个新的静定结构(三铰刚架)。

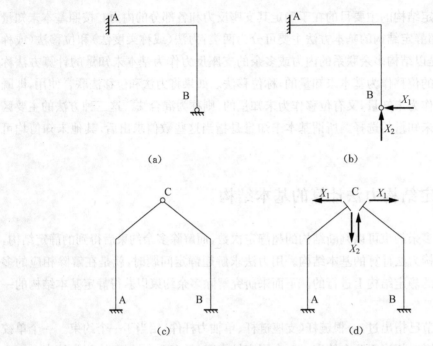

图4-5 撤除一个固定铰支座、拆开一个单铰的静定结构

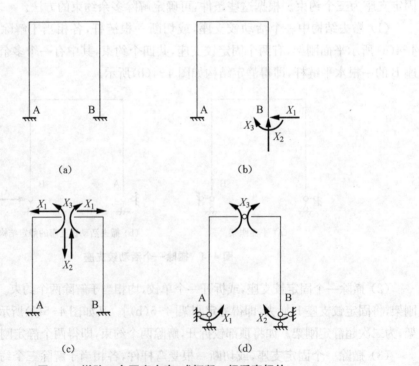

图4-6 撤除一个固定支座,或切断一根受弯杆件

以上所述,是解除多余约束以获得静定基本结构的一般方法。可以看到,对于同一超静定结构,可以采用不同的方法解除多余约束,从而获得不同的基本结构,但必须保证解除多余约束后所得的结构为几何不变体系。

4.3 力法基本原理及计算

力法以超静定结构中多余联系的内力和多余的支座反力作为基本未知量,所以力法的未知数个数等于多余联系与多余支座反力之和,也等于超静定的次数。力法是超静定计算方法中最早提出的一种基本方法,它的应用范围极为广泛。

4.3.1 力法基本原理

在超静定结构中,由于未知数多于静力平衡条件,故需补充附加方程式,其数目应等于超静定的次数。这里,首先以一个简单的例子来说明力法的基本概念。

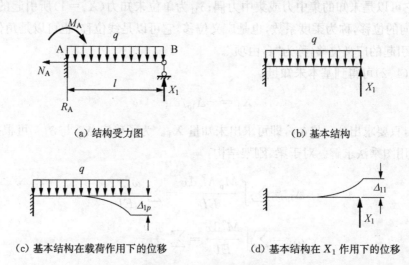

(a) 结构受力图   (b) 基本结构

(c) 基本结构在载荷作用下的位移   (d) 基本结构在 X_1 作用下的位移

图 4-7 一次超静定结构

图 4-7(a)所示梁是一个一次超静定结构。如上所述,除静力平衡方程式外,还必须补充附加方程式。在力法中,这些方程式根据位移条件(即变形协调条件)建立。在图 4-7(a)中,如果将多余的支座链杆解除,即去掉支座 B,并以力 X_1 代替,X_1 称为基本未知量。这样得到几何不变的静定结构,如图 4-7(b)所示,称为原结构的基本结构。由于用基本结构代替原结构,不仅两者的受力状态完全相同,而且两个结构的变形状态也应该一致,因此,在基本结构上支座 B 的垂直位移应等于零。根据这些条件,就可以列出附加的变形协调方程式。综上所述,利用基本结构,就能将复杂的超静定结构计算问题变为静定结构的位移计算问题,这就是力法的基本内容。

现在,利用基本结构来推导所需的附加方程式。根据原结构的支座条件,支座 B 的垂直方向没有位移。这也表示在基本结构中,B 点处由于载荷所引起的垂直位移 Δ_{1p} 与由力 X_1 所引起的垂直位移 Δ_{11} 的总和 Δ_1 应等于零,即:

$$\Delta_1 = \Delta_{1p} + \Delta_{11} = 0 \tag{4-1}$$

式中 Δ_1——原结构在支座 B 处的位移;

Δ_{1p}——基本结构在均布载荷 q 作用下沿 X_1 方向（支座 B 处）所产生的位移，如图 4-7(c)所示；

Δ_{11}——基本结构在 X_1 作用下所产生的位移，如图 4-7(d)所示。

设 $\Delta_{11}=\delta_{11}X_1$，由此可得：

$$\delta_{11}X_1+\Delta_{1p}=0 \tag{4-2}$$

式中，δ_{11} 为基本结构在 $X_1=1$ 作用下沿 X_1 方向所产生的位移（称为柔度系数）。

式(4-2)是一个变形条件，它表示基本结构在解除约束处的位移与原结构相应处的位移相等，是线性代数方程，其个数等于多余未知数的个数，也等于超静定次数。式(4-2)就是力法的典型方程，简称力法方程。需要指出，式中的基本未知量 X_1 代表的是广义力，它可以是未知的集中力或集中力偶；δ_{11} 为单位未知力（$X_1=1$）所引起的"1"单位沿 X_1 方向的位移，称为柔度系数，也是广义位移，它可以是线位移，也可以是角位移；Δ_{1p} 是外载荷引起的广义位移，称为"自由项"。

由式(4-2)可得到基本未知量：

$$X_1=-\Delta_{1p}/\delta_{11} \tag{4-3}$$

显然，只要求出 Δ_{1p} 与 δ_{11}，即可求出未知量 X_1。为了确定 Δ_{1p} 与 δ_{11}，可根据单位载荷法并应用图乘法求解。对于梁、刚架结构：

$$\Delta_{1p}=\sum\int\frac{M_p\bar{M}_i\mathrm{d}x}{EI}=\sum\frac{\omega_p y_{oi}}{EI}$$
$$\delta_{11}=\sum\int\frac{\bar{M}_i^2\mathrm{d}x}{EI}=\sum\frac{\omega_i y_{oi}}{EI} \tag{4-4}$$

式中 M_p——基本结构在外载荷单独作用下的弯矩；

ω_p——M_p 弯矩图面积；

$\bar{M}_i$——基本结构在单位力 $X_1=1$ 单独作用下的弯矩；

ω_i——$\bar{M}_i$ 弯矩图面积；

y_{oi}——与 ω_p 形心对应的 $\bar{M}_i$ 纵坐标值。

在前面所举的例子中，M_p 与 $\bar{M}_i$ 如图 4-8 所示。则：

$$\Delta_{1p}=\sum\int\frac{\omega_p y_{0i}\mathrm{d}x}{EI}=-\frac{ql^4}{8EI}$$

$$\delta_{11}=\sum\frac{\omega_i y_{0i}}{EI}=\frac{l^3}{3EI}$$

由式(4-3)得：

$$X_1=-\frac{-\dfrac{ql^4}{8EI}}{\dfrac{l^3}{3EI}}=\frac{3ql}{8}$$

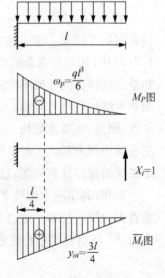

图 4-8　图 4-7 所示结构的内力图

求得多余未知力后,其余所有反力和内力的计算,都可按静定问题求解。为求原结构内力,可以应用叠加原理,将原结构任一截面上的弯矩 M_x 用以下叠加公式表示:

$$M_x = M_p + M_1 X_1 \tag{4-5}$$

同理,剪力的叠加公式为:

$$Q_x = Q_p + Q_1 X_1 \tag{4-6}$$

在式(4-5)和式(4-6)中,M_p 和 Q_p 为基本结构在载荷作用下,所求截面处的弯矩及剪力值。M_1 和 Q_1 为基本结构在 $X_1 = 1$ 时所求截面处的弯矩及剪力值。

同样可得杆件轴力的叠加公式:

$$N_x = N_p + N_1 X_1 \tag{4-7}$$

式中　N_p—— 基本结构在载荷作用下所求截面处的轴力值;

　　　N_1—— 基本结构在 $X_1 = 1$ 时所求截面处的轴力值。

以上得到的式(4-2)—式(4-7)诸公式,即是用力法求解一次超静定结构问题的一般公式。

通过以上的分析可知道,由于解除了多余约束,引入了静定基本结构,就将超静定结构内力分析问题转化为静定结构的位移计算问题。

4.3.2　力法典型方程

利用叠加原理可导出力法典型方程式的普遍形式。现推导 n 次超静定结构的典型方程的普遍形式。

图 4-9(a)为门式刚架,具有两个固定支座,有三个多余约束,为三次超静定结构。按前面所述,撤除一个固定支座,相当于解除三个多余约束。故现将支座 B 撤去,以三个未知反力 X_1、X_2 和 X_3 来代替,这就是三个基本未知量,它们分别为水平方向支反力、竖向支反力和支反力矩。这样也得到了相应的静定基本结构,如图 4-9(b)所示。对于静定基本结构,其 B 点处 X_1、X_2 和 X_3 三个方向相应的位移表示为 Δ_1、Δ_2 和 Δ_3。

要使静定基本结构与原结构完全等价,必须保持静定基本结构的变形状态与原结构完全一致。由于原结构 B 点为固定端,没有任何方向的位移。因此,对于静定基本结构而言,应满足的变形条件为:$\Delta_1 = 0$、$\Delta_2 = 0$ 和 $\Delta_3 = 0$。根据这三个变形条件,可以建立起三个方程式,即为所求的力法方程。

现分别以 Δ_{1p}、Δ_{2p} 和 Δ_{3p} 表示由于外载荷引起的静定基本结构上 B 点在 X_1、X_2 和 X_3 三个方向上的水平位移、竖向位移和转角如图 4-9(f)所示。

B 点由未知约束反力 X_1、X_2 和 X_3 所引起的三个方向的位移,表示为 $\Delta_{ij}(i = 1, 2, 3; j = 1, 2, 3)$。

这里所采用的双下标的意义如下:第一个下标 i 表示位移的方向($i = 1, 2, 3$),第二个下标 j 表示引起位移的原因($j = 1, 2, 3$)。

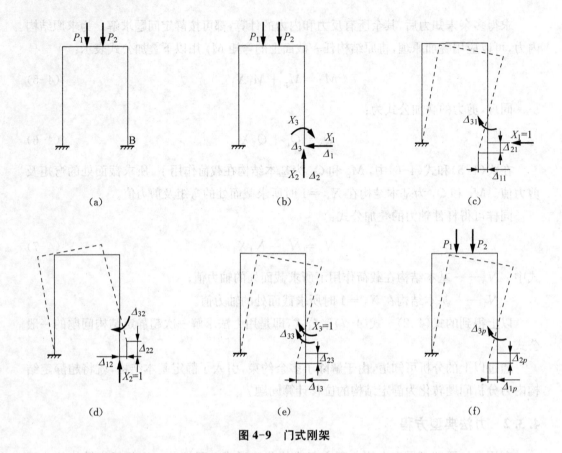

图 4-9 门式刚架

将 Δ_{ij} 以柔度系数的形式表示为：

$$\Delta_{ij} = \delta_{ij} X_j (i=1, 2, 3; j=1, 2, 3) \tag{4-8}$$

式中，δ_{ij} 为柔度系数，是由于 $X_j = 1$（单位力）所引起的 B 点在 i 方向的位移。

例如，δ_{11} 表示由 $X_1 = 1$ 所引起的 B 点在水平方向的位移；δ_{32} 表示由 $X_2 = 1$ 所引起的 B 端的转角。

根据位移的叠加原理，得知基本结构在外力及未知力 X_1、X_2 和 X_3 共同作用下，B 端在三个方向的总位移应分别为：

水平方向 $\Delta_1 = \Delta_{11} + \Delta_{12} + \Delta_{13} + \Delta_{1p}$

竖直方向 $\Delta_2 = \Delta_{21} + \Delta_{22} + \Delta_{23} + \Delta_{2p}$ (4-9)

转角 $\Delta_3 = \Delta_{31} + \Delta_{32} + \Delta_{33} + \Delta_{3p}$

由于在此例中，B 点的变形条件是 $\Delta_1 = 0$、$\Delta_2 = 0$ 和 $\Delta_3 = 0$，将式(4-8)代入式(4-9)得：

$$\Delta_1 = \delta_{11} X_1 + \delta_{12} X_2 + \delta_{13} X_3 + \Delta_{1p} = 0$$

$$\Delta_2 = \delta_{21} X_1 + \delta_{22} X_2 + \delta_{23} X_3 + \Delta_{2p} = 0 \tag{4-10}$$

$$\Delta_3 = \delta_{31} X_1 + \delta_{32} X_2 + \delta_{33} X_3 + \Delta_{3p} = 0$$

式(4-10)即为三次超静定结构的力法典型方程。式(4-10)可用矩阵形式表示为:

$$\begin{bmatrix} \delta_{11} & \delta_{12} & \delta_{13} \\ \delta_{21} & \delta_{22} & \delta_{23} \\ \delta_{31} & \delta_{32} & \delta_{33} \end{bmatrix} \begin{bmatrix} X_1 \\ X_2 \\ X_3 \end{bmatrix} + \begin{bmatrix} \Delta_{1p} \\ \Delta_{2p} \\ \Delta_{3p} \end{bmatrix} = \begin{bmatrix} 0 \\ 0 \\ 0 \end{bmatrix} \tag{4-11}$$

如 4.3.1 节所述,力法方程中的柔度系数及自由项都可以用计算位移的单位载荷法求出。即:

$$\delta_{ij} = \sum \int \frac{M_i M_j \mathrm{d}x}{EI}$$

$$\Delta_{ip} = \sum \int \frac{M_i M_p \mathrm{d}x}{EI} \quad (i=1,\ 2,\ 3 \quad j=1,\ 2,\ 3) \tag{4-12}$$

联立求解式(4-10),即可求出基本未知量 X_1、X_2 和 X_3;然后可根据平衡条件求出其余全部支反力和内力,亦可根据叠加公式计算结构内力:

$$M_x = M_p + M_1 X_1 + M_2 X_2 + M_3 X_3$$

$$Q_x = Q_p + Q_1 X_1 + Q_2 X_2 + Q_3 X_3 \tag{4-13}$$

式中　M_p, Q_p——静定基本结构由外载荷所引起的弯矩和剪力;

　　　　M_i, Q_i——基本未知量 $X_i = 1 (i = 1,\ 2,\ 3)$ 所引起的弯矩和剪力。

以上通过一个三次超静定结构的分析过程推导出了力法方程(4-10)及内力计算的叠加公式(4-13)。对于 n 次超静定结构,力法典型方程的普遍形式为:

$$\Delta_1 = \delta_{11} X_1 + \delta_{12} X_2 + \cdots + \delta_{1n} X_n + \Delta_{1p} = 0$$

$$\Delta_2 = \delta_{21} X_1 + \delta_{22} X_2 + \cdots + \delta_{2n} X_n + \Delta_{2p} = 0$$

$$\cdots$$

$$\Delta_n = \delta_{n1} X_1 + \delta_{n2} X_2 + \cdots + \delta_{nn} X_n + \Delta_{np} = 0 \tag{4-14}$$

式中,Δ_i 在基本结构上沿任一多余未知力 X_i 作用点及其方向内的总位移,它由两个部分组成,其一是由于各多余未知力 X_1, X_2, $\cdots$, X_n 在基本结构上单独作用时所引起的位移,如 $\delta_{i1} X_1$, $\delta_{i2} X_2$, $\cdots$, $\delta_{ij} X_j$, $\cdots$, $\delta_{in} X_n$;其次是由载荷在基本结构上单独作用所引起的位移 Δ_{ip}。δ_{ij} 在基本结构上,由于单位力 $X_j = 1$ 单独作用下,所引起在 X_i 作用点及其方向上的位移,δ_{ij} 称为柔度系数。

式(4-14)中的 δ_{ij} 和 Δ_{ip} 的计算方法为:

$$\delta_{ij} = \sum \int \frac{N_i N_j \mathrm{d}s}{EA} + \sum \int \frac{M_i M_j \mathrm{d}s}{EI} + \sum \int \mu \frac{Q_i Q_j \mathrm{d}s}{GA}$$

$$\delta_{ii} = \sum \int \frac{N_i^2 \mathrm{d}s}{EA} + \sum \int \frac{M_i^2 \mathrm{d}s}{EI} + \sum \int \mu \frac{Q_i^2 \mathrm{d}s}{GA} \tag{4-15}$$

$$\Delta_{ip} = \sum \int \frac{N_i N_p \mathrm{d}s}{EA} + \sum \int \frac{M_i M_p \mathrm{d}s}{EI} + \sum \int \mu \frac{Q_i Q_p \mathrm{d}s}{GA}$$

为了表达简明起见，可用矩阵形式表示为：

$$[\delta]\{X\} + \{\Delta\} = 0 \tag{4-16}$$

式中 $\{\Delta\} = \{\Delta_{1p}, \Delta_{2p}, \cdots, \Delta_{np}\}^T$——载荷位移列向量；

$\{X\} = \{X_1, X_2, \cdots, X_n\}^T$——多余未知力列向量。

其中，

$$[\delta] = \begin{bmatrix} \delta_{11} & \delta_{12} & \cdots & \delta_{1n} \\ \delta_{21} & \delta_{22} & \cdots & \delta_{2n} \\ \vdots & \vdots & & \vdots \\ \delta_{n1} & \delta_{n2} & \cdots & \delta_{nn} \end{bmatrix} \tag{4-17}$$

$[\delta]$ 为柔度矩阵。根据位移互等原理，凡下标相同的非对角项应相等，即 $\delta_{ij} = \delta_{ji}$，并在对角线两侧成对称分布。对角元上的各项值恒为正，且不会等于零，非对角元的值可能为正、负或零。柔度矩阵与基本结构的选择有关，选择不同的基本结构，将有不同的多余未知力，也就得出不同的柔度系数。因此在选择基本结构时，应尽量使柔度矩阵的形式简单，使计算得到简化。但是不管怎样选择基本结构，只要它符合几何不变和静定的条件，则其最后计算结果应该是完全一致的。柔度矩阵是一个对称方阵，它的阶数等于多余未知力个数，也等于超静定次数。

下面通过具体实例来说明力法的应用。

例 4.1　图 4-10 所示为一两端固定的梁，承受均布载荷 q，求梁的内力。

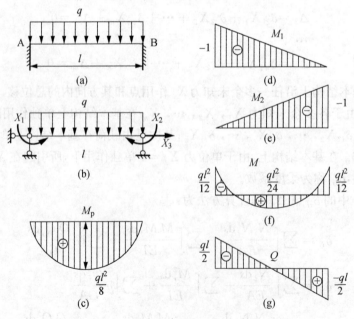

图 4-10　例 4.1

解:

(1) 选择静定基本结构。

原结构是三次超静定梁。可按不同的方法解除多余约束,以获得不同的基本结构。现选择简支梁做为静定基本结构,即解除 A 端转动约束、B 端转动约束和水平约束,以梁端弯矩 X_1,X_2 和水平支反力 X_3 为基本未知量,所得基本结构如图 4-10(b)所示。

(2) 列力法方程。

对于三次超静定结构,力法方程式为:

$$\delta_{11}X_1 + \delta_{12}X_2 + \delta_{13}X_3 + \Delta_{1p} = 0$$

$$\delta_{21}X_1 + \delta_{22}X_2 + \delta_{23}X_3 + \Delta_{2p} = 0$$

$$\delta_{31}X_1 + \delta_{32}X_2 + \delta_{33}X_3 + \Delta_{3p} = 0$$

这里必须指出,尽管力法方程的形式完全一样,但柔度系数(单位未知力所引起的位移)在各种情况下并不相同,如在本例中:δ_{11} 代表由于未知力矩 $X_1=1$ 所引起的 X_1 方向的转角;δ_{33} 代表由单位水平力 $X_3=1$ 引起的水平位移;δ_{12} 代表由于单位未知力矩 $X_2=1$ 所引起的 X_1 方向的转角,等等。

(3) 计算柔度系数 δ_{ij} 和自由项 Δ_{ip}。

为计算 δ_{ij} 与 Δ_{ip},需分别作出基本结构在外载荷 q 作用下的弯矩图 M_p 及各单位多余力作用下的弯矩图 M_i,如图 4-10(c)、图 4-10(d) 和图 4-10(e)所示。$X_3=1$ 只产生轴力不引起弯矩,故 $M_3=0$,然后根据单位载荷法求位移的公式得:

$$\delta_{11} = \int \frac{M_i^2 \mathrm{d}x}{EI} = \frac{\omega_1 y_{01}}{EI} = \frac{1}{EI}\left(\frac{1}{2} \times l \times 1\right) \times \frac{2}{3} = \frac{l}{3EI}$$

$$\delta_{21} = \delta_{12} = \int \frac{M_1 M_2 \mathrm{d}x}{EI} = \frac{\omega_1 y_{02}}{EI} = \frac{l}{6EI}$$

$$\delta_{31} = \delta_{13} = \int \frac{M_1 M_3 \mathrm{d}x}{EI} = 0$$

$$\delta_{22} = \int \frac{M_2^2 \mathrm{d}x}{EI} = \frac{\omega_2 y_{02}}{EI} = \frac{l}{3EI}$$

$$\delta_{23} = \delta_{32} = 0$$

$$\delta_{33} = \int \frac{N_3^2 \mathrm{d}x}{EA} = \frac{N_3^2 l}{EA} = \frac{l}{EA}$$

$$\Delta_{1p} = \int \frac{M_1 M_p \mathrm{d}x}{EI} = \frac{\omega_p y_{01}}{EI} = -\frac{1}{EI}\left(\frac{2}{3} \times \frac{ql^2}{8} \times l\right) \times \frac{1}{2} = -\frac{ql^3}{24EI}$$

$$\Delta_{2p} = \int \frac{M_2 M_p \mathrm{d}x}{EI} = \frac{\omega_p y_{02}}{EI} = -\frac{ql^3}{24EI}$$

$$\Delta_{3p} = \int \frac{M_3 M_p \mathrm{d}x}{EI} = 0$$

（4）解力法方程，求出基本未知量。

将以上求出的 Δ_{ip} 及 δ_{ij} 值代入力法方程，由式(4-19)可见：$\delta_{31}=\delta_{32}=\Delta_{3p}=0$，故得 $X_3=0$ 即无轴力。由式(4-17)式(4-18)简化后得：

$$2X_1+X_2=\frac{ql^2}{4}$$

$$X_1+2X_2=\frac{ql^2}{4}$$

联立求解得 $X_1=X_2=\dfrac{ql^2}{12}$

由平衡条件 $\sum Y=0$ 求得：竖向支反力 $R_a=R_b=\dfrac{ql}{2}$

（5）求内力。

按叠加方程 $M=M_p+X_1\times M_1+X_2\times M_2$ 计算：

$$M_A=M_B=-\frac{ql^2}{12}$$

跨中点之弯矩：

$$M_c=\frac{ql^2}{8}+\left(-\frac{1}{2}\right)\times\frac{ql^2}{12}+\left(-\frac{1}{2}\right)\times\frac{ql^2}{12}=\frac{ql^2}{8}-\frac{ql^2}{12}=\frac{ql^2}{24}$$

弯矩图如图 4-10(f)所示；剪力图如图 4-10(g)所示。

由以上的讨论可知，力法的基本原理是在静定结构计算的基础上求解超静定结构的一种计算方法。它以多余约束力作为基本未知量，利用基本结构在解除约束处的位移与原结构相应的位移相等的条件，建立典型方程组，并解出多余未知力，然后利用叠加原理求出反力和内力，最后绘制超静定结构的内力图。

4.3.3　内力图的校核

超静定结构的计算过程繁复，特别是超静定结构次数较高时，为了保证计算的正确性，对最后作出的内力图进行校核是十分必要的。

超静定结构的内力图应同时满足静力平衡条件和位移条件。

（1）平衡条件的校核。从结构中取出任意一部分作为隔离体，都应满足静力平衡条件。一般常用的校核方式是验算其节点的平衡条件。

① 刚性节点上力矩应平衡，即 $\sum M=0$。

② 刚性节点上的内力，在各个坐标方向上的投影值代数和应等于零，即 $\sum F_x=0$，$\sum F_y=0$。

（2）变形条件的校核。根据力法典型方程式，结构上沿任何一个多余未知力方向的相应位移应等于零。例如，在 X_1 方向的总位移等于零，即：

$$\delta_{11}X_1+\delta_{12}X_2+\cdots+\delta_{1n}X_n+\Delta_{1p}=0 \qquad (4\text{-}18)$$

如果用位移公式来表示各位移，则式(4-18)可改写为：

$$X_1\sum\int\frac{M_1^2}{EI}\mathrm{d}x+X_2\sum\int\frac{M_1M_2}{EI}\mathrm{d}x+\cdots+X_n\sum\int\frac{M_1M_n}{EI}\mathrm{d}x+\sum\int\frac{M_1M_p}{EI}\mathrm{d}x=0$$

$$(4\text{-}19)$$

或

$$\sum\int\frac{M_1(M_1X_1+M_2X_2+\cdots+M_nX_n+M_p)}{EI}\mathrm{d}x=0 \qquad (4\text{-}20)$$

式中，$M_1X_1+M_2X_2+\cdots+M_nX_n+M_p=M$，$M$ 为结构上任意点的最后总弯矩值，故式(4-20)可写成普遍形式为：

$$\sum\int\frac{M_1M}{EI}\mathrm{d}x=0 \qquad (4\text{-}21)$$

式(4-21)表明任何一个单位弯矩图与总弯矩图的乘积积分应等于零。

4.4　力法的计算步骤和超静定结构的特性

4.4.1　力法的计算步骤及示例

根据前面所阐述的力法基本原理，它同样适用于计算超静定桁架、超静定刚架、超静定混合结构等各种类型的超静定结构。力法的计算步骤可归纳如下：

(1) 选择基本结构。首先确定超静定次数，解除多余的约束，使原来的超静定结构成为几何不变的、静定的结构。

(2) 以相应的力 X_1，X_2，$\cdots$，X_n 代替已解除的多余约束的作用，这些多余未知力就是基本未知量，其作用方式应与所解除的约束相适应，并使基本结构和原结构的受力状态完全相同。

(3) 根据基本结构在解除约束处的位移与原结构相应的位移应相等的条件，建立力法典型方程。其普遍形式为 $[\delta]\{X\}+\{\Delta\}=\{0\}$。

(4) 计算典型方程中的柔度系数 δ_{ij} 和常数项 Δ_{ip}，这些系数和常数项都代表基本结构的某种位移。

① 对超静定刚架，可利用绘制的各个单位载荷弯矩图和载荷弯矩图，然后用图乘法求出。

② 对超静定桁架，每根杆件只受轴力作用，杆件只产生轴向变形，柔度系数 δ_{ij} 和常数项 Δ_{ip} 的计算公式为：

$$\delta_{ij}=\sum\int\frac{N_iN_j\mathrm{d}s}{EA}=\sum\frac{N_iN_jl}{EA}$$

$$\delta_{ii}=\sum\int\frac{N_i^2\mathrm{d}s}{EA}=\sum\frac{N_i^2l}{EA} \qquad (4\text{-}22)$$

$$\Delta_{ip}=\sum\int\frac{N_iN_p\mathrm{d}s}{EA}=\sum\frac{N_iN_pl}{EA}$$

③ 对超静定混合结构,由于结构内具有两类不同受力性质的杆件,在计算柔度系数 δ_{ij} 和常数项 Δ_{ip} 时应按杆件受力性质的不同,分别计算弯曲变形或轴向变形,然后叠加。计算公式为:

$$\delta_{ij} = \sum \int \frac{N_i N_j \mathrm{d}s}{EA} + \sum \int \frac{M_i M_j \mathrm{d}s}{EI}$$

$$\delta_{ii} = \sum \int \frac{N_i^2 \mathrm{d}s}{EA} + \sum \int \frac{M_i^2 \mathrm{d}s}{EI} \qquad (4\text{-}23)$$

$$\Delta_{ip} = \sum \int \frac{N_i N_p \mathrm{d}s}{EA} + \sum \int \frac{M_i M_p \mathrm{d}s}{EI}$$

要注意的是,式(4-23)中虽然包括了弯曲变形和轴向变形两项影响,但是对每根杆件而言,只考虑弯曲变形和轴向变形其中的一项影响,即受轴力的杆件只考虑轴力的影响,受弯杆件只考虑弯矩的影响。

(5) 解典型方程,求出多余未知力的值。

(6) 利用平衡条件或叠加原理求得超静定结构的全部反力和内力。超静定结构任一截面的内力通常可按式(4-24)计算:

$$M_x = M_p + M_1 X_1 + M_2 X_2 + \cdots + M_n X_n$$

$$N_x = N_p + N_1 X_1 + N_2 X_2 + \cdots + N_n X_n \qquad (4\text{-}24)$$

$$Q_x = Q_p + Q_1 X_1 + Q_2 X_2 + \cdots + Q_n X_n$$

式中　M_i, N_i, Q_i——基本结构在 $X_i = 1$ 单独作用下某一截面所产生的弯矩、轴向力和剪力($i = 1, 2, \cdots, n$);

$\qquad M_p$, N_p, Q_p——基本结构在载荷作用下某一截面所产生的弯矩,轴向力和剪力。

(7) 绘制并校核内力图。内力图可按式(4-24)计算所得的结果绘制,或将各单位弯矩图分别乘以相应的 X_1, X_2, $\cdots$, X_n 值,与载荷弯矩图相叠加,即可求得最后弯矩图。根据弯矩图和载荷状况,利用平衡条件,就能求得剪力图和轴向力图。超静定结构的内力图必须进行校核,校核时可以应用静力平衡条件和位移条件。

例 4.2　图 4-11 所示为塔式起重机塔身结构之一部分。已知杆件的材料弹性模量 $E = 2.1 \times 10^4 \ \mathrm{kN/cm^2}$,杆 ac, ad, bc, bd 之截面积 $A_1 = 19.261 \ \mathrm{cm^2}$,杆 ce, df 之截面积为 $A_2 = 13.944 \ \mathrm{cm^2}$,其余各杆截面积 $A_3 = 5.688 \ \mathrm{cm^2}$。求各杆内力。

解:此桁架上下格框内各有一个多余约束,为二次超静定桁架。上下格框内各截断一根斜杆,得相应的基本体系,如图 4-11(b)所示。

力法方程为:

$$\delta_{11} X_1 + \delta_{12} X_2 + \Delta_{1p} = 0$$

$$\delta_{21} X_1 + \delta_{22} X_2 + \Delta_{2p} = 0$$

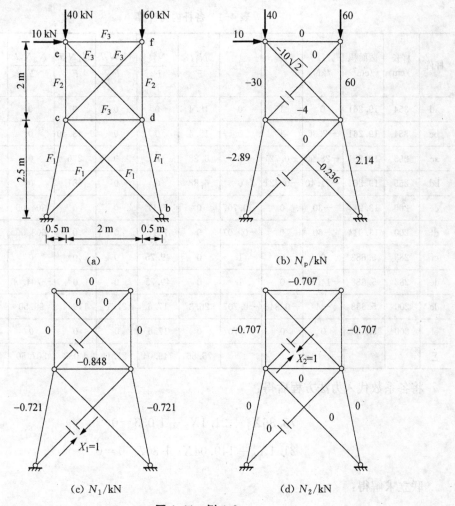

图 4-11 例 4.2

式中各系数和自由项为：

$$\Delta_{1p} = \sum \frac{N_1 N_p l}{EA}, \quad \Delta_{2p} = \sum \frac{N_2 N_p l}{EA};$$

$$\delta_{11} = \sum \frac{N_1^2 l}{EA}, \quad \delta_{22} = \sum \frac{N_2^2 l}{EA}, \quad \delta_{12} = \delta_{21} = \sum \frac{N_1 N_2 l}{EA}$$

为计算这些系数，需首先求出基本结构在外载荷及单位未知力 $X_1 = 1$、$X_2 = 1$ 三种状态下的各杆内力。应用节点法求解，结果分别标注于图 4-11(b)、图 4-11(c) 和图 4-11(d) 各杆侧。求出各杆内力后，再列表计算各系数（表 4-1）。

根据该表的计算结果，得各系数如下：

$$\delta_{11} = \frac{75.86}{E}, \quad \delta_{22} = \frac{149.04}{E}, \quad \delta_{12} = \delta_{21} = \frac{21.1}{E};$$

$$\Delta_{1p} = \frac{1\,033}{E}, \quad \Delta_{2p} = \frac{307.50}{E}$$

表 4-1　各杆内力计算

杆件	杆长/cm	截面积/cm²	N_p/kN	N_1	N_2	$\dfrac{N_1^2 l}{F}$	$\dfrac{N_2^2 l}{F}$	$\dfrac{N_1 N_2 l}{F}$	$\dfrac{N_1 N_p l}{F}$	$\dfrac{N_2 N_p l}{F}$	$N = N_p + N_1 X_1 + N_2 X_2$ /kN
ad	354	19.261	0	1	0	18.4	0	0	0	0	13.58
bc	354	19.261	−2.36	1	0	18.4	0	0	−43.40	0	−15.94
ac	255	19.261	−28.90	−0.721	0	6.88	0	0	276	0	−19.11
bd	255	19.261	−71.40	−0.721	0	6.88	0	0	681	0	−61.61
ce	200	13.944	−30	0	−0.707	0	7.17	0	0	304.00	−29.90
df	200	13.944	−60	0	−0.707	0	7.17	0	0	608.00	−59.90
cf	283	5.688	0	0	1	0	49.75	0	0	0	−0.14
de	283	5.688	−14.14	0	1	0	49.75	0	0	−704.00	−14.28
dc	200	5.688	−4	−0.848	−0.707	25.3	17.6	21.1	119.4	99.50	7.61
ef	200	5.688	0	0	−0.707	0	17.6	0	0	0	0.1
Σ						75.86	149.04	21.1	1 033	307.50	

将各系数代入力法方程后得：

$$75.86X_1 + 21.1X_2 + 1\,033 = 0$$

$$21.1X_1 + 149.04X_2 + 307.50 = 0$$

联立求解得：

$$X_1 = -13.58 \text{ kN}$$

$$X_2 = -0.14 \text{ kN}$$

各杆内力见表 4-1 最后一列所示。

通过例 4.2,可以看出用力法解超静定桁架时,需要反复多次求解基本结构的内力。

例 4.3　图 4-12 所示为一超静定组合结构。已知全部材料为 Q235, $E = 2.1 \times 10^4$ kN/cm², 杆 AB 为受弯杆件, $I = 1\,569.82$ cm⁴, 其余各杆为轴力杆件, $A = 4.934$ cm², $a = 100$ cm。求在图示载荷作用下各杆内力。

解：本例题所示结构为一次超静定混合结构。现将杆 CD 切断, 得基本结构如图 4-12(b)所示。基本未知力为 X_1, 力法方程为:

$$\delta_{11} X_1 + \Delta_{1p} = 0$$

为计算柔度系数 δ_{11} 及自由项 Δ_{1p}, 分别作 M_p, N_p, M_1, N_1 图[图 4-12(c)、图 4-12(d)和图 4-12(e)]。

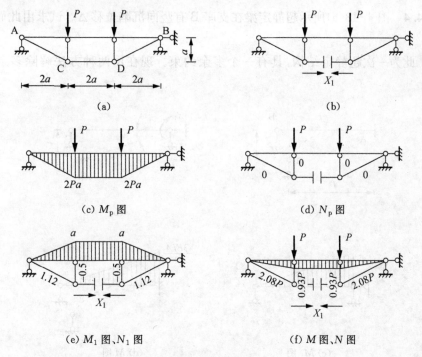

(a)

(b)

(c) M_p 图

(d) N_p 图

(e) M_1 图、N_1 图

(f) M 图、N 图

图 4-12　例 4.3

$$\delta_{11} = \sum \frac{N_1^2 l}{EA} + \sum \int \frac{M_1^2 \mathrm{d}s}{EI} = \frac{1}{EA}\big[2 \times 1.12^2 \times 2.24a +$$

$$2 \times (-0.5)^2 a\big] + \frac{1}{EI}\Big[2 \times \Big(\frac{1}{2} \times a \times 2a\Big) \times \frac{2}{3}a + (a \times 2a) \times a\Big]$$

$$= \frac{6.12a}{EA} + \frac{10a^3}{3EI} = \frac{10a^3}{3EI} \times \Big(1 + 2.43 \times \frac{I}{Fa^2}\Big)$$

$$\Delta_{1p} = \sum \frac{N_1 N_p l}{EA} + \sum \int \frac{M_1 M_p \mathrm{d}s}{EI} = 0 - \frac{1}{EI}\Big[2 \times \frac{1}{2} \times 2Pa \times 2a \times \frac{2}{3}a +$$

$$2Pa \times 2a \times a\Big] = -\frac{20Pa^3}{3EI}$$

将 δ_{11} 及 Δ_{1p} 代入上述力法方程,得:

$$X_1 = -\frac{\Delta_{1p}}{\delta_{11}} = \frac{2P}{1 + 2.43\dfrac{I}{Fa^2}} = 1.86P$$

式中,$\dfrac{I}{Fa^2} = 0.031\,8$。求得基本未知量 X_1 后,可应用叠加原理求各杆内力:

$$M_x = M_p + M_1 X_1 \qquad N_x = N_p + N_1 X_1$$

各杆内力值如图 4-12(f)所示。

例 4.4 图 4-13(a)所示超静定梁在支座 B 有竖向沉陷位移 Δ。试求由此而产生的梁内力。

解：此为一次超静定结构，具有一个多余约束。现在用两种方法解除多余约束来求解。

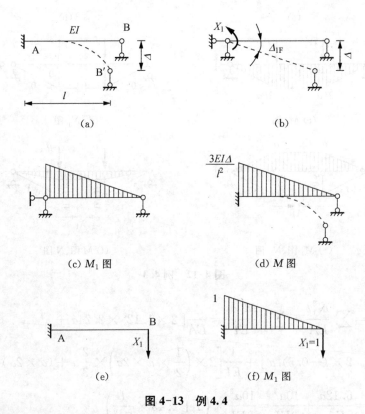

图 4-13 例 4.4

（1）解除 A 端转动约束，以反力矩 X_1 为基本未知力，基本结构为简支梁［图 4-13（b）］。比较基本结构与原结构在解除约束处的位移条件，可得力法方程为：

$$\delta_{11}X_1 + \Delta_{1p} = 0$$

这里超静定梁没有载荷作用，而有支座位移影响，所以，力法方程中的常数项 Δ_{1p} 是在基本结构中由于支座位移 Δ 引起的 A 端转角。在小位移条件下，A 端转角与支座 B 的竖向位移 Δ 具有以下关系：

$$\Delta_{1p} = -\frac{\Delta}{l}$$

式中的负号是表示转角 Δ_{1F} 的方向与所设的未知力 X_1 的方向相反。

为求得在单位未知力 $X_1 = 1$ 时的弯矩图 M_1［图 4-13（c）］，得：

$$\delta_{11} = \int \frac{M_1^2 \mathrm{d}x}{EI} = \frac{1}{EI} \times \frac{1}{2} \times l \times 1 \times \frac{2}{3} = \frac{l}{3EI}$$

代入力法方程解得：

$$X_1 = -\frac{\Delta_{1p}}{\delta_{11}} = \frac{\Delta}{l} \times \frac{3EI}{l} = \frac{3EI\Delta}{l^2}$$

根据叠加原理，可得：

$$M_A = X_1 M_1 = \frac{3EI\Delta}{l^2} \times 1 = \frac{3EI\Delta}{l^2}$$

而 M 图则为图 4-13(d)所示。

(2) 解除 B 端连杆约束，以反力 X_1 为基本未知力，基本结构为悬臂梁[图 4-13(e)]。比较基本结构与原结构在解除约束处 B 端的位移条件，由于原结构在 B 端有竖向位移 Δ，所以力法方程的右端不再为零，即有：

$$\delta_{11} X_1 + \Delta_{1p} = \Delta$$

式中，Δ_{1p} 是在基本结构中由于支座 B 的沉陷位移而引起的 B 端位移。但是，由于在基本结构中 B 处的支座已经被解除，所以，支座 B 的位移对悬臂梁的 B 端已经不再产生影响，所以 $\Delta_{1p} = 0$。为计算 δ_{11}，由图 4-13(f)的 M_1 图，可得：

$$\delta_{11} = \int \frac{M_1^2 \mathrm{d}x}{EI} = \frac{1}{EI} \times \frac{1}{2} \times l \times l \times \frac{2}{3}l = \frac{l^3}{3EI}$$

代入力法方程后解得：

$$X_1 = \frac{\Delta}{\delta_{11}} = \frac{3EI\Delta}{l^3}$$

则 A 端的弯矩为：

$$M_A = X_1 M_1 = \frac{3EI\Delta}{l^3} \times l = \frac{3EI\Delta}{l^2}$$

显然，两种方法求得的结果是一致的。

例 4.5 图 4-14 所示两端固端梁 AB。若支座 A 端产生一转角 θ_A，求由此而引起梁的内力。

解：不考虑梁的轴向变形，此结构为二次超静定。解除 A，B 两端的转动约束，基本结构为简支梁[图 4-14(b)]，基本未知量为 X_1，X_2(A，B 两端的反力矩)。

比较基本结构与原结构在解除约束处的位移条件，由于原结构在 A 端有支座位移 θ_A，而 B 端没有支座位移，这样可得力法方程为：

$$\delta_{11} X_1 + \delta_{12} X_2 + \Delta_{1p} = \theta_A$$
$$\delta_{21} X_1 + \delta_{22} X_2 + \Delta_{2p} = 0$$

式中，Δ_{1p} 是在基本结构中 A 端由于支座 A 的转动而引起的转角位移，Δ_{2p} 是在基本结构中 B 端由于支座 A 的转动而引起的转角位移。但是，由于基本结构是简支梁，两端都是铰支座,而对铰支座绕其中心的任何转动都不会使梁截面发生转角位移,即有 $\Delta_{1p}=0$, $\Delta_{2p}=0$。

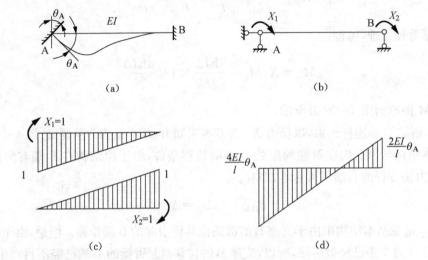

图 4-14　例 4.4 的内力图

根据图 4-14(c)的 M_1 图和 M_2 图,可计算柔度系数:

$$\delta_{11}=\int \frac{M_1^2\mathrm{d}x}{EI}=\frac{l}{3EI}, \ \delta_{22}=\int \frac{M_2^2\mathrm{d}x}{EI}=\frac{l}{3EI}$$

$$\delta_{12}=\delta_{21}=\int \frac{M_1M_2\mathrm{d}x}{EI}=-\frac{l}{6EI}$$

代入力法方程,可得:

$$\frac{l}{3EI}X_1-\frac{l}{6EI}X_2=\theta_A$$

$$-\frac{l}{6EI}X_1+\frac{l}{3EI}X_2=0$$

解此方程,得:

$$X_1=\frac{4EI}{l}\theta_A, \ X_2=\frac{2EI}{l}\theta_A$$

由此可作出梁的弯矩图,如图 4-14(d)所示。

4.4.2　超静定结构的特性

超静定结构与静定结构比较,具有以下主要特性:

(1)静定结构仅由静力平衡条件就能确定其反力或内力值,与构件的材料性质和几何尺寸无关。而超静定结构,由于外部或内部具有多余约束,故仅由静力平衡条件,不能确定其反力或内力值,必须考虑变形协调条件。所以,超静定结构的反力和内力与结构的材料性质和几何尺寸有关,并与杆件的刚度有关。因此,超静定结构的受力,必须在已知结构各部分的截面尺寸以后,才能进行计算。在结构设计中,经常利用这特性,合理选择截面尺寸,调整杆件内力,从而使受力分布合理,以达到经济的目的。

(2) 在超静定结构中,除载荷作用外,其他因素如温度变化、支座沉陷和制造误差等,也都能使结构中产生内力,这是由上述这些因素产生的变形受到多余约束的阻碍所引起的。在静定结构中就没有这种现象。在结构设计中,也有利用这一特性,例如,将支座作某些升降,从而达到合理的内力分布。

(3) 与静定结构比较,超静定结构中的内力分布一般来说更均匀一些。如图 4-15(a) 中所示的三跨连续梁,当外载荷 P 作用在中间一跨时,其他各跨也产生内力;但相应的静定梁[图 4-15(b)],在同样的载荷作用下只在中间的一跨产生内力。两个边跨只是随之转动。

(a)   (b)

图 4-15 静定梁与超静定梁

(4) 由于特性(1),超静定结构的分析必须在已知结构各部分尺寸后才能进行。因此,设计时要求预先给出各构件尺寸,然后计算内力,校核其应力是否允许。如果应力超过许用应力或远低于许用应力,则结构各构件的尺寸就要加以调整,调整后再进行内力分析。这样,设计一个超静定结构往往要经过反复多次的计算。

(5) 超静定结构由于具有多余约束,与静定结构相比,具有刚度大而且变形小的优点。若多余构件有损坏,仍能维持其形状,持续工作,具有较大的安全可靠性。而静定结构中如任一构件被破坏即会导致体系的崩坍。

由于静定结构与超静定结构的这些差别,在结构的分析计算时,超静定结构不能与静定结构一样只依靠力的平衡条件来求出内力,还必须利用结构材料的物理关系及变形协调条件,因此,这两种结构的求解方法差别很大。静定结构学和超静定结构学几乎成了两个课题。

4.5 利用对称性求解超静定问题

在实际工程中,许多结构是对称的。利用对称性常能简化结构的受力分析。

对于平面结构,所谓对称是指结构的全部构成对称于某一几何轴线。也就是说,若将结构绕该几何轴线对折后,结构轴线两侧应彼此完全重合。结构的对称包括几何形状、联结方式和支座情况以及杆件的界面尺寸和材料性质等诸多方面。

对于对称结构,在对称载荷作用下,结构的变形和内力都是对称的;在反对称载荷作用下,结构的变形和内力则都是反对称的。这里,对称载荷是指绕对称轴对折后,轴线两侧载荷的作用点和方向能完全重合,大小相等;反对称载荷则是指绕对称轴对折后,轴线两侧载荷的作用点重合,大小相等,但方向相反。结构变形和内力的对称和反对称与上述类似。图 4-16 为一对称刚架分别受到对称和反对称载荷作用时的变形和弯矩图形。

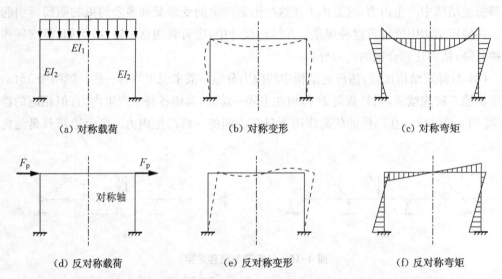

（a）对称载荷	（b）对称变形	（c）对称弯矩
（d）反对称载荷	（e）反对称变形	（f）反对称弯矩

图 4-16　对称刚架分别受到对称和反对称载荷作用时的变形和弯矩图形

在图 4-16 中载荷、位移和截面内力位于对称轴两侧,很容易分辨出是对称还是反对称,若是载荷、位移和截面内力位于对称轴上应如何判断?如图 4-17 所示对称刚架,原载荷可看作是无限接近对称轴处的两个半载荷,绕轴对折后,通过载荷方向是否相同可判断出图中竖向载荷 F_{p1} 为对称载荷,水平载荷 F_{p2} 和力矩 M 为反对称载荷。同理,对于位移该刚架对称轴截面上的竖向位移为对称位移,而水平位移和转角为反对称位移。至于截面内力为作用力与反作用力,如图 4-17(b)所示。将其绕轴对折后,通过方向是否相同可判断出对称轴位置上的轴力为对称内力;剪力为反对称内力;横梁跨中截面处的弯矩为对称内力;而中间竖杆的界面弯矩则为反对称内力。由上述可总结为表 4-2。

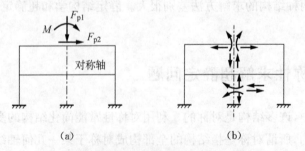

（a）	（b）

图 4-17　载荷作用在对称轴上的对称刚架

由此可推知,在对称载荷作用下,对称轴位置上剪力和沿对称轴方向的杆件的截面弯矩必定为零;在反对称载荷作用下,对称轴位置上杆件的轴力和垂直对称轴方向的杆件的截面弯矩必定为零。

求解超静定问题时,可利用对称性从下面两个方面简化力法的分析计算。

表 4-2　对称轴位置处载荷、位移和内力的属性

类别	对称	反对称
载荷	沿对称轴方向的力	垂直对称轴方向的力、力矩
位移	沿对称轴方向的位移	垂直对称轴方向位移、转角
内力	轴力、垂直对称轴方向的杆件的截面弯矩	剪力、沿对称轴方向的杆件的截面弯矩

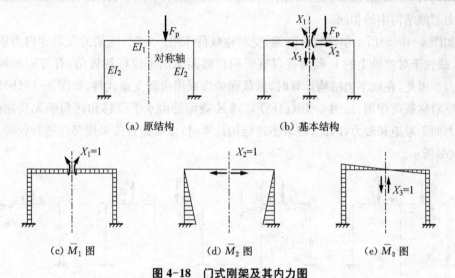

（a）原结构　　　　　　　　（b）基本结构

（c）$\bar{M}_1$ 图　　　　　（d）$\bar{M}_2$ 图　　　　　（e）$\bar{M}_3$ 图

图 4-18　门式刚架及其内力图

（1）选取对称的基本结构

力法求解超静定问题时,若选取对称的基本结构,可以使力法方程中的部分副系数和自由项数值为零,从而简化计算。如图 4-18 所示对称门式刚架,若采用图 4-18(b)所示的对称基本结构,各单位弯矩图分别如图 4-18(c)、图 4-18(d)和图 4-18(e)所示。其中,由对称未知力 $X_1=1$ 和 $X_2=1$ 引起的 $\bar{M}_1$ 图和 $\bar{M}_2$ 图是对称的;由反对称未知力 $X_3=1$ 引起的 $\bar{M}_3$ 图是反对称的。因此,有:

$$\delta_{13}=\delta_{31}=\sum\int\frac{\bar{M}_1\,\bar{M}_3}{EI}\mathrm{d}s=0$$

$$\delta_{23}=\delta_{32}=\sum\int\frac{\bar{M}_2\,\bar{M}_3}{EI}\mathrm{d}s=0 \tag{4-25}$$

于是,力法方程可简化为:

$$\begin{aligned}\delta_{11}X_1+\delta_{12}X_2+\Delta_{1\mathrm{p}}&=0\\\delta_{21}X_1+\delta_{22}X_2+\Delta_{2\mathrm{p}}&=0\\\delta_{33}X_3+\Delta_{3\mathrm{p}}&=0\end{aligned} \tag{4-26}$$

上述力法方程可分为两组:前两个方程只包含对称未知力;第三个方程只包含反对称未知力。这是因为对称未知力不会引起反对称的位移,而反对称未知力也不会引起对称的位移,这就使相关的副系数为零,计算得到简化。此时,若载荷对称,则力法方程中的反对称未知力必等于零;若载荷反对称,则对称未知力必等于零。这样,就能使计算进一步简化。对于一般载荷作用的情况,可以分解为对称载荷和反对称载荷分别计算后再进行叠加。

（2）取半边结构

利用对称性,可以先截取半边结构进行分析计算,然后根据对称性得到整个结构的内力。一般来说,半边结构的超静定次数常低于原结构,这样,就可以使计算得到简化。取半边结构时,应根据刚架的变形和内力情况采用合理的约束代替原有联系,使结构的变形和内力与原结构中的相同。

如图 4-19(a)所示单跨对称刚架,受对称载荷作用。此时,刚架的变形和内力应是对称的,故位于对称轴上的 K 截面处仅有竖向位移而无水平位移和转角,有弯矩和轴力而无剪力。因此,在取半边结构计算时,该截面处应采用滑动支座代替,如图 4-19(b)所示。若受反对称载荷作用,如图 4-19(c)所示,则 K 截面处由水平位移和转角而无竖向位移,由剪力而无弯矩和轴力,因此,在取半边结构计算时,该截面处应采用竖向链杆代替,如图 4-19(d)所示。

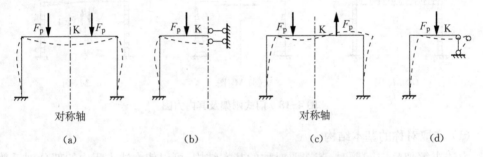

(a)	(b)	(c)	(d)

图 4-19　受对称载荷作用的单跨对称刚架

如图 4-20(a)所示两跨对称刚架,受对称载荷作用。K 节点处无水平位移和转角,在忽略杆件的轴向变形后也没有竖向位移,但在 K 节点两侧存在弯矩、剪力和轴力。因此,在取半边结构计算时,该处应用固定支座代替,如图 4-20(b)所示。此时刚架的中柱仅受轴力作用,其数值等于 K 处固定支座竖向反力的 2 倍。若受反对称载荷作用,如图 4-20(c)所示,则可假想中柱分为左右两半,分别参与左右两个半刚架的工作,其横截面惯性矩各为原截面的一半,如图 4-20(d)所示。此时刚架的中柱所承受的弯矩和剪力应为按半结构计算时所得结果的 2 倍,而轴力为对称轴力,两半结构叠加后中柱轴力必定为零。

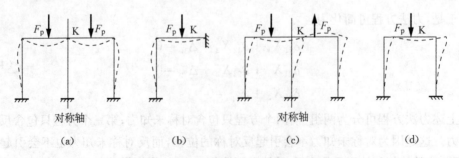

(a)	(b)	(c)	(d)

图 4-20　受对称载荷作用的两跨对称刚架

例 4.6 试分析图 4-21(a)所示刚架,并绘制弯矩图。设各杆 EI 相同。

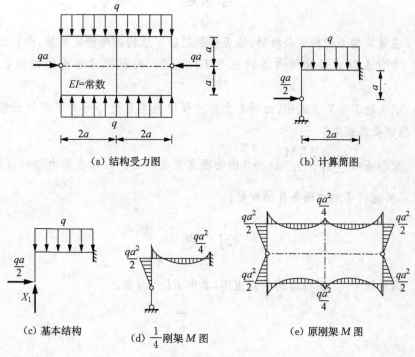

(a) 结构受力图   (b) 计算简图

(c) 基本结构   (d) $\frac{1}{4}$ 刚架 M 图   (e) 原刚架 M 图

图 4-21 例 4.6

解:此刚架是 4 次超静定结构,有竖向和横向两个对称轴。取左上部分进行分析,由于两侧竖杆中点均为铰结,计算简图如图 4-21(b)所示。此时超静定次数已降低为一次,取基本结构如图 4-21(c)所示,并用力法求得弯矩图如图 4-21(d)所示。在求得 1/4 刚架的弯矩图后,根据内力对称绘制出图 4-21(e)所示原刚架的弯矩图。要注意的是,位于对称轴上的刚架竖杆无弯矩和剪力作用,其轴向压力等于计算简图中固定支座竖向反力的 2 倍。

4.6 本章小结

本章首先给出超静定结构的概念,随后引入了求解超静定结构的基本方法:力法(亦称柔度法),接着给出了力法的基本结构(解除超静定结构的多余约束或多余联系后得到的静定结构)的概念。

介绍了力法的基本原理,结合算例说明了力法的典型方程(简称力法方程),并利用叠加原理导出了力法典型方程的普遍形式,最后,结合具体算例说明了如何利用力法来求解超静定结构,以及如何对求解的结果进行校核。

归纳了利用力法求解超静定结构的一般计算步骤,以及超静定结构不同于静定结构的特性,并介绍了如何利用对称性简化求解过程。必须指出的是,对于静定结构所谓的对称只需要载荷和结构形状对称,但是,对于超静定结构其对称或者反对称性质要求结构形状、截面性质和材料都要对称。

思考题

4.1 在对结构进行构造分析时,能否得到超静定结构的超静定次数,为什么?

4.2 为什么静定结构的内力状态与 EI 无关?而超静定结构的内力状态与 EI 有关?

4.3 试从物理意义上说明,为什么力法方程中的主系数必为大于零的正值,而副系数可为正值或负值或零?

4.4 变形条件 $\sum \int \dfrac{M_1 M}{EI} \mathrm{d}x = 0$ 的物理意义是什么?为什么用力法计算超静定结构的结果必须进行变形协调条件的校核?

习 题

4.1 试求图 4-22 所示结构的弯矩图,其中 EI 为常数。

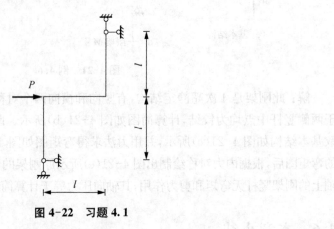

图 4-22 习题 4.1

4.2 试求图 4-23 所示结构的弯矩图。(提示:根据对称性可取左半部分进行计算。)

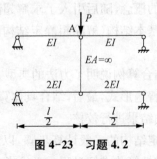

图 4-23 习题 4.2

4.3 用力法分析图 4-24 所示结构,并绘制弯矩图。(提示:根据对称性可取 1/4 部分进行计算。)

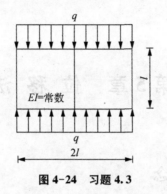

图 4-24　习题 4.3

4.4　用力法分析图 4-25 所示结构,并绘制弯矩图。(提示:根据对称性可取左半部分进行计算。)

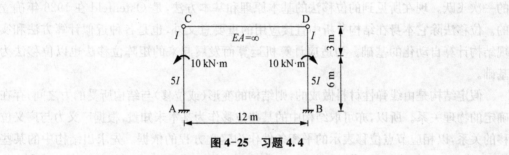

图 4-25　习题 4.4

4.5　用力法分析图 4-26 所示结构,并绘制弯矩图。(提示:根据对称性可取左半部分进行计算。)

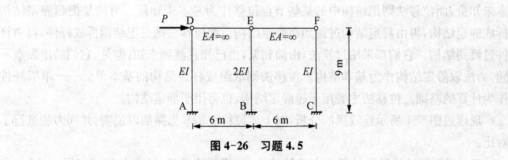

图 4-26　习题 4.5

第 5 章　位　移　法

5.1　位移法的基本概念

位移法也是计算超静定结构的基本方法。位移法晚于力法出现,是 20 世纪初为计算复杂刚架而建立起来的。将节点位移作为基本未知量并由此建立位移法,是人们认识上的一次飞跃。现在所见到的位移法的基本原理和基本方法,是 Ostenfeld 在 1926 年确立的。位移法除它本身在结构分析中直接应用的重要意义外,也是各种近似计算方法和实现结构计算自动化的基础。为适应计算机运算而发展起来的矩阵位移法也以位移法为基础。

假定结构是由线弹性材料做成的,则结构的变形(或位移)与结构所受的力之间,存在确定的物理关系。所以,亦可取结构中的某些位移作为基本未知量,根据广义力与广义位移的关系,以相应节点位移表示的平衡条件作为建立方程的依据。先求出结构中的某些位移,然后根据结构位移与结构所受力之间的内在物理关系,求出结构的内力和反力。位移法集静力平衡条件和变形协调条件为一体,与力法一样,其静力学解答是唯一的。

位移法与力法的主要区别在于所选用的基本未知量不同。力法把多余约束力选作基本未知量,而位移法则把结构中的某些节点位移作为基本未知量。力法是把超静定结构拆成静定结构,再由静定结构过渡到超静定结构。而位移法则是把结构拆成杆件,再由杆件过渡到结构。它们都采用过渡法,由简到繁,由已知过渡到未知;但是,它们的出发点不同,力法取静定结构作为基本结构。位移法则取组成杆件结构的基本单元——单根杆件作为计算的基础。位移法主要用于超静定结构,也可用于静定结构。

现通过图 5-1 所示连续梁的分析,对上述位移法基本思路加以说明,并同力法进行了对比。

(1) 根据原结构的支承和节点连接情况,可将原连续梁 ABC 分解成如图 5-1(b)和图 5-1(c)所示的 AB, BC 两单跨超静定梁。两根单跨超静定梁除荷载作用外,根据位移协调条件可知,在两跨梁 B 端都发生相同的角位移 θ_B。BC 梁的 C 端虽有角位移,但不独立,不作为基本未知位移(后面有述),故此连续梁只有一个节点角位移。

(2) 用力法解算两根单跨超静定梁。由图 5-1(b)和图 5-1(c)知,引起两端固定梁 AB 杆端力的因素是外荷载 P 和 B 端角位移 θ_B。引起一端固定一端铰支梁 BC 之杆端力的因素是 B 端角位移 θ_B。用力法解算其杆端弯矩(设顺时针转为正)为:

$$M_{AB} = -\frac{2EI}{l}\theta_B - \frac{Pl}{8}, \quad M_{BA} = -\frac{4EI}{l}\theta_B + \frac{Pl}{8}, \quad M_{BC} = -\frac{3EI}{l}\theta_B$$

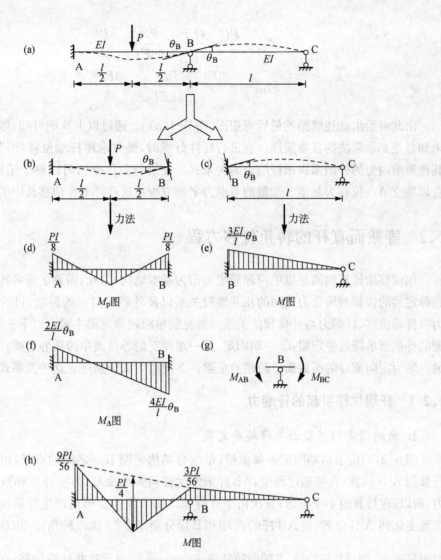

图 5-1 两跨连续梁

（3）从整个连续梁考虑，两梁在 B 点的杆端弯矩必然平衡，如图 5-1(g)所示，由 $\sum M_B = 0$，得：

$$M_{BA} + M_{BC} = -\frac{4EI}{l}\theta_B + \frac{Pl}{8} - \frac{3EI}{l}\theta_B = 0$$

由此

$$\theta_B = \frac{Pl^2}{56EI}$$

（4）根据叠加原理，将 θ_B 值乘图 5-1(f)和图 5-1(e)所示杆端弯矩，再与图 5-1(d)所示 M_p 图的杆端弯矩相加，便可求得各杆最后杆端弯矩为：

$$M_{AB} = -\frac{Pl}{8} - \frac{2EI}{l} \times \frac{Pl^2}{56EI} = -\frac{9Pl}{56}$$

$$M_{BA} = \frac{Pl}{8} - \frac{4EI}{l} \times \frac{Pl^2}{56EI} = \frac{3Pl}{56}$$

$$M_{BC} = -\frac{3EI}{l} \times \frac{Pl^2}{56EI} = -\frac{3Pl}{56}$$

由此可绘出此连续梁的最后弯矩图[图 5-1(h)]。通过以上算例可知,如何确定基本未知量是必须解决的首要问题。在进行杆件分析时,要寻求用杆端位移(即节点位移)和其他影响内力的外因来表示杆端力的关系式。在进行整体分析时以整个结构为对象,建立以独立节点位移为基本未知量的节点力平衡方程。这些环节是位移法中的关键问题。

5.2 等截面直杆的转角位移方程

用位移法计算刚架是以单跨超静定梁作为基本结构,因此,需要了解各种形式的单跨超静定梁的位移与所受力之间的相互物理关系以及外载荷对它的影响,目的是建立杆端力与杆端位移、杆端力与外荷载的关系。常见的单跨超静定梁主要有以下三种:①两端固定的等截面单跨超静定梁;②一端固定、另一端铰支的等截面单跨超静定梁;③一端固定、另一端为定向支座的等截面单跨超静定梁。下面用力法分别建立这种关系式。

5.2.1 杆端位移引起的杆端力

1. 两端固定的等截面单跨超静定梁

图 5-2(a)所示两端固定等截面梁,是取自结构两刚节点之间的直杆,由 AB 位置平行移到 A'B' 位置,在移动过程中,AB 杆未发生任何弹性变形(称刚体位移),不引起杆端力,所以,在计算时不予考虑;其次由于杆件 AB 发生弹性变形而产生杆端位移,由 A'B' 位置变化到 A'B'' 位置,使 AB 杆的 A 端和 B 端分别产生 θ_A 和 θ_B 转角,A 和 B 两端产生相对侧移 Δ_{AB},则 AB 杆绕 A 点转动的转角 $\beta_{AB} = \dfrac{\Delta_{AB}}{l}$。由于这些杆端位移,在 AB 梁两端将产生杆端弯矩 M_{AB} 及 M_{BA} 和杆端剪力 Q_{AB} 及 Q_{BA}。

在位移法中,对杆端位移和杆端力的正负号规定如下:杆端转角 θ_A 和 θ_B 都以顺时针转动为正,线位移 Δ_{AB} 以使杆件产生顺时针转动为正,杆端弯矩 M_{AB} 及 M_{BA} 以绕杆端顺时针转动侧为正,杆端对节点或支座的弯矩以逆时针为正,杆端剪力 Q_{AB} 及 Q_{BA} 符号以绕隔离体顺时针转动为正。

现用力法解算图 5-2(a)所示两端固定等截面梁。它属三次超静定结构,取力法基本结构如图 5-2(b)所示。虽然原结构有三个多余未知力,但此处 X_3 不引起梁的弯矩,不予以考虑。力法方程为:

$$
\begin{aligned}
\delta_{11}X_1 + \delta_{12}X_2 + \Delta_{1p} &= \theta_A \\
\delta_{21}X_1 + \delta_{22}X_2 + \Delta_{2p} &= \theta_B
\end{aligned}
\tag{5-1}
$$

式中系数可根据 M_1 图和 M_2 图[图 5-2(c)和图 5-2(d)]用图乘法求得:

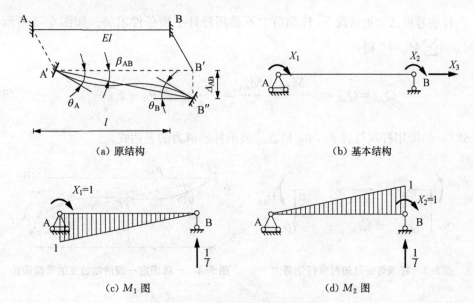

(a) 原结构　　　　　　　　　　　(b) 基本结构

(c) M_1 图　　　　　　　　　　(d) M_2 图

图 5-2　两端固定的等截面梁

$$\delta_{11}=\frac{l}{3EI},\ \delta_{22}=\frac{l}{3EI},\ \delta_{12}=\delta_{21}=-\frac{l}{6EI} \tag{5-2}$$

根据图 5-2(b)所示基本结构,在 $X_1=1$ 和 $X_2=1$ 分别单独作用于 A 点和 B 点时,B 支座的反力 R_B 都为 $1/l$〔图 5-2(c)和图 5-2(d)〕,因此自由项为:

$$\Delta_{1p}=\Delta_{2p}=-\left(-\frac{1}{l}\times\Delta_{AB}\right)=\frac{\Delta_{AB}}{l}=\beta_{AB} \tag{5-3}$$

将所求系数和自由项代入力法方程并解算,所得结果为:

$$X_1=\frac{2EI}{l}\left(2\theta_A+\theta_B-3\frac{\Delta_{AB}}{l}\right)$$
$$X_2=\frac{2EI}{l}\left(2\theta_B+\theta_A-3\frac{\Delta_{AB}}{l}\right) \tag{5-4}$$

X_1 表示 AB 梁在 A 端的弯矩,X_2 表示 B 端的弯矩,如果用常用的弯矩符号 M_{AB} 代替 X_1,M_{BA} 代替 X_2,并引入线刚度 $i=\dfrac{EI}{l}$,则式(5-4)可写成:

$$M_{AB}=4i\theta_A+2i\theta_B-\frac{6i\Delta_{AB}}{l}$$
$$M_{BA}=2i\theta_A+4i\theta_B-\frac{6i\Delta_{AB}}{l} \tag{5-5}$$

这就是用杆端位移 θ_A、θ_B 和 Δ_{AB} 表示杆端弯矩的表达式,习惯上称转角位移方程,也就是等截面直杆的物理方程。

在杆端弯矩已知的情况下,杆端剪力不难用杆件平衡条件求解。如图 5-3 所示,由 $\sum M_A = \sum M_B = 0$ 得:

$$Q_{AB} = Q_{BA} = -\frac{M_{AB} + M_{BA}}{l} = -\frac{6i}{l}\left(\theta_A + \theta_B - 2\frac{\Delta_{AB}}{l}\right) \tag{5-6}$$

式(5-6)即用杆端位移 θ_A,θ_B 和 Δ_{AB} 表示杆端剪力的表达式。

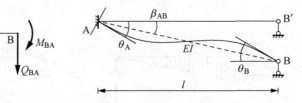

图 5-3　杆端弯矩已知时求杆端剪力　　　图 5-4　一端固定一端活动铰支的等截面梁

2. 一端固定、一端活动铰支的等截面梁

这种情况如图 5-4 所示。显然,B 端没有弯矩,即式(5-5)中:

$$M_{BA} = 4i\theta_B + 2i\theta_A - \frac{6i}{l}\Delta_{AB} = 0 \tag{5-7}$$

$$\theta_B = -\frac{1}{2}\left(\theta_A - 3\frac{\Delta_{AB}}{l}\right)$$

式(5-7)说明用 θ_A 和 Δ_{AB} 可以表示 θ_B,因此在这种情况下,θ_B 不是独立的节点角位移,在确定基本未知数时,可以不予考虑。如果将 θ_B 的表达式代入式(5-5)的第一式得:

$$M_{AB} = 3i\left(\theta_A - \frac{\Delta_{AB}}{l}\right) \tag{5-8}$$

这就是一端固定一端铰支梁的转角位移方程。

杆端剪力仍用杆件平衡条件(图 5-3)求解。根据 $\sum M_A = \sum M_B = 0$ 得:

$$Q_{AB} = Q_{BA} = -\frac{M_{AB}}{l} = -\frac{3i}{l}\left(\theta_A - \frac{\Delta_{AB}}{l}\right) \tag{5-9}$$

3. 一端固定一端定向滑动铰支的等截面梁

由图 5-5 知,B 端的定向滑动铰支座不承受剪力。因此,式(5-6)就变为:

$$Q_{AB} = Q_{BA}$$
$$= -\frac{6i}{l}\left(\theta_A + \theta_B - 2 \times \frac{\Delta_{AB}}{l}\right) = 0 \tag{5-10}$$

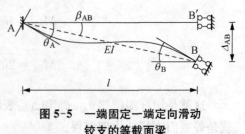

图 5-5　一端固定一端定向滑动
铰支的等截面梁

即：

$$\Delta_{AB} = \frac{l}{2}(\theta_A + \theta_B) \tag{5-11}$$

式(5-11)说明 A，B 两点间相对线位移 Δ_{AB} 是 θ_A 和 θ_B 的函数，因此它不是独立的节点线位移，在确定基本未知数时，滑动端相对于固定端的侧移可以不予考虑。如果将 Δ_{AB} 的表达式代入式(5-5)中则得：

$$M_{AB} = i(\theta_A - \theta_B)$$
$$M_{BA} = i(\theta_B - \theta_A) \tag{5-12}$$

由平衡条件 $\sum Y = 0$ 知，A 端的剪力也为零。

4. 单跨超静定梁的形常数

上面介绍了三种不同支承的等截面直杆在杆端位移影响下的杆端弯矩表达式，通常称为转角位移方程。为了使用方便，根据叠加原理，将单位杆端位移 $\bar{\theta}_A = 1$、$\bar{\theta}_B = 1$ 和 $\bar{\Delta}_{AB} = 1$ 分别单独代入式(5-1)—式(5-12)中，得到表 5-1 所列形式。因为表 5-1 是根据单位杆端位移编制的，所以，一般又称形常数。

表 5-1　单跨超静定梁的形常数

编号	简图	弯矩		剪力	
		M_{AB}	M_{BA}	Q_{AB}	Q_{BA}
1		$4i$ $\left(i = \dfrac{EI}{l}, 下同\right)$	$2i$	$-\dfrac{6i}{l}$	$-\dfrac{6i}{l}$
2		$-\dfrac{6i}{l}$	$-\dfrac{6i}{l}$	$\dfrac{12i}{l^2}$	$\dfrac{12i}{l^2}$
3		$3i$	0	$-\dfrac{3i}{l}$	$-\dfrac{3i}{l}$
4		$-\dfrac{3i}{l}$	0	$\dfrac{3i}{l^2}$	$\dfrac{3i}{l^2}$
5		i	$-i$	0	0

注：表中的弯矩以顺时针为正。

5.2.2　载荷与杆端力的关系

单跨超静定梁在载荷作用下，所产生的杆端弯矩 M_{AB}^g 和 M_{BA}^g 叫做"固端弯矩"，所产

生的杆端剪力 Q_{AB}^g 和 Q_{BA}^g 叫做"固端剪力"。在同样荷载作用下,由于单跨超静定梁两端的支承形式不同,固端弯矩和固端剪力亦不相同。固端力可用力法求解,现以图 5-6(a)所示两端固定在集中力作用下单跨超静定梁为例,说明其解算方法。

图 5-6(a)所示单跨超静定梁,若取图 5-6(b)所示基本结构[与图 5-2(b)相同],则其力法方程为:

$$\delta_{11}X_1 + \delta_{12}X_2 + \Delta_{1p} = \theta_A$$
$$\delta_{21}X_1 + \delta_{22}X_2 + \Delta_{2p} = \theta_B \tag{5-13}$$

其 M_1 图、M_2 图和 M_p 图如图 5-6(c)、图 5-6(d)和图 5-6(e)所示,由图乘法求得:

$$\delta_{11} = \delta_{22} = \frac{l}{3EI}, \ \delta_{12} = \delta_{21} = -\frac{l}{6EI}$$

$$\Delta_{1p} = \frac{1}{EI}\left[\frac{1}{2} \times b \times \frac{ab}{l}P \times \frac{2}{3} \times \frac{b}{l} + \frac{1}{2} \times a \times \frac{ab}{l}P \times \left(\frac{2}{3} \times \frac{b}{l} + \frac{1}{3} \times 1\right)\right]$$

$$= \frac{ab(l+b)P}{6lEI}$$

$$\Delta_{2p} = -\frac{1}{EI}\left[\frac{1}{2} \times b \times \frac{ab}{l}P \times \left(\frac{2}{3} \times \frac{a}{l} + \frac{1}{3} \times 1\right) + \frac{1}{2} \times a \times \frac{ab}{l}P \times \frac{2}{3} \times \frac{a}{l}\right]$$

$$= -\frac{ab(l+a)P}{6lEI} \tag{5-14}$$

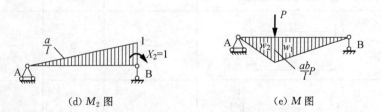

(a) 原结构　　　　　　(b) 基本结构　　　　　　(c) M_1 图

(d) M_2 图　　　　　　(e) M 图

图 5-6　集中力作用的两端固定超静定梁

将系数和自由项代入力法方程中得:

$$X_1 = -\frac{ab^2P}{l^2}, \ X_2 = \frac{a^2bP}{l^2} \tag{5-15}$$

若用 M_{AB}^g 代替 X_1,M_{BA}^g 代替 X_2,固端弯矩为:

$$M_{AB}^g = -\frac{ab^2 P}{l}$$

(5-16)

$$M_{BA}^g = \frac{a^2 b P}{l}$$

如果两端固定单跨超静定梁上作用 n 个集中载荷,根据叠加原理,固端弯矩为:

$$M_{AB}^g = -\sum_{i=1}^n P_i \frac{a_i (l-a_i)^2}{l^2}$$

(5-17)

$$M_{BA}^g = \sum_{i=1}^n P_i \frac{a_i^2 (l-a_i)}{l^2}$$

如果两端固定单跨超静定梁上作用的是分布载荷(图 5-7),根据叠加原理,求解集中载荷作用下的固端弯矩,可知固端弯矩为:

$$M_{AB}^g = -\int_0^l \frac{q(x)x(l-x)^2}{l^2}dx$$

$$M_{BA}^g = \int_0^l \frac{q(x)x^2(l-x)}{l^2}dx$$

(5-18)

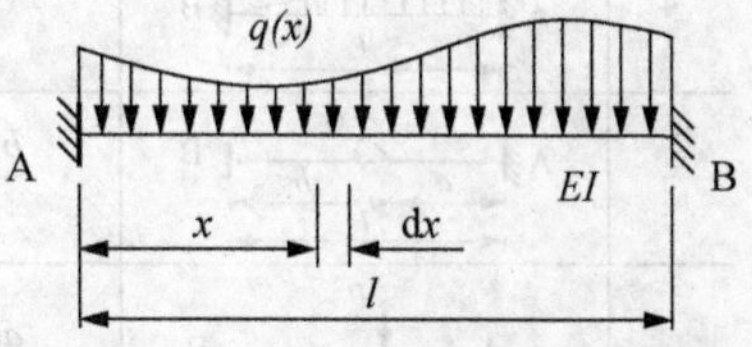

图 5-7　分布载荷作用下的两端
固定单跨超静定梁

对于均布载荷,q 为常数,对式(5-18)积分可得:

$$M_{BA}^g = -M_{AB}^g = \frac{ql^2}{12}$$

(5-19)

在求得固端弯矩后,根据基本结构的平衡条件,不难求得固端剪力。

为了使用方便,将三种不同支承的单跨超静定梁,在各种形式的载荷作用影响下的固端力(通常称为载常数)编制成表 5-2 以供直接查用。

根据叠加原理,单跨超静定梁的最终杆端力应该是由杆端位移引起的杆端力和其他外因引起的杆端力的代数和表示。例如两端固定梁的最终杆端力为:

固端弯矩

$$M_{AB} = 4i\theta_A + 2i\theta_B - \frac{6i}{l}\Delta_{AB} + M_{AB}^g$$

(5-20)

$$M_{BA} = 2i\theta_A + 4i\theta_B - \frac{6i}{l}\Delta_{AB} + M_{BA}^g$$

固端剪力

$$Q_{AB} = -\frac{6i}{l}\left(\theta_A + \theta_B - 2\frac{\Delta_{AB}}{l}\right) + Q_{AB}^g$$

$$Q_{BA} = -\frac{6i}{l}\left(\theta_A + \theta_B - 2\frac{\Delta_{AB}}{l}\right) + Q_{BA}^g$$

(5-21)

表 5-2 单跨超静定梁的载常数(固端力)

编号	简图	固端弯矩		固端剪力	
		M_{AB}^g	M_{BA}^g	Q_{AB}^g	Q_{BA}^g
1	A $\xrightarrow{P}$ B, a, b, l	$-\dfrac{ab^2P}{l^2}$	$\dfrac{a^2bP}{l^2}$	$\dfrac{b^2(l+2a)P}{l^3}$	$-\dfrac{a^2(l+2b)P}{l^3}$
2	A $\downarrow q \downarrow$ B, l	$-\dfrac{ql^2}{12}$	$\dfrac{ql^2}{12}$	$\dfrac{ql}{2}$	$-\dfrac{ql}{2}$
3	A q B, a, l	$-\dfrac{qa^2}{12l^2}\cdot(6l^2-8la+3a^2)$	$\dfrac{qa^3}{12l^2}\cdot(4l-3a)$	$\dfrac{qa}{2l^3}\cdot(2l^3-2la^2+a^3)$	$-\dfrac{qa^3}{2l^3}\cdot(2l-a)$
4	A q B, l	$-\dfrac{ql^2}{20}$	$\dfrac{ql^2}{30}$	$\dfrac{7ql}{20}$	$-\dfrac{3ql}{20}$
5	A M B, a, b, l	$\dfrac{b(3a-l)}{l^2}M$	$\dfrac{a(3b-l)}{l^2}M$	$-\dfrac{6ab}{l^3}M$	$-\dfrac{6ab}{l^3}M$
6	A $\xrightarrow{P}$ B, a, b, l	$\dfrac{ab(l+b)P}{2l^2}$	0	$\dfrac{b(3l^2-b^2)P}{2l^3}$	$-\dfrac{a^2(2l+b)P}{2l^3}$
7	A $\downarrow q \downarrow$ B, l	$-\dfrac{ql^2}{8}$	0	$\dfrac{5ql}{8}$	$-\dfrac{3ql}{8}$
8	A q B, a, l	$-\dfrac{qa^2}{24}\cdot\left(4-\dfrac{3a}{l}+\dfrac{3a^2}{5l^2}\right)$	0	$\dfrac{qa}{8}\cdot\left(4-\dfrac{a^2}{l^2}+\dfrac{a^3}{5l^3}\right)$	$-\dfrac{qa^3}{8l^2}\cdot\left(1-\dfrac{a}{5l}\right)$
9	A q B, l	$-\dfrac{7ql^2}{120}$	0	$\dfrac{9ql}{40}$	$-\dfrac{11ql}{40}$
10	A M B, a, b, l	$\dfrac{l^2-3b^2}{2l^2}M$	0	$-\dfrac{3(l^2-b^2)}{2l^3}M$	$-\dfrac{3(l^2-b^2)}{2l^3}M$
11	A $\xrightarrow{P}$ B, a, b, l	$-\dfrac{a(l-b)}{2l}P$	$-\dfrac{a^2}{2l}P$	P	0
12	A $\downarrow q \downarrow$ B, l	$-\dfrac{ql^2}{3}$	$-\dfrac{ql^2}{6}$	ql	0
13	A q B, a, l	$-\dfrac{qa^2}{3}$	$-\dfrac{qa^2}{6}$	qa	0
14	A q B, l	$-\dfrac{ql^2}{8}$	$-\dfrac{ql^2}{24}$	$\dfrac{ql}{2}$	0
15	A M B, a, b, l	$-\dfrac{b}{l}M$	$-\dfrac{a}{l}M$	0	0

注:表中的弯矩以顺时针为正。

5.3 位移法的基本未知量与基本体系

由前述可知,位移法的基本未知量取为独立的节点角位移和节点线位移,总的未知量数目是以上两者之和。只要确定哪些节点角位移和节点线位移可作为基本未知量,就可以确定位移法规格化解题的基本图式——基本体系。

在位移法中对结构的离散方法,通常是以构造节点为界,将结构划分为若干单跨超静定梁。构造节点通常是指杆件的转折点、杆件的汇交点、同一杆轴线上的铰节点、截面突变点、材料性质变化点、支承点和自由端点等。如把构造节点中除了支承节点以外的节点都叫做自由节点,那么节点位移,通常指自由节点的位移。为使研究的问题得以简化,在确定节点位移时,应当遵循如下基本假定。

(1) 满足变形连续条件。当多杆刚结于某一节点时,节点的转角和各杆端转角相等。如图 5-8 所示结构,抗弯刚度和它端支承形式不同的四杆刚结于 A 点,在外载荷 P 作用下,A 节点角位移和四杆 A 端角位移相等,都等于 θ_A。

(2) 满足小变形假设。认为各种外因影响下,节点位移是微小的,变形前后,结构的几何尺寸没有变化,外力作用的方向没有改变。受弯直杆弯曲后两端间距不改变。

(3) 轴向和剪切变形的影响可忽略不计。用位移法计算梁、刚架等由受弯杆件组成的结构时,通常可略去轴向和剪切变形的影响。

5.3.1 节点角位移及其确定

结构在载荷、温度改变和支座位移等外因影响下,节点连同汇交于该节点各杆端一起转动的角度,称为节点角位移。由 5.2 节知,汇交于铰节点的各杆端角位移不独立,也不连续,在手算时为了简化计算,不作为位移法的基本未知量。故独立的节点角位移数就是自由刚节点数。例如图 5-9(a) 所示单层刚架,有两个自由刚节点(节点 1 和节点 3),在外载荷 P 作用下,虽然在节点 A 和节点 2 处有角位移,但不独立也不连续。因此,用位移法解算此题

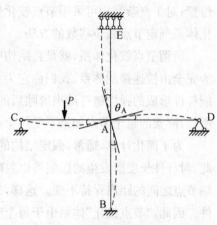

图 5-8 结构示例

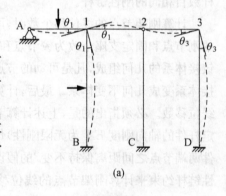

(a)

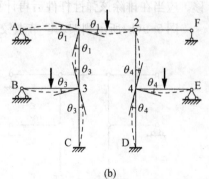

(b)

图 5-9 具有不同个数自由
刚节点的刚架

时，真正独立的节点角位移只有 θ_1 和 θ_3。图 5-9(b)所示两层刚架，有三个自由刚节点（节点 1、节点 3 和节点 4），因而它有三个独立的节点角位移 θ_1，θ_3 和 θ_4。所以独立节点角位移指刚节点和半铰连接的节点转角。

5.3.2 节点线位移及其确定

节点线位移是指自由节点的线位移。对于一些简单结构，可直接判断线位移发生的位置；对于复杂结构可采用节点铰化体系进行构造分析的方法判定。以下介绍用节点铰化体系判定节点线位移数的方法。

所谓节点铰化体系，就是将结构中所有的刚节点都设想为铰节点，这样，原结构就变为完全由铰连接的体系，我们称它为节点铰化体系。它实际上是将原结构节点由抗弯性能杆件形成的弹性链杆约束解除后的体系。因为一点在平面内具有两个线运动自由度。所以，刚架的每个节点如果不受约束，则可有两个线位移。

为了简化计算，通常，假定结构的变形是微小的，且杆件的轴向变形很小可以忽略，因此，对杆件长度所发生的影响可以忽略不计。也就是说，受弯直杆受力发生变形时，其两端节点之间的距离保持不变。这样，每根受弯直杆提供了相当于一根刚性链杆的约束条件。因此，"节点铰化"体系由于每个节点的弹性链杆方向缺少约束而变成几何可变体系。欲使此几何可变体系变成几何不变的静定结构，按几何不变体系组成规则，应加与弹性链杆数目相同的刚性链杆。

计算刚架节点的线位移个数时，可以先把所有的受弯直杆全变为刚性链杆，即把所有的刚节点和固定支座全改为铰节点和铰支座，从而使刚架变成铰接体系。然后再分析该铰接体系的几何组成，凡是可动的节点，用增设附加支杆的方法使其不动，从而使整个铰接体系变成几何不变体系。最后，计算出所需增设的附加支杆总数，即得刚架节点的独立线位移数。必须指出的是，上述计算节点线位移的方法，均以不计杆件的轴向变形（或假定杆件的轴向刚度 EA 为无限刚性）作为前提。当需要考虑杆件轴向变形的影响时，"杆件两端节点之间距离保持不变"的假设就被否定了。因而也就不能再把受弯直杆当作刚性链杆约束来计算刚架节点的线位移数。此时，除支座外，刚架的每个节点有两个线位移。应当在排除该弹性杆件后再计算节点的独立线位移。

图 5-9(b)所示刚架，其"节点铰化体系"如图 5-10(a)所示。经几何组成分析知，它是

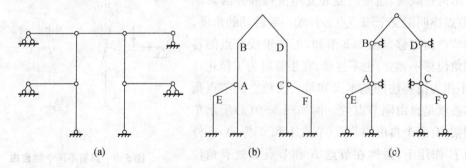

(a)　　　　　(b)　　　　　(c)

图 5-10 刚架的节点铰化体系

几何不变体系,说明原结构没有节点线位移。再如图 5-10 (b)所示刚架,其"节点铰化体系"[图 5-10(c)]在 A(或 E), B,C(或 F)和 D 处各加一根刚性链杆,可使该"节点铰化"体系成为几何不变的静定结构,说明原结构具有四个独立的节点线位移。

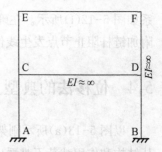

图 5-11 含有刚性杆的刚架

在确定节点位移时,还应注意到杆件刚度对节点位移的影响。如图 5-11 所示刚架,由于 BDF 为刚性杆,故节点 F 和节点 D 无线位移和角位移;另外,刚性杆 CD 限制了节点 C 转动。所以,仅节点 E 有节点线位移。

总之,节点线位移指在原结构的全部固定端和刚节点上加铰后,使该铰结图形保持几何不变所需增添的最少链杆方向的位移。

5.3.3 位移法的基本体系

位移法的基本体系是位移法规格化解算超静定结构的基本图式。根据位移法的基本概念,在原超静定结构上可能发生节点独立位移处,加上相应的附加约束,并将结构上所有杆件隔离为两端固定、一端固定一端铰支、一端固定一端定向滑动支承等不同支承的单跨超静定梁。这样,实际上将原结构变成为单跨超静定梁的组合体。这个组合体就叫做位移法的基本体系。

具体做法是:将原结构有独立节点角位移的节点用"▼"符号表示的附加刚臂固定,限制其转动,但不限制其移动,将有独立节点线位移的节点用附加链杆固定,限制其移动,但不限制其转动。

如图 5-12(b)所示基本体系,其 B 点既有角位移又有线位移,因此,用附加刚臂"▼"限制其转动,用附加链杆限制其竖向移动。图 5-12(c)所示刚架,自由刚节点 B 和节点 C 处有节点角位移,A,B,C 三点共有一个线位移,因此,其基本体系如图 5-12(d)所示。图 5-12 (e)所示连拱结构,如不考虑桥墩的轴向变形,则墩顶无竖向线位移;另外,拱为曲杆,沿起拱线方向(水平方向)变形明显,所以,A,B 两节点既有水平线位移,又有角位移,故其基本体

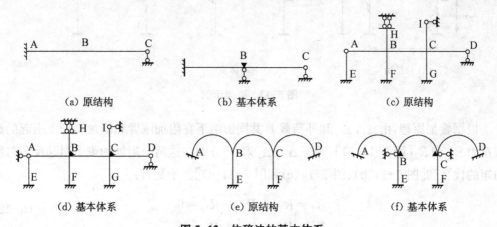

(a) 原结构   (b) 基本体系   (c) 原结构

(d) 基本体系   (e) 原结构   (f) 基本体系

图 5-12 位移法的基本体系

系如图 5-12(f)所示。在确定结构基本未知量的同时,设置附加刚臂阻止节点转动,设置附加链杆阻止节点发生线位移,所得到的单跨超静定梁组合体即为位移法的基本体系。

5.4 位移法的典型方程

以图 5-13(a)所示刚架为例,说明如何建立用以求解基本未知数的位移法典型方程。从结构和作用载荷不难看出刚架变形(如虚线所示)后,有一个独立的节点角位移 Δ_1,发生在节点 1 上;节点 1 和节点 2 共有一个独立的节点线位移 Δ_2,发生在节点 1 和节点 2 的连线上。若在节点 1 加以附加刚臂,在线位移方向加以附加链杆,便得图 5-13(b)所示基本体系。用基本体系代替原结构作为计算图式,则它和原结构在受力和位移方面应完全相同。但图 5-13(a)和图 5-13(b)所示的原结构和基本体系在以下两方面有明显区别:

(1) 原结构在节点 1 有独立角位移 Δ_1,在节点 1、节点 2 沿其连线方向共有一个线位移 Δ_2;而基本体系由于附加约束的限制,没有这些位移。

(2) 由于在基本体系上有附加约束限制节点位移和力的传递,因此,在附加约束上就要产生约束反力 R_1 和 R_2,而原结构上没有附加约束,自然也就没有约束反力。为了消除原结构和基本体系的这些区别,可将基本体系上节点 1 的附加刚臂连同节点一起施加与原结构同样大小的转角 Δ_1;将基本体系的节点 1 和节点 2 沿其连线方向移动一个和原结构同样大小的线位移 Δ_2[图 5-13(c)]。这样,图 5-13(c)所示的图式和原结构在上述两方面完全相同,基本体系上的附加约束就不起约束作用了,因而附加约束上的约束反力也就不存在了,即 $R_1=0$,$R_2=0$。

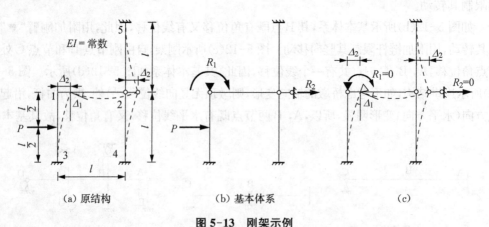

(a) 原结构　　　　　　　　　(b) 基本体系　　　　　　　　　(c)

图 5-13　刚架示例

根据叠加原理,由 Δ_1,Δ_2 和外荷载 P 共同影响下在附加刚臂和附加链杆上引起的约束反力 R_1 和 R_2[图 5-14(a)],等于 Δ_1,Δ_2 和 P 分别在这两个附加约束上引起反力与反力矩的代数和[图 5-14(b)、图 5-14(c)和图 5-14(d)]。于是有:

$$R_1 = R_{11} + R_{12} + R_{1p} = 0$$
$$R_2 = R_{21} + R_{22} + R_{2p} = 0$$
(5-22)

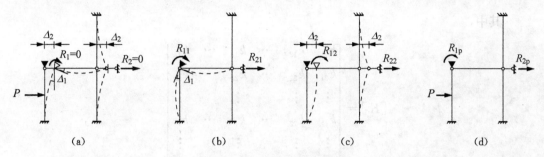

图 5-14 位移法计算示例

由图 5-14(b)和图 5-14(c)可知，R_{11}，R_{12}，R_{21}，R_{22} 是 Δ_1 和 Δ_2 单独发生时在两个附加约束上引起的反力或反力矩。因此，基本未知数 Δ_1 和 Δ_2 隐藏于 R_{11}，R_{12}，R_{21}，R_{22} 之中，为使 Δ_1 和 Δ_2 从中分离出来，我们引入刚度系数 k_{11}，k_{12}，k_{21}，k_{22}。这样，约束反力就可以通过刚度系数用基本未知数 Δ_1 和 Δ_2 表示为：$R_{11}=k_{11}\Delta_1$，$R_{12}=k_{12}\Delta_2$，$R_{21}=k_{21}\Delta_1$，$R_{22}=k_{22}\Delta_2$。若将上述约束反力表达式代入式(5-22)，则得：

$$k_{11}\Delta_1 + k_{12}\Delta_2 + R_{1p} = 0$$
$$k_{21}\Delta_1 + k_{22}\Delta_2 + R_{2p} = 0 \tag{5-23}$$

这就是图 5-13(a)所示结构的位移法方程。

若结构有 n 个基本未知数时，用同样的方法可得：

$$k_{11}\Delta_1 + k_{12}\Delta_2 + \cdots + k_{1i}\Delta_i + \cdots + k_{1n}\Delta_n + R_{1p} = 0$$
$$k_{21}\Delta_1 + k_{22}\Delta_2 + \cdots + k_{2i}\Delta_i + \cdots + k_{2n}\Delta_n + R_{2p} = 0$$
$$\cdots$$
$$k_{i1}\Delta_1 + k_{i2}\Delta_2 + \cdots + k_{ii}\Delta_i + \cdots + k_{in}\Delta_n + R_{ip} = 0$$
$$\cdots$$
$$k_{n1}\Delta_1 + k_{n2}\Delta_2 + \cdots + k_{ni}\Delta_i + \cdots + k_{nn}\Delta_n + R_{np} = 0$$

$$\tag{5-24}$$

式(5-24)就是位移法方程的一般形式，称作位移法典型方程。式(5-24)反映了原结构的静力平衡条件，每一个方程式都表示在相应的约束中，约束反力应为零。

如果将式(5-24)用矩阵形式表示时，则为：

$$
\begin{bmatrix}
k_{11} & k_{12} & \cdots & k_{1i} & \cdots & k_{1n} \\
k_{21} & k_{22} & \cdots & k_{2i} & \cdots & k_{2n} \\
\vdots & \vdots & & \vdots & & \vdots \\
k_{i1} & k_{i2} & \cdots & k_{ii} & \cdots & k_{in} \\
\vdots & \vdots & & \vdots & & \vdots \\
k_{n1} & k_{n2} & \cdots & k_{ni} & \cdots & k_{nn}
\end{bmatrix}
\begin{bmatrix}
\Delta_1 \\ \Delta_2 \\ \vdots \\ \Delta_i \\ \vdots \\ \Delta_n
\end{bmatrix}
+
\begin{bmatrix}
R_{1p} \\ R_{2p} \\ \vdots \\ R_{ip} \\ \vdots \\ R_{np}
\end{bmatrix}
=
\begin{bmatrix}
0 \\ 0 \\ \vdots \\ 0 \\ \vdots \\ 0
\end{bmatrix}
\tag{5-25}
$$

式(5-25)叫做结构的刚度方程，可将其缩写为：

$$[K][\Delta] + [R_p] = [0] \tag{5-26}$$

其中,

$$[K] = \begin{bmatrix} k_{11} & k_{12} & \cdots & k_{1i} & \cdots & k_{1n} \\ k_{21} & k_{22} & \cdots & k_{2i} & \cdots & k_{2n} \\ \vdots & \vdots & & \vdots & & \vdots \\ k_{i1} & k_{i2} & \cdots & k_{ii} & \cdots & k_{in} \\ \vdots & \vdots & & \vdots & & \vdots \\ k_{n1} & k_{n2} & \cdots & k_{ni} & \cdots & k_{nn} \end{bmatrix}$$

称为结构的刚度矩阵。

以上利用位移法基本体系,建立了具有普遍意义的位移法典型方程。现在来讨论各项的物理意义,以加深对位移法典型方程的理解。

由位移法典型方程的推导过程可知,基本体系上有多少个附加约束,其典型方程组就有多少个方程。对于其中某一个方程来说,就是所有基本未知量和荷载等外因共同影响下,在该附加约束上所引起反力(或反力矩)为零的条件。因此,由基本体系上所有附加约束上反力(或反力矩)为零的条件组成的典型方程,反映了整个结构的每个自由刚节点上有关杆端弯矩和每个侧移方向上有关杆端剪力的平衡关系。

在位移法典型方程中,基本未知量 Δ_i 前面的系数为附加约束处的反力系数,即为刚度系数。在主对角线(从左上角到右下角的斜线)上的系数叫主系数,一般表示为 k_{ii};在主对角线两侧所有的系数叫副系数,一般表示为 $k_{ij}(i \neq j)$。

主系数 k_{ii} 为第 i 个附加约束发生单位位移 $\overline{\Delta}_i = 1$ 时,在第 i 个附加约束上引起的反力(或反力矩)。如果单位位移 $\overline{\Delta}_i = 1$ 是线位移,则 k_{ii} 为反力,通过包含该附加约束的脱离体平衡条件求解;如果 $\overline{\Delta}_i = 1$ 是角位移,则 k_{ii} 为反力矩,通过基本体系的该节点平衡条件求解。

副系数 k_{ij} 为第 j 个附加约束发生单位位移 $\overline{\Delta}_j = 1$ 时,在第 i 个附加约束上引起的反力(或反力矩)。同样,如果第 i 个附加约束是附加刚臂,则 k_{ij} 是反力矩,如果是附加链杆,则 k_{ij} 是反力。同样,反力矩通过节点平衡求解,反力通过脱离体的平衡求解。由反力互等定理知,在主斜线两侧对称位置上的副系数 k_{ij} 等于 k_{ji},由此可减少一半的副系数计算工作量。

系数的正负号是根据系数的方向是否与相应位移 Δ_i 的方向一致来定,一致者为正,相反者为负。因为主系数 k_{ii} 的方向和该处位移 Δ_i 的方向一致,故 k_{ii} 恒为正值。由于第 j 个附加约束发生单位位移 $\overline{\Delta}_j = 1$ 时,在第 i 个附加约束上引起的反力(或反力矩)k_{ij} 和位移 Δ_j 的方向不一定一致,有时在第 i 个附加约束上还不会引起反力。所以 k_{ij} 可以是正值也可以是负值,还可以是零。

如果位移法典型方程用矩阵形式表示时,则由主系数和副系数可组成结构刚度矩阵 $[K]$,它是刚度系数的集合,它与基本未知量的集合 $[\Delta]$ 相乘,可得所有基本位移未知量在附加约束上产生反力的集合。

在位移法典型方程中不含未知量的项称自由项。它是由于载荷 P(或其他外因)作用,在第 i 个附加约束上引起的反力(或反力矩),一般表示为 R_{ip}。它和副系数相似,可以是正值,也可以是负值,还可以是零。

5.5 位移法的计算步骤与示例

用位移法典型方程解算超静定梁和超静定平面刚架等结构比较方便。在具体解算时,按照固定的解算步骤做,条理清楚,易于初学者掌握。具体解题步骤如下:

(1) 确定基本未知量。用 5.3 节介绍的方法,对原结构进行位移分析,确定独立的节点角位移和节点线位移。

(2) 建立位移法基本体系。在有节点角位移处加附加刚臂,并标上未知角位移,在有节点线位移处加附加链杆,并标上未知线位移。这样,就将原结构变成了单跨超静定梁的组合体系——位移法基本体系。

(3) 列位移法方程。原结构有多少个独立节点位移,则基本体系上就有多少个附加约束,根据式(5-24),就可列出多少元线性方程组的位移法方程。

(4) 计算方程中的系数和自由项。利用表 5-1 和表 5-2 提供的杆端力数据,绘制单位弯矩图和外因(载荷、温度变化、支座位移等)作用下的弯矩图;利用单位弯矩图和外因作用下的弯矩图的节点平衡与脱离体的平衡条件,计算方程中的系数和自由项。

(5) 解算位移法方程。解算位移法方程,求出基本位移未知量。

(6) 绘制最后弯矩图。根据叠加原理,杆端弯矩按公式:

$$M = M_1\Delta_1 + \cdots + M_i\Delta_i + \cdots + M_n\Delta_n + M_p \tag{5-27}$$

计算。根据杆端弯矩绘制结构的最后弯矩图;再根据最后弯矩图绘制剪力图;最后,由剪力图绘制轴力图。

例 5.1 试用位移法解算图 5-15(a)所示刚架,并绘制其弯矩图。

解:(1) 此结构在节点 1 和节点 2 上有独立的节点角位移而无节点线位移,属无侧移结构。

(2) 位移法基本体系如图 5-15(b)所示。

(3) 依据图 5-15(b)所示基本体系,其位移法方程为:

$$k_{11}\Delta_1 + k_{12}\Delta_2 + R_{1p} = 0$$
$$k_{21}\Delta_1 + k_{22}\Delta_2 + R_{2p} = 0$$

(4) 计算方程中的系数和自由项。

① 根据表 5-1 和表 5-2 提供的数据,绘制 M_1,M_2,M_p 图,如图 5-15(c)、图 5-15(d)、图 5-15(i)所示。

② 根据节点的平衡条件,计算系数和自由项。

由图 5-15(e)节点 1 的平衡条件 $\sum M_1 = 0$ 得:

$$k_{11} = 4i + 4i + 3i = 11i$$

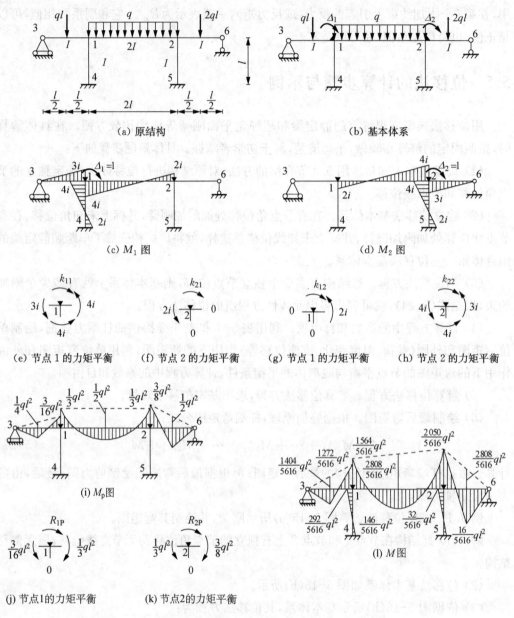

(a) 原结构　　　　　　(b) 基本体系

(c) M_1 图　　　　　　(d) M_2 图

(e) 节点 1 的力矩平衡　(f) 节点 2 的力矩平衡　(g) 节点 1 的力矩平衡　(h) 节点 2 的力矩平衡

(i) M_p图

(l) M 图

(j) 节点1的力矩平衡　(k) 节点2的力矩平衡

图 5-15　例 5.1

由图 5-15(f)或图 5-15(g)的平衡条件 $\sum M_2 = 0$ 得:

$$k_{12} = k_{21} = 2i + 0 + 0 = 2i$$

由图 5-15(h)的平衡条件 $\sum M_2 = 0$ 得:

$$k_{22} = 4i + 4i + 3i = 11i$$

由图 5-15(j)和图 5-15(k)的平衡条件 $\sum M_1 = 0$ 和 $\sum M_2 = 0$ 得:

$$R_{1p} = \frac{3}{16}ql^2 - \frac{1}{3}ql^2 = -\frac{7}{48}ql^2, \quad R_{2p} = \frac{1}{3}ql^2 - \frac{3}{8}ql^2 = -\frac{2}{48}ql^2$$

（5）将系数和自由项代入位移法方程得：

$$11i\Delta_1 + 2i\Delta_2 - \frac{7}{48}ql^2 = 0$$

$$2i\Delta_1 + 11i\Delta_2 - \frac{2}{48}ql^2 = 0$$

解此方程得：

$$\Delta_1 = \frac{73}{5\,616i}ql^2, \quad \Delta_2 = \frac{8}{5\,616i}ql^2$$

（6）根据式(5-27)计算每一杆端弯矩。例如，1—2 杆 1 端的杆端弯矩为：

$$M_{12} = 4i \times \frac{73}{5\,616i}ql^2 + 2i \times \frac{8}{5\,616i}ql^2 - \frac{1}{3}ql^2 = -\frac{1\,564}{5\,616}ql^2$$

这样，可将所有杆端弯矩算出，再由杆端弯矩绘制最后弯矩图，如图 5-15(l)所示。

例 5.2　试用位移法解算图 5-16(a)所示刚架，并绘制其弯矩图。已知所有杆件 EI 为常数。

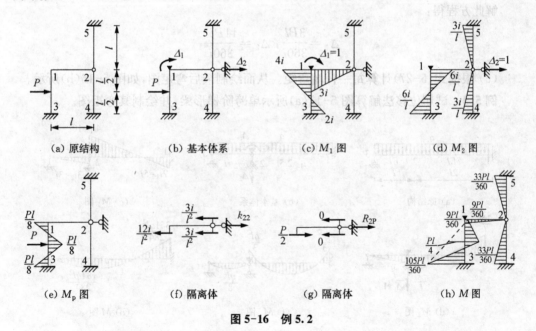

（a）原结构　　（b）基本体系　　（c）M_1 图　　（d）M_2 图

（e）M_p 图　　（f）隔离体　　（g）隔离体　　（h）M 图

图 5-16　例 5.2

解：（1）由原结构知，在节点 1 处有节点角位移 Δ_1，节点 1 和节点 2 共有节点线位移 Δ_2，属于有侧移结构。

（2）位移法基本体系如图 5-16(b)所示。

（3）由图 5-16(b)所示基本体系，其位移法方程为：

$$k_{11}\Delta_1 + k_{12}\Delta_2 + R_{1p} = 0$$
$$k_{21}\Delta_1 + k_{22}\Delta_2 + R_{2p} = 0$$

（4）计算方程中的系数和自由项。

① 绘制 M_1，M_2，M_p 图，如图 5-16(c)、图 5-16(d)、图 5-16(e)所示。

② 根据节点的平衡条件，计算系数和自由项。

由图 5-16(c)、图 5-16(d)、图 5-16(e)节点 1 的平衡条件 $\sum M_1 = 0$ 得：

$$k_{11} = 7i，\ k_{12} = k_{21} = -\frac{6i}{l}，\ R_{1p} = \frac{Pl}{8}$$

由图 5-16(f)和图 5-16(g)所示隔离体的平衡条件得：

$$k_{22} = \frac{18i}{l^2}，\ R_{2p} = -\frac{P}{2}$$

（5）将系数和自由项代入位移法方程得：

$$7i\Delta_1 - \frac{6i}{l}\Delta_2 + \frac{Pl}{8} = 0$$

$$-\frac{6i}{l}\Delta_1 + \frac{18i}{l^2}\Delta_2 - \frac{P}{2} = 0$$

解此方程得：

$$\Delta_1 = \frac{3Pl}{360i}，\ \Delta_2 = \frac{11Pl^2}{360i}$$

（6）根据式(5-27)计算每一杆端弯矩。从而绘制最后弯矩图，如图 5-16(h)所示。

例 5.3 试用位移法解算图 5-17(a)所示单跨阶梯形梁，并绘制其弯矩图。

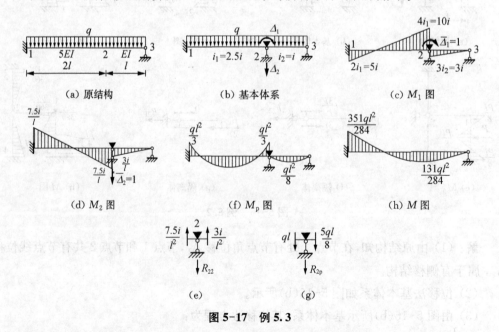

图 5-17 例 5.3

解：(1) 原结构为阶梯形梁，属于变截面杆，不能直接应用转角位移方程。因此，必须将原梁作为刚度不同的两根杆件对待，节点 2 就是此二杆衔接的构造节点。这样，原结构仅在节点 2 处有一个角位移和一个线位移。

(2) 原结构的基本体系如图 5-17(b) 所示。并由基本体系可得到相应位移法基本方程。

(3) 计算系数和自由项。由节点 2 及图 5-17(e) 和图 5-17(g) 平衡条件得：

$$k_{11} = 13i, \quad k_{12} = k_{21} = -\frac{4.5i}{l}, \quad R_{1p} = \frac{5}{24} q l^2$$

$$k_{22} = \frac{10.5i}{l^2}, \quad R_{2p} = -\frac{13}{8} q l$$

(4) 将系数和自由项代入位移法方程得：

$$13i\Delta_1 - \frac{4.5i}{l}\Delta_2 + \frac{5ql^2}{24} = 0$$

$$-\frac{4.5i}{l}\Delta_1 + \frac{10.5i}{l^2}\Delta_2 - \frac{13ql}{8} = 0$$

解此方程得：

$$\Delta_1 = \frac{82ql^2}{1\,860i}, \quad \Delta_2 = \frac{323ql^3}{1\,860i}$$

(5) 根据式 (5-27) 计算每一杆端弯矩，从而绘制最后弯矩图，如图 5-17(h) 所示。

例 5.4 试用位移法解算图 5-18(a) 所示结构，并绘制其弯矩图。所有杆件 $EI =$ 常数。

(1) 由原结构知，在节点 D 处有节点线位移 Δ_1，属于有侧移结构。

(2) 位移法基本体系如图 5-18(b) 所示。

(3) 由图 5-18(b) 所示基本体系，其位移法方程为：

$$k_{11}\Delta_1 + R_{1p} = 0$$

(4) 计算方程中的系数和自由项。

① 绘制 M_1，M_p 图，如图 5-18(c) 和图 5-18(d) 所示。

② 根据节点的平衡条件，计算系数和自由项。由图 5-18(e) 和图 5-18(f) 隔离体的平衡条件得：

$$k_{11} = \frac{6EI}{l^3}, \quad R_{1p} = -\frac{3ql}{8}$$

(5) 将系数和自由项代入位移法方程得：

$$\frac{6EI}{l^3}\Delta_1 - \frac{3ql}{8} = 0$$

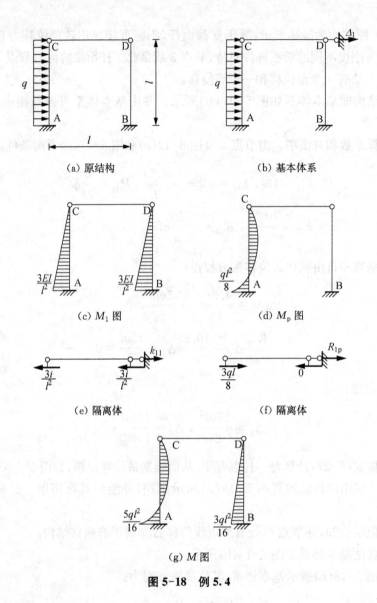

(a) 原结构　　　　　　　　(b) 基本体系

(c) M_1 图　　　　　　　　(d) M_p 图

(e) 隔离体　　　　　　　　(f) 隔离体

(g) M 图

图 5-18　例 5.4

解此方程得：

$$\Delta_1 = \frac{ql^4}{16EI}$$

(6) 根据式(5-14)计算每一杆端弯矩。从而绘制最后弯矩图，如图 5-18(g)所示。

例 5.5　试用位移法计算图 5-19(a)所示横梁刚度无穷大的刚架，并绘弯矩图。$E=$ 常数。

(1) 由原结构知，横梁弯曲刚度无穷大，节点处不产生转动，只在节点 F 处有节点线位移 Δ_1，属于有侧移结构。

(2) 位移法基本体系如图 5-19(b)所示。

(3) 由图 5-19(b)所示基本体系，其位移法方程为：

$$k_{11}\Delta_1 + R_{1p} = 0$$

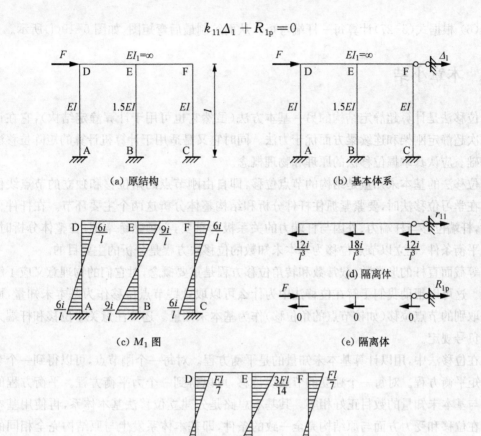

(a) 原结构 　　　　　　(b) 基本体系

(c) M_1 图 　　　　　　(d) 隔离体

　　　　　　(e) 隔离体

(f) M 图

图 5-19　例 5.5

(4) 计算方程中的系数和自由项。

① 绘制 M_1 图，如图 5-19(c)所示。荷载作用在横梁上不引起立柱 M_p 弯矩。

② 根据节点的平衡条件，计算系数和自由项。由图 5-19(d)、图 5-19(e)隔离体的平衡条件得：

$$k_{11} = r_{11} = \frac{42i}{l^2}, \ R_{1p} = -F$$

(5) 将系数和自由项代入位移法方程得：

$$\frac{42i}{l^2}\Delta_1 - F = 0$$

解此方程得：

$$\Delta_1 = \frac{Fl^2}{42i}$$

(6) 根据式(5-27)计算每一杆端弯矩。从而绘制最后弯矩图,如图 5-19(f)所示。

5.6 本章小结

位移法是计算超静定结构的另一基本方法(虽然它也可用于计算静定结构),它在计算高次超静定刚架和连续梁方面优于力法。同时它又是适用于计算机计算的矩阵位移法的基础。应认真掌握位移法的原理和物理概念。

位移法的基本未知量是结构的节点位移,即自由刚节点的角位移和独立的节点线位移。在学习位移法时,要紧紧抓住杆件分析和结构整体分析这两个主要环节。在杆件分析时,杆端位移与杆端力、外因与杆端力的关系极为重要,必须熟练掌握;在整体分析时,利用平衡条件,建立以节点位移为基本未知数的位移法方程是分析的主要目的。

等截面直杆的形常数、载常数和转角位移方程是重要概念,对它们的物理意义应了解清楚。这可以帮助我们了解在位移法中为什么可以取这些节点位移作为基本未知量,而不是取别的节点位移(如铰节点的角位移)作为基本未知量。还要注意关于位移和杆端力的正负号规定。

在位移法中,用以计算基本未知量的是平衡方程。对每一个刚节点,可以得到一个节点力矩平衡方程。对每一个独立的节点线位移,可以得到一个力平衡方程。平衡方程的数目与基本未知量的数目正好相等。其基本思路是先建立位移法基本体系,再使用基本体系在位移和受力方面与原结构完全一致的条件,即基本体系发生与原结构完全相同的位移时,附加约束上反力为零的条件,最后通过单位位移法建立位移法方程。由于位移法以结构独立的节点位移作为基本未知量,其数目与结构的超静定次数无关。

利用位移法求解时应当注意以下问题:

(1) 平衡方程的总数与基本未知量的个数相等,即有一个刚节点或刚臂可列一个力矩平衡方程,有一个侧移可列一个截面力平衡方程或剪力平衡方程。

(2) 关于确定节点线位移的两个假定只适用于受弯直杆,不能用于受弯曲杆及桁架和组合结构中需要考虑轴向变形的轴力杆。

(3) 确定弹性支承结构的基本未知量时,应考虑弹性支承的位移。

(4) 具有无限刚性横梁的结构,横梁与柱子刚结的节点角位移为零。

(5) 支座位移时的计算,主要是弄清这些"特殊"载荷在被约束后的杆件(或基本结构)中产生的影响。原理和方法均与一般载荷作用时相同。

思考题

5.1 位移法解算超静定结构的基本思想是什么?

5.2 位移法与力法两者在基本体系选取上有何不同特点?

5.3 建立位移法方程的原理是什么? 能否用位移法计算静定结构?

5.4 转角位移方程的物理意义是什么? 有何应用?

5.5 试从两端刚结杆的杆端弯矩公式推求一端刚结、另一端铰结杆的杆端弯矩公式。

5.6 什么支座处的角位移可不选作基本未知量？试比较当支座处角位移选作与不选作基本未知量时两种计算法的优缺点。

5.7 在什么条件下独立的节点线位移数等于使铰接体系成为几何不变所需添加最少链杆数？

5.8 在力法和位移法中，各以什么方式满足平衡条件和变形连续条件？

习 题

5.1 试用位移法计算图 5-20 所示连续梁，并绘出其弯矩图和剪力图。

5.2 试用位移法计算图 5-21 所示刚架，并绘出其弯矩图。

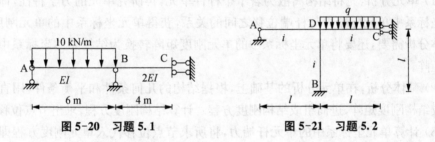

图 5-20 习题 5.1   图 5-21 习题 5.2

5.3 试用位移法计算图 5-22 所示刚架，并绘出其弯矩图。

5.4 对于图 5-23 所示的静定刚架，可否用位移法求得其弯矩，为什么？

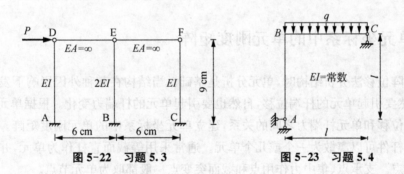

图 5-22 习题 5.3   图 5-23 习题 5.4

第6章 矩阵位移法

结构矩阵分析又称为杆系结构的有限元法，分为矩阵力法和矩阵位移法，亦称柔度法和刚度法。矩阵位移法比矩阵力法更易于实现计算过程程序化，因此，本书只讨论矩阵位移法。它在理论上是以位移法为基础，在数学上是以矩阵作为表达形式，在计算上用电子计算机实现。矩阵位移法的基本未知量是节点位移。其结构分析的基本要点有以下三个方面。

（1）单元分析，先将结构离散为若干个杆件单元，再研究单元的力学特性，即确定在单元坐标系中单元杆端力与杆端位移之间的关系，获得单元坐标系中的单元刚度矩阵。为整体分析需要，还要将单元坐标系中的单元刚度矩阵转换为结构总体坐标系中的单元刚度矩阵。

（2）整体分析，在单元分析的基础上，根据结构的几何条件和平衡条件，用直接刚度法形成结构刚度矩阵，进而组成结构刚度方程。计算结构刚度方程，求出节点位移。

（3）计算单元坐标系中的单元杆端力，将所求节点位移代入单元刚度方程即可求出单元杆端力，从而可以绘制结构内力图。

在从单元分析到整体分析的计算过程中，全部采用矩阵运算。在上述分析过程中，由结构坐标系中的单元刚度矩阵直接形成结构刚度矩阵是矩阵位移法的核心内容。

6.1 单元坐标系中的单元刚度矩阵

用矩阵位移法分析结构时，单元分析是基础。当结构在某种外因影响下发生节点位移时，必然要引起单元的杆端位移，自然也要引起单元的杆端力变化。根据单元坐标系中单元杆端位移和单元杆端力之间的关系，建立单元坐标系中的单元刚度矩阵。杆系结构中的每根杆件可以离散为一个或几个单元。通常采用等截面直杆作为单元，并规定载荷作用于节点。支承点、集中力作用点和截面突变点一般都取为单元节点。

1. 一般单元的杆端位移与杆端力

处于结构两自由刚节点之间的单元为一般单元。从它可以产生任意刚体位移来说，又称其为自由单元。图 6-1(a)所示单元 (e) 为一般单元(e 代表单元编号)，其两端点编码为 i 和 j。单元坐标系（又称局部坐标系）用 $\bar{x}-\bar{y}$ 表示。单元坐标系的原点设置在单元的起始节点 i。以单元轴线作为单元坐标系的 $\bar{x}$ 轴，即由起始节点到终止节点的方向作为 $\bar{x}$ 轴的正方向。约定由 i 点到 j 点为杆件正向，用箭头表示。从 $\bar{x}$ 轴正方向起，顺时针转 $90°$ 为 $\bar{y}$ 轴的正向[图 6-1(a)]。在这个局部坐标系中的一切量及其集合都要冠以横线

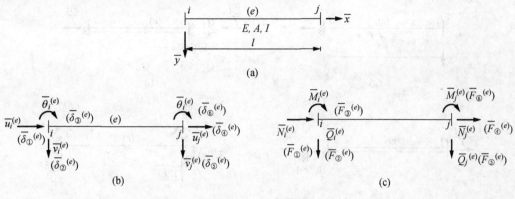

图 6-1　一般单元

为标记。

一般单元的杆件除考虑弯曲变形外,还应考虑其轴向变形。这样,单元的每一杆端都将有三个位移分量,即轴向位移 $\bar{u}_i^{(e)}$(或 $\bar{u}_j^{(e)}$),与 $\bar{x}$ 轴正向一致者为正;横向位移 $\bar{v}_i^{(e)}$(或 $\bar{v}_j^{(e)}$),与 $\bar{y}$ 轴正向一致者为正;转角位移 $\bar{\theta}_i^{(e)}$(或 $\bar{\theta}_j^{(e)}$),转角顺时针转为正[图 6-1(b)]。杆件两端 6 个位移分量按先起始端 i 后终止端 j 的次序排列。因为这个统一顺序①～⑥的编码是在一个单元内部的编码,故称其为局部编码。如果将上述 6 个杆端位移分量写成矩阵形式,则为

$$[\bar{\Delta}]^{(e)} = [\bar{\delta}_1 \quad \bar{\delta}_2 \quad \bar{\delta}_3 \quad \bar{\delta}_4 \quad \bar{\delta}_5 \quad \bar{\delta}_6]^{(e)\mathrm{T}}$$
$$= [\bar{u}_i \quad \bar{v}_i \quad \bar{\theta}_i \quad \bar{u}_j \quad \bar{v}_j \quad \bar{\theta}_j]^{(e)\mathrm{T}} \tag{6-1}$$

其中,$[\bar{\Delta}]^{(e)}$ 称为单元坐标系中的杆端位移列矩阵(或称杆端位移列向量)。

杆端力分量和杆端位移分量一一对应,杆端力分量的排列顺序、正负号规定等和杆端位移分量一致。如果把它们写成矩阵形式,则为:

$$\{\bar{F}\}^{(e)} = [\bar{F}_1, \bar{F}_2, \bar{F}_3, \bar{F}_4, \bar{F}_5, \bar{F}_6]^{(e)\mathrm{T}}$$
$$= [\bar{N}_i, \bar{Q}_i, \bar{M}_i, \bar{N}_j, \bar{Q}_j, \bar{M}_j]^{(e)\mathrm{T}} \tag{6-2}$$

其中,$\{\bar{F}\}^{(e)}$ 称为单元坐标系中的杆端力列矩阵(或称杆端力列向量)。

2. 杆端力与杆端位移的关系

如图 6-2(a)所示两端固定的单跨超静定梁,当任何一个单元杆端产生单位位移分量时,单元两端将会引起六个约束反力。这些约束反力称作单元在局部坐标系中的刚度系数,一般用 $\bar{k}_{ij}$ 表示,代表单元杆 i 端产生单位位移分量时 j 端的约束反力。这样,六个单位杆端位移分量要引起 36 个刚度系数。在刚度系数的两个脚标中,第一个为杆端力分量的局部编码;第二个为杆端位移分量的局部编码。图 6-2(b)—图 6-2(g)表示六个杆端位移分量单独发生时的非零刚度系数。如果单元两端同时发生 6 个单位杆端位移分量时,根据叠加原理,单元的 6 个杆端力分量分别为:

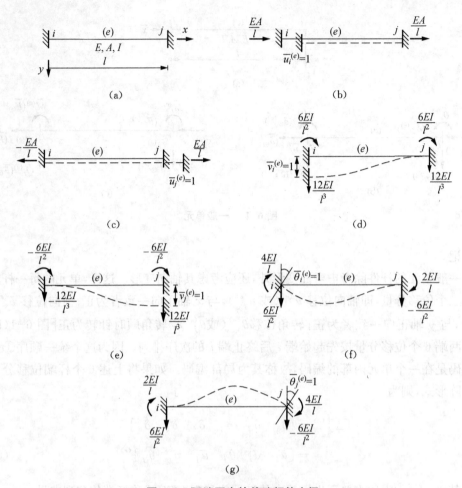

图6-2 两端固定的单跨超静定梁

$$\bar{N}_i^{(e)} = \frac{EA}{l}\bar{u}_i^{(e)} - \frac{EA}{l}\bar{u}_j^{(e)}$$

$$\bar{Q}_i^{(e)} = \frac{12EI}{l^3}\bar{v}_i^{(e)} + \frac{6EI}{l^2}\bar{\theta}_i^{(e)} - \frac{12EI}{l^3}\bar{v}_j^{(e)} + \frac{6EI}{l^2}\bar{\theta}_j^{(e)}$$

$$\bar{M}_i^{(e)} = \frac{6EI}{l^2}\bar{v}_i^{(e)} + \frac{4EI}{l}\bar{\theta}_i^{(e)} - \frac{6EI}{l^2}\bar{v}_j^{(e)} + \frac{2EI}{l}\bar{\theta}_j^{(e)}$$

$$\bar{N}_j^{(e)} = -\frac{EA}{l}\bar{u}_i^{(e)} + \frac{EA}{l}\bar{u}_j^{(e)} \tag{6-3}$$

$$\bar{Q}_j^{(e)} = -\frac{12EI}{l^3}\bar{v}_i^{(e)} - \frac{6EI}{l^2}\bar{\theta}_i^{(e)} + \frac{12EI}{l^3}\bar{v}_j^{(e)} - \frac{6EI}{l^2}\bar{\theta}_j^{(e)}$$

$$\bar{M}_j^{(e)} = \frac{6EI}{l^2}\bar{v}_i^{(e)} + \frac{2EI}{l}\bar{\theta}_i^{(e)} - \frac{6EI}{l^2}\bar{v}_j^{(e)} + \frac{4EI}{l}\bar{\theta}_j^{(e)}$$

式(6-3)表示单元的6个杆端位移分量和6个杆端力分量之间的线性关系。用矩阵表示为：

$$
\begin{bmatrix} \bar{N}_i^{(e)} \\ \bar{Q}_i^{(e)} \\ \bar{M}_i^{(e)} \\ \bar{N}_j^{(e)} \\ \bar{Q}_j^{(e)} \\ \bar{M}_j^{(e)} \end{bmatrix} = \begin{bmatrix} \dfrac{EA}{l} & 0 & 0 & -\dfrac{EA}{l} & 0 & 0 \\ 0 & \dfrac{12EI}{l^3} & \dfrac{6EI}{l^2} & 0 & -\dfrac{12EI}{l^3} & \dfrac{6EI}{l^2} \\ 0 & \dfrac{6EI}{l^2} & \dfrac{4EI}{l} & 0 & -\dfrac{6EI}{l^2} & \dfrac{2EI}{l} \\ -\dfrac{EA}{l} & 0 & 0 & \dfrac{EA}{l} & 0 & 0 \\ 0 & -\dfrac{12EI}{l^3} & -\dfrac{6EI}{l^2} & 0 & \dfrac{12EI}{l^3} & -\dfrac{6EI}{l^2} \\ 0 & \dfrac{6EI}{l^2} & \dfrac{2EI}{l} & 0 & -\dfrac{6EI}{l^2} & \dfrac{4EI}{l} \end{bmatrix} \begin{bmatrix} \bar{u}_i^{(e)} \\ \bar{v}_i^{(e)} \\ \bar{\theta}_i^{(e)} \\ \bar{u}_j^{(e)} \\ \bar{v}_j^{(e)} \\ \bar{\theta}_j^{(e)} \end{bmatrix} \quad (6\text{-}4)
$$

式(6-4)称为单元坐标系中的单元刚度方程,如果将其简写,则为:

$$
[\bar{F}]^{(e)} = [\bar{K}]^{(e)} [\bar{\Delta}]^{(e)} \quad (6\text{-}5)
$$

其中,$[\bar{K}]^{(e)}$ 称为单元坐标系中的单元刚度矩阵。

3. 单元坐标系中的单元刚度矩阵

由式(6-4)的推导知,单元刚度矩阵是由单元刚度系数组成的,即为:

$$
[\bar{K}]^{(e)} = \begin{matrix} & ① & ② & ③ & ④ & ⑤ & ⑥ \leftarrow 杆端位移 \end{matrix}
$$

$$
[\bar{K}]^{(e)} = \begin{bmatrix} \dfrac{EA}{l} & 0 & 0 & -\dfrac{EA}{l} & 0 & 0 \\ 0 & \dfrac{12EI}{l^3} & \dfrac{6EI}{l^2} & 0 & -\dfrac{12EI}{l^3} & \dfrac{6EI}{l^2} \\ 0 & \dfrac{6EI}{l^2} & \dfrac{4EI}{l} & 0 & -\dfrac{6EI}{l^2} & \dfrac{2EI}{l} \\ -\dfrac{EA}{l} & 0 & 0 & \dfrac{EA}{l} & 0 & 0 \\ 0 & -\dfrac{12EI}{l^3} & -\dfrac{6EI}{l^2} & 0 & \dfrac{12EI}{l^3} & -\dfrac{6EI}{l^2} \\ 0 & \dfrac{6EI}{l^2} & \dfrac{2EI}{l} & 0 & -\dfrac{6EI}{l^2} & \dfrac{4EI}{l} \end{bmatrix} \begin{matrix} ① \\ ② \\ ③ \\ ④ \\ ⑤ \\ ⑥ \end{matrix} \quad (6\text{-}6)
$$

（右侧标注：杆端力）

其中,任意一项可表示为 $\bar{k}_{ij}^{(e)}$,i 为行数,j 为列数($i, j = 1, 2, \cdots, 6$),例如,$\bar{k}_{52}^{(e)} = -\dfrac{12EI}{l^3}$。单元刚度矩阵的物理意义和性质如下。

1) 单元刚度矩阵的意义

由式(6-4)知,通过单元刚度矩阵 $[\bar{K}]^{(e)}$,可以用杆端位移列矩阵$[\bar{\Delta}]^{(e)}$表示杆端力列矩阵$[\bar{F}]^{(e)}$。单元刚度矩阵中任何一个刚度系数$\bar{k}_{ij}^{(e)}$表示当第j个单位杆端位移分量单独发生时,引起第i个杆端力分量,它在单元刚度矩阵中的位置是第i行第j列的交点上。在式(6-6)中,任意一行元素表示6个单位杆端位移分量单独发生时,分别引起某一杆端力分量的值。它反映了实际位移发生过程中,杆端力分量的叠加关系;任意一列元素表示与该列对应的单位杆端位移分量单独发生时,引起单元的6个杆端力分量的值。

在式(6-6)中,每行右端标有杆端力分量序号,每列上端标有杆端位移分量序号。

2)单元刚度矩阵的性质

(1)对称性。单元刚度矩阵$[\bar{K}]^{(e)}$是对称矩阵。以主对角线为对称轴,在对称位置上的元素相等,即:

$$\bar{k}_{ij}^{(e)} = \bar{k}_{ji}^{(e)} \tag{6-7}$$

式(6-7)所示对称关系,根据$\bar{k}_{ij}^{(e)} = \bar{k}_{ji}^{(e)}$和$\bar{k}_{ji}^{(e)}$的物理意义、单位位移在单元的附加约束上所引起的反力互等关系不难理解。

(2)奇异性。单元刚度矩阵$[\bar{K}]^{(e)}$是奇异矩阵,其对应的行列式值为零,逆矩阵不存在。因为式(6-6)所示单元刚度方程,是在把一般单元两端用附加约束固定起来的"约束"单元上,用弹性杆端位移推导出来的。所以,当给定一组弹性杆端位移$[\bar{\Delta}]^{(e)}$就有一组确定的杆端力与之对应。反之,如果将一组满足平衡条件的任意已知杆端力$[\bar{F}]^{(e)}$作用在两端未加约束的自由单元上,通过式(6-6)求解与$[\bar{F}]^{(e)}$对应的杆端位移

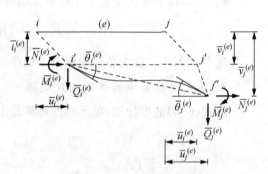

图 6-3　单跨梁的位移与载荷

$[\bar{\Delta}]^{(e)}$时,将得不到唯一的解。因为在这种情况下,杆端位移中既有弹性位移又有刚体位移。如图6-3所示,从ij到$i'j'$是刚体位移,再由$i'j'$到$i'j''$是弹性位移,而杆端力$[\bar{F}]^{(e)}$仅与弹性位移对应,故同一组满足平衡条件的杆端力,可与弹性位移和任意刚体位移组成的多组杆端位移相对应。这就说明,用式(6-4)不可能求出唯一确定的杆端位移,即式(6-6)所示的单元刚度矩阵$[\bar{K}]^{(e)}$是奇异的。

4. 特殊单元

由于支承条件及杆件的受力特性等情况的不同、考虑变形形式的影响,经常会遇到一些特殊单元。在这些特殊单元中,由于有些杆端位移为零,从而使单元刚度矩阵比一般单元的单元刚度矩阵简单。

1)约束单元

单元两端的某些方向受到限制时,在约束方向上不产生任何刚体位移和弹性位移,所以称之为约束单元。在单元分析时,忽略哪个方向的位移,就可认为在那个方向上是约束单元。例如分析梁单元时通常只考虑弯曲变形,忽略轴向变形。这种单元两端只有切向位移和角位移,不考虑轴向位移,可以认为是轴向约束单元。该单元两端内力只有剪力和

弯矩,没有轴力。其单元刚度方程可由式(6-4)划去零位移对应的第1、4行和第1、4列各元素获得:

$$
\begin{bmatrix} \bar{Q}_i^{(e)} \\ \bar{M}_i^{(e)} \\ \bar{Q}_j^{(e)} \\ \bar{M}_j^{(e)} \end{bmatrix} = \begin{bmatrix} \dfrac{12EI}{l^3} & \dfrac{6EI}{l^2} & -\dfrac{12EI}{l^3} & \dfrac{6EI}{l^2} \\[2mm] \dfrac{6EI}{l^2} & \dfrac{4EI}{l} & -\dfrac{6EI}{l^2} & \dfrac{2EI}{l} \\[2mm] -\dfrac{12EI}{l^3} & -\dfrac{6EI}{l^2} & \dfrac{12EI}{l^3} & -\dfrac{6EI}{l^2} \\[2mm] \dfrac{6EI}{l^2} & \dfrac{2EI}{l} & -\dfrac{6EI}{l^2} & \dfrac{4EI}{l} \end{bmatrix} \begin{bmatrix} \bar{v}_i^{(e)} \\ \bar{\theta}_i^{(e)} \\ \bar{v}_j^{(e)} \\ \bar{\theta}_j^{(e)} \end{bmatrix} \tag{6-8}
$$

这时的单元刚度矩阵为:

$$
[\bar{K}]^{(e)} = \begin{bmatrix} \dfrac{12EI}{l^3} & \dfrac{6EI}{l^2} & -\dfrac{12EI}{l^3} & \dfrac{6EI}{l^2} \\[2mm] \dfrac{6EI}{l^2} & \dfrac{4EI}{l} & -\dfrac{6EI}{l^2} & \dfrac{2EI}{l} \\[2mm] -\dfrac{12EI}{l^3} & -\dfrac{6EI}{l^2} & \dfrac{12EI}{l^3} & -\dfrac{6EI}{l^2} \\[2mm] \dfrac{6EI}{l^2} & \dfrac{2EI}{l} & -\dfrac{6EI}{l^2} & \dfrac{4EI}{l} \end{bmatrix} \tag{6-9}
$$

如果单元两端的轴向和切向都被约束限制,相应位移都为零(如不考虑轴向变形影响的无侧移刚架及连续梁等结构的单元),两端只有角位移时,其单元刚度方程不难由式(6-4)划去零位移对应的第1、2、4、5行和第1、2、4、5列各元素获得,即:

$$
\begin{bmatrix} \bar{M}_i^{(e)} \\ \bar{M}_j^{(e)} \end{bmatrix} = \begin{bmatrix} \dfrac{4EI}{l} & \dfrac{2EI}{l} \\[2mm] \dfrac{2EI}{l} & \dfrac{4EI}{l} \end{bmatrix} \begin{bmatrix} \bar{\theta}_i^{(e)} \\ \bar{\theta}_j^{(e)} \end{bmatrix} \tag{6-10}
$$

这时的单元刚度矩阵为:

$$
[\bar{K}]^{(e)} = \begin{bmatrix} \dfrac{4EI}{l} & \dfrac{2EI}{l} \\[2mm] \dfrac{2EI}{l} & \dfrac{4EI}{l} \end{bmatrix} \tag{6-11}
$$

2) 轴力单元

两端铰结的拉压杆件(例如桁架中的杆件),在外因影响下杆端只有轴向力,故称轴力单元。轴力单元除与杆端轴力对应的轴向弹性位移外,其切向、转角位移都是不产生杆端力的刚体位移。因此,其单元刚度方程仍可由式(6-4)划去第2、3、5、6行和第2、3、5、

6 列各元素获得,即:

$$\begin{bmatrix} \bar{N}_i^{(e)} \\ \bar{N}_j^{(e)} \end{bmatrix} = \begin{bmatrix} \dfrac{EA}{l} & -\dfrac{EA}{l} \\ -\dfrac{EA}{l} & \dfrac{EA}{l} \end{bmatrix} \begin{bmatrix} \bar{u}_i^{(e)} \\ \bar{u}_j^{(e)} \end{bmatrix} \tag{6-12}$$

这时的单元刚度矩阵为:

$$[\bar{K}]^{(e)} = \begin{bmatrix} \dfrac{EA}{l} & -\dfrac{EA}{l} \\ -\dfrac{EA}{l} & \dfrac{EA}{l} \end{bmatrix} \tag{6-13}$$

6.2 结构坐标系中的单元刚度矩阵

组成结构的各个单元的单元坐标系一般不完全相同,所以,各个单元局部坐标系的杆端力和杆端位移的方向也不尽相同。因此,在结构整体分析之前,必须将各不同单元坐标系中的杆端力和杆端位移等换算到统一的坐标系——结构坐标系(即整体坐标系)中去,也就是要将单元坐标系中的单元刚度矩阵转换成结构坐标系中的单元刚度矩阵。

1. 坐标转换

在建立结构坐标系(x-y)时,一般取水平轴为 x 轴,自左向右为正;从 x 轴正向起,顺时针旋转 $90°$ 为 y 轴正向;坐标原点可任意选取。结构坐标系的 x 轴与单元坐标系的 $\bar{x}$ 轴的夹角为 α,规定从 x 轴顺时针转至 $\bar{x}$ 轴为正。

取任意单元(e)为研究对象,在结构坐标系中,杆端力和杆端位移列矩阵可表示为:

$$[F]^{(e)} = [F_1 \quad F_2 \quad F_3 \quad F_4 \quad F_5 \quad F_6]^{(e)\mathrm{T}} = [X_i \quad Y_i \quad M_i \quad X_j \quad Y_j \quad M_j]^{(e)\mathrm{T}} \tag{6-14}$$

$$[\Delta]^{(e)} = [f_1 \quad f_2 \quad f_3 \quad f_4 \quad f_5 \quad f_6]^{(e)\mathrm{T}} = [u_i \quad v_i \quad \theta_i \quad u_j \quad v_j \quad \theta_j]^{(e)\mathrm{T}} \tag{6-15}$$

现将单元坐标系中的杆端力标于图 6-4(a),结构坐标系中的杆端力标于图 6-4(b)。用结构坐标系中的杆端力分量表示单元坐标系中的杆端力分量时,根据两种坐标系的关系,两种杆端力的投影关系为:

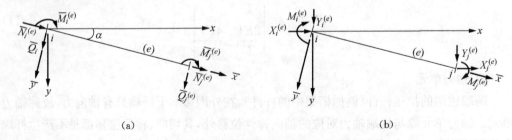

(a)   (b)

图 6-4 单元坐标系与结构坐标系中的杆端力关系

按 $\{F\}^{(e)}$ 排列顺序

$$\bar{N}_i^{(e)} = X_i^{(e)} \cos\alpha + Y_i^{(e)} \sin\alpha$$

$$\bar{Q}_i^{(e)} = -X_i^{(e)} \sin\alpha + Y_i^{(e)} \cos\alpha$$

按 $[\bar{F}]^{(e)}$ 排列顺序

$$\bar{M}_i^{(e)} = M_i^{(e)} \tag{6-16}$$

$$\bar{N}_j^{(e)} = X_j^{(e)} \cos\alpha + Y_j^{(e)} \sin\alpha$$

$$\bar{Q}_j^{(e)} = -X_j^{(e)} \sin\alpha + Y_j^{(e)} \cos\alpha$$

$$\bar{M}_j^{(e)} = M_j^{(e)}$$

用矩阵表示则为：

$$
\begin{bmatrix}
\bar{N}_i^{(e)} \\
\bar{Q}_i^{(e)} \\
\bar{M}_i^{(e)} \\
\bar{N}_j^{(e)} \\
\bar{Q}_j^{(e)} \\
\bar{M}_j^{(e)}
\end{bmatrix}
=
\begin{bmatrix}
\cos\alpha & \sin\alpha & 0 & 0 & 0 & 0 \\
-\sin\alpha & \cos\alpha & 0 & 0 & 0 & 0 \\
0 & 0 & 1 & 0 & 0 & 0 \\
0 & 0 & 0 & \cos\alpha & \sin\alpha & 0 \\
0 & 0 & 0 & -\sin\alpha & \cos\alpha & 0 \\
0 & 0 & 0 & 0 & 0 & 1
\end{bmatrix}
\begin{bmatrix}
X_i^{(e)} \\
Y_i^{(e)} \\
M_i^{(e)} \\
X_j^{(e)} \\
Y_j^{(e)} \\
M_j^{(e)}
\end{bmatrix}
\tag{6-17}
$$

式(6-17)可缩写为：

$$[\bar{F}]^{(e)} = [T][F]^{(e)} \tag{6-18}$$

用结构坐标系中的杆端位移分量表示单元坐标系中的杆端位移分量的矩阵表达式为：

$$
\begin{bmatrix}
\bar{u}_i^{(e)} \\
\bar{v}_i^{(e)} \\
\bar{\theta}_i^{(e)} \\
\bar{u}_j^{(e)} \\
\bar{v}_j^{(e)} \\
\bar{\theta}_j^{(e)}
\end{bmatrix}
=
\begin{bmatrix}
\cos\alpha & \sin\alpha & 0 & 0 & 0 & 0 \\
-\sin\alpha & \cos\alpha & 0 & 0 & 0 & 0 \\
0 & 0 & 1 & 0 & 0 & 0 \\
0 & 0 & 0 & \cos\alpha & \sin\alpha & 0 \\
0 & 0 & 0 & -\sin\alpha & \cos\alpha & 0 \\
0 & 0 & 0 & 0 & 0 & 1
\end{bmatrix}
\begin{bmatrix}
u_i^{(e)} \\
v_i^{(e)} \\
\theta_i^{(e)} \\
u_j^{(e)} \\
v_j^{(e)} \\
\theta_j^{(e)}
\end{bmatrix}
\tag{6-19}
$$

式(6-19)可缩写为：

$$[\bar{\Delta}]^{(e)} = [T][\Delta]^{(e)} \tag{6-20}$$

式(6-18)和式(6-20)中的：

$$
[T] =
\begin{bmatrix}
\cos\alpha & \sin\alpha & 0 & 0 & 0 & 0 \\
-\sin\alpha & \cos\alpha & 0 & 0 & 0 & 0 \\
0 & 0 & 1 & 0 & 0 & 0 \\
0 & 0 & 0 & \cos\alpha & \sin\alpha & 0 \\
0 & 0 & 0 & -\sin\alpha & \cos\alpha & 0 \\
0 & 0 & 0 & 0 & 0 & 1
\end{bmatrix}
\tag{6-21}
$$

称做一般单元的坐标转换矩阵。

坐标转换矩阵$[T]$的任意一行(或一列)各元素的平方和为 1;任意两行(或两列)的对应元素乘积之和为零。因此,它显然是一个正交矩阵。正交矩阵有一个重要特性,就是它的逆矩阵等于它的转置矩阵,即:

$$[T]^{-1} = [T]^{\mathrm{T}} \qquad (6\text{-}22)$$

因此,根据原矩阵与逆矩阵的关系有:

$$[T]^{\mathrm{T}}[T] = [T]^{-1}[T] = [I] \qquad (6\text{-}23)$$

给式(6-18)和式(6-20)左乘$[T]^{\mathrm{T}}$后,便得到用单元坐标系中的杆端力分量(或杆端位移分量)表示结构坐标系中的杆端力分量(或杆端位移分量)的矩阵表达式,即:

$$[F]^{(e)} = [T]^{\mathrm{T}}[\bar{F}]^{(e)} \qquad (6\text{-}24)$$

$$[\bar{\Delta}]^{(e)} = [T][\Delta]^{(e)} \qquad (6\text{-}25)$$

当两种坐标系中的杆端力(或杆端位移)个数相等时,例如一般单元在每种坐标系中都是 6 个,其转换矩阵$[T]$为6×6阶的方阵。当两种坐标系中的杆端力(或杆端位移)个数不相等时,其转换矩阵可以不为方阵。其行的序号与$[\bar{F}]^{(e)}$元素的序号一致,列的序号与$[F]^{(e)}$元素的序号一致[参见式(6-16)]。例如梁单元(不考虑轴向变形)的转换关系,就是由式(6-17)划去第 1、4 行而列数不变获得的,即:

$$
\begin{bmatrix} \bar{Q}_i^{(e)} \\ \bar{M}_i^{(e)} \\ \bar{Q}_j^{(e)} \\ \bar{M}_j^{(e)} \end{bmatrix} =
\begin{bmatrix}
-\sin\alpha & \cos\alpha & 0 & 0 & 0 & 0 \\
0 & 0 & 1 & 0 & 0 & 0 \\
0 & 0 & 0 & -\sin\alpha & \cos\alpha & 0 \\
0 & 0 & 0 & 0 & 0 & 1
\end{bmatrix}
\begin{bmatrix} X_i^{(e)} \\ Y_i^{(e)} \\ M_i^{(e)} \\ X_j^{(e)} \\ Y_j^{(e)} \\ M_j^{(e)} \end{bmatrix}
\qquad (6\text{-}26)
$$

其中,

$$
[T] =
\begin{bmatrix}
-\sin\alpha & \cos\alpha & 0 & 0 & 0 & 0 \\
0 & 0 & 1 & 0 & 0 & 0 \\
0 & 0 & 0 & -\sin\alpha & \cos\alpha & 0 \\
0 & 0 & 0 & 0 & 0 & 1
\end{bmatrix}
\qquad (6\text{-}27)
$$

叫做梁单元的转换矩阵。同理轴力单元(只发生轴向拉压)杆端力转换关系为:

$$
\begin{bmatrix} \bar{N}_i^{(e)} \\ \bar{N}_j^{(e)} \end{bmatrix} =
\begin{bmatrix}
\cos\alpha & \sin\alpha & 0 & 0 \\
0 & 0 & \cos\alpha & \sin\alpha
\end{bmatrix}
\begin{bmatrix} X_i^{(e)} \\ Y_i^{(e)} \\ X_j^{(e)} \\ Y_j^{(e)} \end{bmatrix}
\qquad (6\text{-}28)
$$

其中，

$$[T] = \begin{bmatrix} \cos\alpha & \sin\alpha & 0 & 0 \\ 0 & 0 & \cos\alpha & \sin\alpha \end{bmatrix} \tag{6-29}$$

为轴力单元的转换矩阵。

2. 结构坐标系中的单元刚度矩阵

进行单元刚度矩阵坐标转换的目的,就是为了求出结构坐标系中的单元刚度矩阵。而结构坐标系中单元刚度方程:

$$[K]^{(e)}[\Delta]^{(e)} = [F]^{(e)} \tag{6-30}$$

式中,$[K]^{(e)}$ 为结构坐标系中的单元刚度矩阵。

由式(6-5)知,单元坐标系中的单元刚度方程为:

$$[\bar{K}]^{(e)}[\bar{\Delta}]^{(e)} = [\bar{F}]^{(e)} \tag{6-31}$$

若将式(6-18)和式(6-20)代入式(6-31)得:

$$[\bar{K}]^{(e)}[T][\Delta]^{(e)} = [T][F]^{(e)} \tag{6-32}$$

式(6-32)两边左乘 $[T]^{-1} = [T]^T$ 则得:

$$[T]^T[\bar{K}]^{(e)}[T][\Delta]^{(e)} = [T]^T[T][F]^{(e)} \tag{6-33}$$

由式(6-23)知,

$$[F]^{(e)} = [T]^T[\bar{K}]^{(e)}[T][\Delta]^{(e)} \tag{6-34}$$

比较式(6-34)和式(6-30),可得:

$$[K]^{(e)} = [T]^T[\bar{K}]^{(e)}[T] \tag{6-35}$$

求出坐标转换矩阵 $[T]$ 便可由 $[\bar{K}]^{(e)}$ 求得 $[K]^{(e)}$。对于一般单元,用式(6-35)可计算

$$[K]^{(e)} = [T]^T[\bar{K}]^{(e)}[T]$$

$$\begin{bmatrix} k_{11}^{(e)} & k_{12}^{(e)} & k_{13}^{(e)} & \vdots & k_{14}^{(e)} & k_{15}^{(e)} & k_{16}^{(e)} \\ k_{21}^{(e)} & k_{22}^{(e)} & k_{23}^{(e)} & \vdots & k_{24}^{(e)} & k_{25}^{(e)} & k_{26}^{(e)} \\ k_{31}^{(e)} & k_{32}^{(e)} & k_{33}^{(e)} & \vdots & k_{34}^{(e)} & k_{35}^{(e)} & k_{36}^{(e)} \\ \cdots & \cdots & \cdots & \vdots & \cdots & \cdots & \cdots \\ k_{41}^{(e)} & k_{42}^{(e)} & k_{43}^{(e)} & \vdots & k_{44}^{(e)} & k_{45}^{(e)} & k_{46}^{(e)} \\ k_{51}^{(e)} & k_{52}^{(e)} & k_{53}^{(e)} & \vdots & k_{54}^{(e)} & k_{55}^{(e)} & k_{56}^{(e)} \\ k_{61}^{(e)} & k_{62}^{(e)} & k_{63}^{(e)} & \vdots & k_{64}^{(e)} & k_{65}^{(e)} & k_{66}^{(e)} \end{bmatrix} \tag{6-36}$$

式中,

$$k_{11}^{(e)} = -k_{14}^{(e)} = -k_{41}^{(e)} = k_{44}^{(e)} = \frac{EA}{l}\cos^2\alpha + \frac{12EI}{l^3}\sin^2\alpha$$

$$k_{12}^{(e)} = -k_{15}^{(e)} = k_{21}^{(e)} = -k_{24}^{(e)} = -k_{42}^{(e)} = k_{45}^{(e)} = -k_{51}^{(e)} = k_{54}^{(e)} = \left(\frac{EA}{l} - \frac{12EI}{l^3}\right)\sin\alpha\cos\alpha$$

$$k_{22}^{(e)} = -k_{25}^{(e)} = -k_{52}^{(e)} = k_{55}^{(e)} = \frac{EA}{l}\sin^2\alpha + \frac{12EI}{l^3}\cos^2\alpha$$

$$k_{34}^{(e)} = k_{43}^{(e)} = -k_{13}^{(e)} = -k_{31}^{(e)} = -k_{16}^{(e)} = -k_{61}^{(e)} = k_{46}^{(e)} = k_{64}^{(e)} = \frac{6EI}{l^2}\sin\alpha$$

$$k_{23}^{(e)} = k_{32}^{(e)} = -k_{35}^{(e)} = -k_{53}^{(e)} = -k_{56}^{(e)} = -k_{65}^{(e)} = k_{26}^{(e)} = k_{62}^{(e)} = \frac{6EI}{l^2}\cos\alpha$$

$$k_{33}^{(e)} = k_{66}^{(e)} = \frac{4EI}{l}$$

$$k_{36}^{(e)} = k_{63}^{(e)} = \frac{2EI}{l}$$

结构坐标系中单元刚度矩阵 $[K]^{(e)}$ 和单元坐标系中单元刚度矩阵 $[\bar{K}]^{(e)}$ 中单元刚度系数的物理意义稍有区别。单元坐标系下的 $\bar{k}_{ij}^{(e)}$ 的意义已有叙述,结构坐标系下 $k_{ij}^{(e)}$ 的含义如图 6-5 所示。

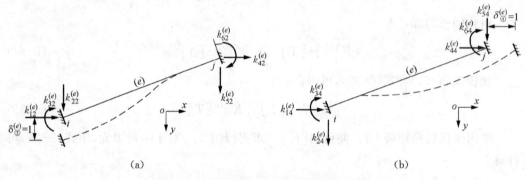

图 6-5　结构坐标系中单元矩阵元素的含义

6.3　总刚度矩阵的形成

对于式(6-36)按若按节点 i、节点 j 进行分块,则可表示为:

$$[K]^{(e)} = \begin{bmatrix} [K_{ii}]^{(e)} & [K_{ij}]^{(e)} \\ [K_{ji}]^{(e)} & [K_{jj}]^{(e)} \end{bmatrix} \tag{6-37}$$

式(6-37)中,$[K_{ii}]^{(e)}$、$[K_{ij}]^{(e)}$、$[K_{ji}]^{(e)}$ 和 $[K_{jj}]^{(e)}$ 称为单元刚度矩阵的节点子矩阵。其中,$[K_{ii}]^{(e)}$ 表示单元的节点 i 在分解的 3 个分量方向上分别发生单位位移时的杆端力,称为主子块;$[K_{ij}]^{(e)}$ 表示单元的节点 j 在分解的 3 个分量方向上分别发生单位位

移时节点 i 上的杆端力,称为副子块,其他两个元素意义类似。

式(6-37)所示的单元刚度矩阵包含 2 个节点,以此类推,若结构有 n 个节点,则总刚度矩阵可表示为:

$$[K] = \begin{bmatrix} [K_{11}] & [K_{12}] & \cdots & [K_{1j}] & \cdots & [K_{1n}] \\ [K_{21}] & [K_{22}] & \cdots & [K_{2j}] & \cdots & [K_{2n}] \\ \vdots & \vdots & & \vdots & & \vdots \\ [K_{i1}] & [K_{i2}] & \cdots & [K_{ij}] & \cdots & [K_{in}] \\ \vdots & \vdots & & \vdots & & \vdots \\ [K_{n1}] & [K_{n2}] & \cdots & [K_{nj}] & \cdots & [K_{nn}] \end{bmatrix} \tag{6-38}$$

在总刚度矩阵中,第 i 行第 j 列的元素 $[K_{ij}]$ 表示,第 j 号节点在分解的 3 个分量方向上分别发生单位位移而其他节点无位移时第 i 号节点上的节点载荷,通常,将其称为总刚度矩阵的节点子矩阵。

与单元刚度矩阵类似,易得总刚度矩阵具有对称性和奇异性。除此之外,对于无单元相连的节点 i 和节点 j,第 j 号节点发生位移而其他节点无位移时第 i 号节点上的节点载荷为零,即 $[K_{ij}] = [K_{ji}] = 0$,仅当节点 i 和节点 j 有单元连接时 $[K_{ij}] = [K_{ji}] \neq 0$。一般来说,节点数 n 越大,总刚度矩阵中的零子块越多,且非零子块大多分布在主对角线两侧的带状区域内,因此,总刚度矩阵是稀疏矩阵。

对于 n 个节点的结构,节点位移和节点载荷分别表示为:

$$[\Delta] = [[\Delta_1] \quad [\Delta_2] \quad \cdots \quad [\Delta_i] \quad \cdots \quad [\Delta_n]]^T \tag{6-39}$$

$$[F] = [[F_1] \quad [F_2] \quad \cdots \quad [F_i] \quad \cdots \quad [F_n]]^T \tag{6-40}$$

式中 $[\Delta]$ —— 结构的节点位移向量;

$[\Delta_i]$ —— 第 i 个节点的位移子向量,对于杆件包括 u_i、v_i,对于刚架包括 u_i、v_i、θ_i;

$[F]^0$ —— 结构的原始节点载荷向量;

$[F_i]$ —— 第 i 个节点的载荷子向量,对于杆件包括 N_i、Q_i,对于刚架包括 N_i、Q_i、M_i。

列出总刚度方程为:

$$[K]^0[\Delta] = [F]^0 \tag{6-41}$$

若是所有载荷都是作用于节点上,则式(6-40)中的 F_i 就等于各节点所受的载荷值;若是存在部分载荷是作用于杆件上,则需要先将这部分载荷化为等效节点载荷再与作用于节点上的载荷相叠加。

如图 6-6(a)所示刚架,受到两个集中载荷和一个均布载荷,它们的作用点并不在节点上。图 6-6 所示结构有 4 个未知的节点位移,参考位移法,在有独立节点位移的节点上施加附加约束,并对每一段超静定梁按表 6-2 查得固端反力,如图 6-6(b)所示。撤去附加约束,将固端反力作为载荷施加在节点上,此时各节点位移仍然为 0。从对节点位移影响的角度,原载荷作用就等效于固端反力的反向力作用,将图 6-6(c)中所示的载荷称为等效节点载荷。

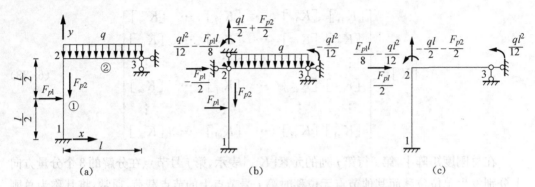

图 6-6   受到集中载荷和均布载荷的刚架

6.4   直接刚度法及示例

在总刚度矩阵中每个元素的物理意义与单元刚度矩阵中每个元素的物理意义是相同的。因此,在求解总刚度矩阵时,除了通过理论推导外,还可以通过先求出各单元的单元刚度矩阵,再将各单元刚度矩阵中的元素按照下标填入总刚度矩阵的相应位置,并进行叠加的方法求解总刚度矩阵。这种方法称为直接刚度法。

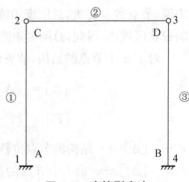

图 6-7   直接刚度法

例如,对于图 6-7 所示结构,将结构分为 3 个单元,分别列出在结构坐标系中 3 个单元的单元刚度矩阵:

$$[K]^{①}=\begin{bmatrix} [K_{11}]^{①} & [K_{12}]^{①} \\ [K_{21}]^{①} & [K_{22}]^{①} \end{bmatrix}, \quad [K]^{②}=\begin{bmatrix} [K_{22}]^{②} & [K_{23}]^{②} \\ [K_{32}]^{②} & [K_{33}]^{②} \end{bmatrix}, \quad [K]^{③}=\begin{bmatrix} [K_{33}]^{③} & [K_{34}]^{③} \\ [K_{43}]^{③} & [K_{44}]^{③} \end{bmatrix}$$

$$(6\text{-}42)$$

按照其下标填入结构刚度矩阵的相应位置并叠加,则总刚度矩阵为:

$$[K]^{0}=\begin{bmatrix} [K_{11}]^{①} & [K_{12}]^{①} & 0 & 0 \\ [K_{21}]^{①} & [K_{22}]^{①}+[K_{22}]^{②} & [K_{23}]^{②} & 0 \\ 0 & [K_{32}]^{②} & [K_{33}]^{②}+[K_{33}]^{③} & [K_{34}]^{③} \\ 0 & 0 & [K_{43}]^{③} & [K_{44}]^{③} \end{bmatrix} \quad (6\text{-}43)$$

式(6-43)中的 $[K_{22}]$ 和 $[K_{33}]$ 是由两个矩阵叠加而成,即 $[K_{22}]=[K_{22}]^{①}+[K_{22}]^{②}$

和 $[K_{33}]=[K_{33}]^{②}+[K_{33}]^{③}$。以 $[K_{22}]$ 为例,它表示第 2 号节点在分解的三个分量方向上分别发生单位位移而其他节点无位移时第 2 号节点上的节点力,因为第 2 号节点与①号单元和②号单元相连,要使第 2 号节点发生位移,①号单元和②号单元都会发生变形,所需要的节点力应等于使两个单元发生变形时的杆端力之和。

6.5　结构刚度方程

由于总刚度矩阵具有奇异性,无法用它直接计算出各点位移。因此,必须引入结构的支座位移条件,也称为位移边界条件。

对于实际结构,节点位移分为两类:一类节点位移是未知的,是由结构变形产生,这些节点上节点力即节点载荷是已知的;另一类节点位移是已知的支座位移,但其节点力即支座反力是未知的。对总刚度矩阵进行等价变形,将第一类节点位移和对应的节点力变换到矩阵的上部,按照节点位移类型对矩阵进行分块如下所示:

$$
\begin{bmatrix} [K_{aa}] & [K_{ab}] \\ [K_{ba}] & [K_{bb}] \end{bmatrix} \begin{Bmatrix} [\Delta_a] \\ [\Delta_b] \end{Bmatrix} = \begin{Bmatrix} [F_a] \\ [F_b] \end{Bmatrix} \tag{6-44}
$$

式(6-44)中 $[\Delta_a]$ 和 $[F_a]$ 为第一类的节点位移和节点力,$[\Delta_b]$ 和 $[F_b]$ 的为第二类的节点位移和节点力。将式(6-39)展开:

$$
[K_{aa}][\Delta_a]+[K_{ab}][\Delta_b]=[F_a] \tag{6-45}
$$

$$
[K_{ba}][\Delta_a]+[K_{bb}][\Delta_b]=[F_b] \tag{6-46}
$$

式(6-45)变形为 $[K_{aa}][\Delta_a]=[F_a]-[K_{ab}][\Delta_b]$,记为:

$$
[K][\Delta]=[F] \tag{6-47}
$$

式(6-47)即为结构刚度方程,矩阵 $[K]$ 为结构刚度矩阵。在实际应用中,无需进行复杂的行列交换,只要将总刚度矩阵中已知位移的行和列删除即可。若是已知位移不等于零,在删除之后还需要将其对应的列向量乘上位移得到修正向量,再与等式右端的原始节点载荷向量叠加得到节点载荷向量 $[F]$。

求解式(6-42)可得各节点位移,将各节点位移代入到单元刚度方程中可求得各节点力。

6.6　矩阵位移法的计算步骤与示例

在前述内容的基础上,矩阵位移法的计算步骤可叙述如下:

(1) 划分单元和选用坐标系:选用方便计算的结构坐标系和单元坐标系,并依此确定两种坐标系之间的夹角 α 和每个单元的始、终端点。

（2）统一编号：对结构的单元和节点位移分量要统一编号。节点位移分量的统一编号（总体编号）是整体分析中很重要的一步，它将决定结构刚度矩阵的形成过程、结构刚度系数分布的疏密程度和阶数。在对节点编号时，应尽量使每个单元的两端节点号差值最小。总体编号一旦确定，未知的节点位移列矩阵 $[\Delta]$ 亦确定了。

（3）整理原始数据：根据给定的几何尺寸和材料类型，计算各单元的截面惯性矩 I、截面面积 A、确定弹性模量 E 并计算单元刚度矩阵的各个元素。

（4）计算结构坐标系中的单元刚度矩阵 $[K]^{(e)}$：

① 选用单元坐标系中的单元刚度矩阵 $[\bar{K}]^{(e)}$。

② 按 $[K]^{(e)}=[T]^{\mathrm{T}}[\bar{K}]^{(e)}[T]$ 计算结构坐标系中的单元刚度矩阵 $[\bar{K}]^{(e)}$。

（5）列出节点位移向量和节点载荷向量。

（6）用直接刚度法形成结构刚度矩阵 $[K]$。

（7）计算求得载荷向量 $[F]$。

（8）按 $[\Delta]=[K]^{-1}[F]$ 求节点位移列矩阵 $[\Delta]$。

（9）将各节点位移代入 $[T][K]^{(e)}[\Delta]^{(e)}=[\bar{F}]^{(e)}$ 求各单元的杆端内力 $[\bar{F}]^{(e)}$。

例 6.1 建立图 6-8(a)所示 3 次超静定连续梁的结构刚度矩阵，并计算各杆的杆端弯矩。

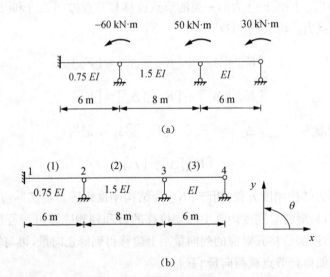

图 6-8 承受外力矩的三次超静定连续梁

解：（1）节点编号、单元编号和选用坐标系如图 6-8(b)所示。

（2）形成单元刚度矩阵。

$$[K]^{(1)}=\begin{bmatrix} \dfrac{4EI}{l} & \dfrac{2EI}{l} \\ \dfrac{2EI}{l} & \dfrac{4EI}{l} \end{bmatrix}=\begin{bmatrix} \dfrac{1}{2} & \dfrac{1}{4} \\ \dfrac{1}{4} & \dfrac{1}{2} \end{bmatrix}EI,\ [K]^{(2)}=\begin{bmatrix} \dfrac{3}{4} & \dfrac{3}{8} \\ \dfrac{3}{8} & \dfrac{3}{4} \end{bmatrix}EI,\ [K]^{(3)}=\begin{bmatrix} \dfrac{2}{3} & \dfrac{1}{3} \\ \dfrac{1}{3} & \dfrac{2}{3} \end{bmatrix}EI$$

（3）直接刚度法形成结构刚度矩阵。

$$[K] = \begin{bmatrix} \dfrac{1}{2}+\dfrac{3}{4} & \dfrac{3}{8} & 0 \\[2mm] \dfrac{3}{8} & \dfrac{3}{4}+\dfrac{2}{3} & \dfrac{1}{3} \\[2mm] 0 & \dfrac{1}{3} & \dfrac{2}{3} \end{bmatrix} EI = \begin{bmatrix} \dfrac{5}{4} & \dfrac{3}{8} & 0 \\[2mm] \dfrac{3}{8} & \dfrac{17}{12} & \dfrac{1}{3} \\[2mm] 0 & \dfrac{1}{3} & \dfrac{2}{3} \end{bmatrix} EI$$

（4）列节点位移向量和节点载荷向量。

$$[\Delta] = [\theta_1 \quad \theta_2 \quad \theta_3]^{\mathrm{T}}, \quad [F] = [-60 \quad 50 \quad 30]^{\mathrm{T}}$$

（5）解结构刚度方程。

$$EI \begin{bmatrix} \dfrac{5}{4} & \dfrac{3}{8} & 0 \\[2mm] \dfrac{3}{8} & \dfrac{17}{12} & \dfrac{1}{3} \\[2mm] 0 & \dfrac{1}{3} & \dfrac{2}{3} \end{bmatrix} \begin{bmatrix} \theta_1 \\[2mm] \theta_2 \\[2mm] \theta_3 \end{bmatrix} = \begin{bmatrix} -60 \\[2mm] 50 \\[2mm] 30 \end{bmatrix}$$

得到 $\theta_1 = -61.98/EI$，$\theta_2 = 46.59/EI$，$\theta_3 = 21.70/EI$。

（6）求各杆端弯矩。

对单元 1，单元刚度方程为：

$$[K]^{(1)} \begin{bmatrix} 0 \\ \theta_1 \end{bmatrix} = \begin{bmatrix} M_{12} \\ M_{21} \end{bmatrix}$$

由此可得：$M_{12} = -15.5 \text{ kN} \cdot \text{m}$，$M_{21} = -31.0 \text{ kN} \cdot \text{m}$。

对单元 2、单元 3 同理可得：$M_{23} = -29.0 \text{ kN} \cdot \text{m}$，$M_{32} = 11.7 \text{ kN} \cdot \text{m}$，

$$M_{34} = 38.3 \text{ kN} \cdot \text{m}, \quad M_{43} = 30.0 \text{ kN} \cdot \text{m}。$$

例 6.2　建立图 6-9(a)所示 3 次超静定连续梁的结构刚度矩阵，并计算计算各杆的杆端弯矩。EI 为常数。

解：（1）节点、单元编号和选用坐标系如图 6-9(b)所示。

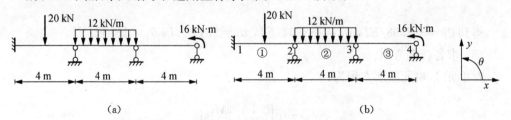

（a）　　　　　　　　　　　　　　　　（b）

图 6-9　承受集中载荷和均布载荷的三次超静定连续梁

（2）形成单元刚度矩阵：

$$[K]^{(1)} = \begin{bmatrix} \dfrac{4EI}{l} & \dfrac{2EI}{l} \\ \dfrac{2EI}{l} & \dfrac{4EI}{l} \end{bmatrix} = \begin{bmatrix} 1 & \dfrac{1}{2} \\ \dfrac{1}{2} & 1 \end{bmatrix} EI = [K]^{(2)} = [K]^{(3)}$$

（3）直接刚度法形成结构刚度矩阵：

$$[K] = \begin{bmatrix} 1 & \dfrac{1}{2} & 0 & 0 \\ \dfrac{1}{2} & 1+1 & \dfrac{1}{2} & 0 \\ 0 & \dfrac{1}{2} & 1+1 & \dfrac{1}{2} \\ 0 & 0 & \dfrac{1}{2} & 1 \end{bmatrix} EI = \begin{bmatrix} 1 & \dfrac{1}{2} & 0 & 0 \\ \dfrac{1}{2} & 2 & \dfrac{1}{2} & 0 \\ 0 & \dfrac{1}{2} & 2 & \dfrac{1}{2} \\ 0 & 0 & \dfrac{1}{2} & 1 \end{bmatrix} EI$$

（4）节点位移向量：

$$[\Delta] = [\theta_1 \quad \theta_2 \quad \theta_3 \quad \theta_4]^{\mathrm{T}}$$

查表 5-2 得到各段固端弯矩，并求得等效节点载荷向量：

$$[F] = [-10 \quad -6 \quad 16 \quad 0]^{\mathrm{T}} + [0 \quad 0 \quad 0 \quad 16]^{\mathrm{T}} = [-10 \quad -6 \quad 16 \quad 16]^{\mathrm{T}}$$

（5）解结构刚度方程：

$$EI \begin{bmatrix} 1 & \dfrac{1}{2} & 0 & 0 \\ \dfrac{1}{2} & 2 & \dfrac{1}{2} & 0 \\ 0 & \dfrac{1}{2} & 2 & \dfrac{1}{2} \\ 0 & 0 & \dfrac{1}{2} & 1 \end{bmatrix} \begin{bmatrix} \theta_1 \\ \theta_2 \\ \theta_3 \\ \theta_4 \end{bmatrix} = \begin{bmatrix} -10 \\ -6 \\ 16 \\ 16 \end{bmatrix}$$

得到 $\theta_1 = -8.98/EI$，$\theta_2 = -2.04/EI$，$\theta_3 = 5.16/EI$，$\theta_4 = 13.42/EI$。

（6）求各杆端弯矩。

对单元 1，单元刚度方程为：

$$[K]^{(1)} \begin{bmatrix} 0 \\ \theta_1 \end{bmatrix} = \begin{bmatrix} M_{12} \\ M_{21} \end{bmatrix}$$

由此可得 $M_{12} = -4.49 \text{ kN} \cdot \text{m}$, $M_{21} = -8.98 \text{ kN} \cdot \text{m}$;

对单元2、单元3、单元4同理可得：

$$M_{23} = -10 \text{ kN} \cdot \text{m}, \quad M_{32} = -6.53 \text{ kN} \cdot \text{m},$$

$$M_{34} = 0.53 \text{ kN} \cdot \text{m}, \quad M_{43} = 4.13 \text{ kN} \cdot \text{m},$$

$$M_{45} = 11.87 \text{ kN} \cdot \text{m}, \quad M_{54} = 16 \text{ kN} \cdot \text{m}。$$

6.7 本章小结

矩阵位移法是结构矩阵分析中的主要方法,在具体解析过程中,有固定的规格和严密的程序,适合于电子计算机解算,必须加强理解该方法的原理。该方法有一个重要概念就是单元刚度矩阵在单元坐标系和结构坐标系之间变换的坐标转换矩阵。

矩阵位移法分析结构有三个主要环节,即单元分析、整体分析和单元杆端力的计算。它们之间有紧密联系,又有明显的阶段性。从全局看,它们又形成一个闭合回路。所有这些,不难从"流程图"(图6-10)看出。

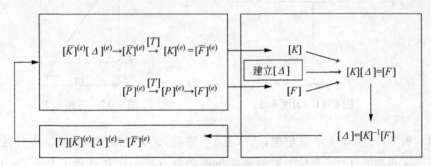

图6-10 矩阵位移法的"流程图"

由"流程图"还可以看出,在单元和整体分析中,贯穿有两条主线,即结构刚度矩阵 $[K]$ 的形成和结构的综合节点荷载列矩阵 $[F]$ 的形成。这两条主线与节点位移列矩阵 $[\Delta]$ 汇合形成结构刚度方程：

$$[K][\Delta] = [F] \tag{6-48}$$

思考题

6.1 请说出用矩阵位移法分析结构的步骤和传统位移法分析结构的步骤之间的对应关系。

6.2 矩阵位移法的结构刚度方程：

$$[K][\Delta] = [F]$$

和传统位移法的典型方程:

$$[K][\Delta] + [R_p] = [0]$$

形式上的不同是如何造成的?

6.3 为什么在对节点编号时,应尽量使每个单元的两端节点号差值最小?

6.4 能否用矩阵位移法计算静定结构? 它与计算超静定结构有什么不同?

习 题

6.1 单元刚度矩阵有什么特性? 每一行和每一列的各元素都代表什么意义?

6.2 列出图 6-11 所示钢架的结构刚度矩阵(计杆件的轴向变形),设各杆几何尺寸相同,$l=5$ m,$A=0.5$ m^2,$I=1/24$ m^4,$E=3\times10^7$ kN/m^2。

6.3 求图 6-12 所示桁架各杆轴力。

图 6-11 习题 6.2

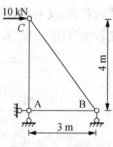

图 6-12 习题 6.3

6.4 图 6-13 所示为平面桁架,已知 $EA=$ 常数,试用矩阵位移法求其各杆轴力。

6.5 求作图 6-14 所示封闭刚架的弯矩图和剪力图。设各杆的 $EA=1\times10^5$ kN,$EI=1\times10^6$ kN·m^2。

(提示:利用对称性可以只算 1/4 刚架。宜用计算机求解。)

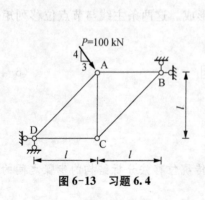

图 6-13 习题 6.4

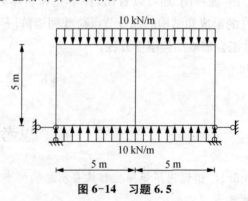

图 6-14 习题 6.5

6.6 求图 6-15 所示桁架梁各杆弯矩 M 与剪力 Q。设

$$EA_1=1\times10^5 \text{ kN}, EI=1\times10^6 \text{ kN·m}^2, EA=4\times10^4 \text{ kN}。$$

（提示：可以利用对称性，宜用计算机求解。）

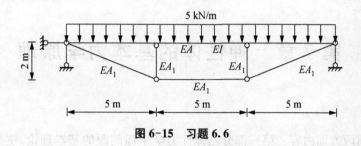

图 6-15　习题 6.6

6.7　求图 6-16 所示连续梁各杆弯矩 M 与剪力 Q。$EI = 18\,900 \text{ kN} \cdot \text{m}^2$。（宜用计算机求解。）

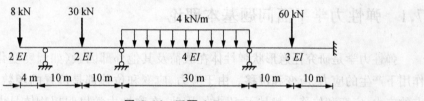

图 6-16　习题 6.7

第 7 章 弹性体的基本力学原理

本章介绍两方面内容。第一部分是弹性力学平面问题的基本理论,主要介绍基本方程的建立,是有限单元法原理的基础。第二部分通过对有限元中常用的杆单元和梁单元进行力学分析,介绍了杆单元和梁单元在有限元分析中的基本力学方程。

7.1 弹性力学平面问题基本理论

弹性力学是研究任意形状弹性体在载荷及其他外部因素(如温度变化、支座沉降等)作用下产生的应力、应变和位移。由于应力、应变和位移都是位置的函数,也就是说各个点的应力、应变和位移一般是不相同的,因此,在弹性力学里假想物体是由无限多个微小六面体(称为微元体)所组成的。在考虑任一微元体的平衡,写出一组平衡微分方程及边界条件时,由于未知应力数目总是超过微分方程的个数,所以,弹性力学问题都是超静定问题,必须同时考虑微元体的变形条件(称为几何方程)及应力与应变的关系(称为物理方程)。平衡微分方程、几何方程和物理方程,称为弹性力学的基本方程。综合考虑这三方面的方程,就有足够数目的微分方程来求解未知的应力、应变和位移,而微分方程求解中出现的常数,则根据边界条件来确定。

从取微元体入手,综合考虑静力、几何、物理三方面条件,得出其基本微分方程,再进行求解,最后,利用边界条件确定解中的常数,这就是求解弹性力学问题的基本方法。

7.1.1 基本假设和基本物理量

弹性力学中采用如下基本假设:

(1) 假设物体是连续的。认为在整个物体内部,都被组成该物体的介质所充满,而没有任何空隙。这样物体中的应力、应变、位移等物理量才能是连续的,才能用坐标的连续函数来表示它们的变化规律。

(2) 假设物体是匀质的。认为整个物体在各点都具有相同的物理性质。这样物体的各部分才具有相同的弹性,物体的弹性才不随位置坐标改变而改变。

(3) 假设物体是各向同性的。认为物体在所有各个方向都具有相同的物理性质。这样物体的弹性常数才不随方向而变。反之,称为各向异性,如木材。

(4) 假设物体是完全弹性的。认为在使物体产生变形的外力及其他因素(如温度变化等)去除之后,能完全恢复原形而没有任何剩余变形。完全弹性的材料服从胡克定律,即应变与引起该应变的应力成正比,弹性常数为常量。

（5）假设物体的位移和应变是微小的。假设物体在外力和其他因素作用下，所有各点的位移都远远小于物体原来的尺寸。这样，在研究物体受力变形后的平衡状态时，可以不考虑物体尺寸的变化，而仍用变形前的尺寸；并且在研究物体变形时，对于变形的二次幂及其乘积都可略去不计。这样就将弹性力学中的基本微分方程简化为线性的，而且可以应用叠加原理。

满足前四个假设的物体，称为理想弹性体。如满足全部假设，则称为理想弹性体的线性问题。

在弹性力学里涉及四类基本物理量：外力、应力、应变和位移。

1. 外力

作用在物体上的外力可分为体积力和表面力两大类。

（1）体积力（体力）——分布在物体体积内的力，与物体质量有关，如自重、惯性力、磁性力等。体力常用物体在单位体积上的体力表示。它在 x，y，z 坐标轴上的投影记作 X，Y，Z。用矢量表示为 $[P_V] = [X \ Y \ Z]^T$。对平面问题为 $[P_V] = [X \ Y]^T$。符号规定为沿坐标轴的正向为正，反之为负。量纲为 $[力][长度]^{-3}$，国际单位为 N/m^3。

（2）表面力（面力）——作用在物体表面上的力，如风载荷、水压力、接触力、约束反力等。常用其在单位面积上的面力表示。它在 x，y，z 坐标轴上的投影记作 $\bar{X}$，$\bar{Y}$，$\bar{Z}$。用矢量表示为 $[P_A] = [\bar{X} \ \bar{Y} \ \bar{Z}]^T$，对平面问题为 $[P_A] = [\bar{X} \ \bar{Y}]^T$。量纲为 $[力][长度]^{-2}$，国际单位为 N/m^2。

2. 应力

一弹性体在外力作用下处于平衡状态。为了研究任意点 $K(x, y, z)$ 的应力情况，用平行于坐标面的平面在 K 点附近取出一无限小的微元体（这样可认为微元体每个面的应力均匀分布）。弹性体其余部分对微元体各面有应力作用。把应力沿坐标轴方向进行分解，对每个面来讲，分解为一个正应力和两个剪应力（图 7-1）。

（1）正应力 σ，用一个角标表示作用面及作用方向。

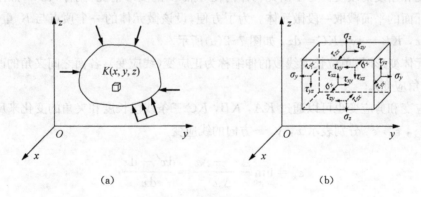

（a）　　　　　　　　　　　　（b）

图 7-1　微元体及其应力

例如，σ_x 表示作用在垂直于 x 轴的平面上，应力方向与 x 轴平行。

（2）剪应力 τ，带有两个角标，第一个角标表示作用面，指的是剪应力作用的平面垂直于哪一个坐标轴;第二个角标表示作用方向,指的是剪应力沿哪一个坐标轴。

例如,τ_{xy} 表示作用在垂直于 x 轴的平面上,剪应力方向与 y 轴平行。

这样在微元体上共有 3 个正应力,6 个剪应力。

(3) 正面、负面与应力正负号规定。

如果某个截面的外法线是与坐标轴正方向一致,则称该面为正面。图 7-1(b)中的右、前、上各面均为正面。在正面上的应力,包括正应力和剪应力,以与坐标轴的正向一致为正,反之为负。

如果某个截面的外法线是与坐标轴的负向一致,则称该面为负面。图 7-1(b)中的左、后、下各面均为负面。在负面上的应力,以与坐标轴的负方向一致时为正,反之为负。

图 7-1(b)上所示的所有应力全都是正的。

这样的正负号规定,对于正应力是与材料力学中的规定相同,而对于剪应力则同材料力学的规定相反。在弹性力学中这样的符号规定与剪应变符号一致,同时在公式中可以不涉及符号。而材料力学由于要应用莫尔圆的关系,一定要用自己规定的符号。

(4) 6 个剪应力之间有一定的关系,就是材料力学中的剪应力互等性:作用在两个互相垂直的面上,并且垂直于该两个面交线上的剪应力是互等的,即大小相等,正负号相同。

$$\tau_{xy} = \tau_{yx}, \ \tau_{xz} = \tau_{zx}, \ \tau_{yz} = \tau_{zy} \tag{7-1}$$

这样,在 K 点的应力可以用六个分量来表示:

$$[\sigma] = \begin{bmatrix} \sigma_x & \sigma_y & \sigma_z & \tau_{xy} & \tau_{yz} & \tau_{zx} \end{bmatrix}^T \tag{7-2}$$

同时可以证明,当在任意一点 $[\sigma]$ 为已知时,就可以求得经过该点的任意截面上的正应力和剪应力。所以,式(7-2)中的 $[\sigma]$ 可以完全确定该点的应力状态。

3. 应变

物体的形状可用它各部分的长度和角度来表示,自然物体形状的改变就可归结为长度的改变和角度的改变。为了研究物体内任一点 K 的变形情况,同样,在 K 点附近用平行于坐标面的平面截取一段微元体。为了方便,设该微元体的一个顶点与 K 重合,并且 $KA = \mathrm{d}x$, $KB = \mathrm{d}y$, $KC = \mathrm{d}z$,如图 7-2(a)所示。

微元体变形时,单位长度线段的伸缩称为正应变(线应变),各面之间夹角的改变称为剪应变(角应变)。

线应变和剪应变也可以通过 KA, KB, KC 三条线段长度和夹角的变化来反映。

用 ε_x, ε_y, ε_z 分别表示 x, y, z 方向的线应变。

$$\varepsilon_x = \lim_{\Delta x \to 0} \frac{\Delta x' - \Delta x}{\Delta x} = \frac{\mathrm{d}x' - \mathrm{d}x}{\mathrm{d}x} \tag{7-3}$$

ε_y 和 ε_z 类推。

用 γ_{xy} 表示 x 方向线段(KA)和 y 方向线段(KB)之间夹角的变化,即剪应变。如图 7-2(b) 所示,γ_{xy} 由两部分组成,即:

$$\gamma_{xy} = \alpha + \beta \tag{7-4}$$

γ_{yz} 和 γ_{zx} 可类推。

应变的正负号规定是：线应变以伸长为正，缩短为负。剪应变以直角变小时为正，变大时为负。

同应力对应，在 K 点的变形情况可用六个分量来表示：

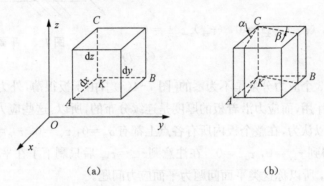

(a)　　　　　　　　　　　(b)

图 7-2　微元体及其变形

$$[\varepsilon] = \begin{bmatrix} \varepsilon_x & \varepsilon_y & \varepsilon_z & \gamma_{xy} & \gamma_{yz} & \gamma_{zx} \end{bmatrix}^{\mathrm{T}} \tag{7-5}$$

当这 6 个分量为已知时，则该点的变形就完全确定了。

4. 位移

位移即位置的移动。物体内任意一点的位移，可以用它在 x，y，z 三轴上的投影 u，v，w 来表示。记为：

$$[f] = \begin{bmatrix} u & v & w \end{bmatrix}^{\mathrm{T}} \tag{7-6}$$

正负号规定是沿坐标轴正向一致为正，反之为负。

要注意位移有两部分组成：一是周围介质变形使之产生的刚体位移，二是本身变形使内部质点产生的位移。后者与应变有确定的几何关系。

一般而言，弹性体内任意点的体力 $[P_{\mathrm{V}}]$、面力 $[P_{\mathrm{A}}]$、应力 $[\sigma]$、应变 $[\varepsilon]$ 和位移 $[f]$ 都是位置（几何坐标）的函数。

7.1.2　两类平面问题

在工程实际中，任何一种物体原则上都是空间物体，一般的外力也都是空间力系。如果所研究的结构具有某种特殊的形状，并且承受的是某些特殊的外力，就可以把空间问题简化为近似的平面问题。这样处理，分析和计算的工作量将大为减少，而所得的结果却仍然可以满足工程上对精确度的要求。

1. 平面应力问题

如果所考虑的物体是一很薄的等厚度薄板，即该物体在一个方向上的几何尺寸远远小于其余两个方面上的几何尺寸；并且只在板边上承受平行于板面而不沿板厚度变化的面力,在两板面上无外力作用。同时,体力也平行于板面并且不沿厚度变化,如图 7-3 所示。

以薄板的中面为 xy 面,以垂直于中面的任一直线为 x 轴。设薄板的厚度为 h。因为板面上 $\left(z=\pm\dfrac{h}{2}\right)$ 无外力作用,所以,有:

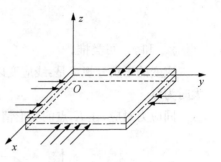

图 7-3 平面应力问题

$$(\sigma_z)_{z=\pm\frac{h}{2}}=0,\ (\tau_{yz})_{z=\pm\frac{h}{2}}=0,\ (\tau_{zx})_{z=\pm\frac{h}{2}}=0 \tag{7-7}$$

在板内部这 3 个应力分量是不为零的[图 7-4(a)],由于板很薄,外力不沿厚度变化,则薄板不受弯曲作用,而应力沿着板的厚度是连续分布的,所以,这些应力肯定很小,可以不计。这样就可以认为,在整个板内所有各点上都有 $\sigma_z=0$,$\tau_{yz}=0$,$\tau_{zx}=0$。由于剪应力的互等性,又可得到 $\tau_{zy}=0$,$\tau_{xz}=0$。在注意到 $\tau_{xy}=\tau_{yx}$ 后只剩下了在平面内的 3 个应力分量 σ_x,σ_y,τ_{xy},所以称这类平面问题为平面应力问题。

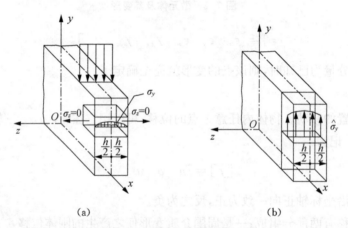

(a)   (b)

图 7-4 平面应力问题的应力分布

严格讲,应力 σ_x,σ_y,τ_{xy} 沿厚度有变化,如图 7-4(b) 所示。但是计算时取其平均值,即:

$$\hat{\sigma}_x=\frac{1}{h}\int_{-h/2}^{h/2}\sigma_x\mathrm{d}z,\ \hat{\sigma}_y=\frac{1}{h}\int_{-h/2}^{h/2}\sigma_y\mathrm{d}z,\ \hat{\tau}_{xy}=\frac{1}{h}\int_{-h/2}^{h/2}\tau_{xy}\mathrm{d}z \tag{7-8}$$

在后面的方程中,相应的应变分量和位移分量也都是取厚度的平均值,但是,仍采用原来的记号。这样,σ_x,σ_y,τ_{xy} 与 z 无关,仅是 x、y 的函数。

根据广义胡克定律,$\gamma_{yz}=\gamma_{zy}=0$,$\gamma_{zx}=\gamma_{xz}=0$,而:

$$\varepsilon_z=-\frac{\mu}{E}(\sigma_x+\sigma_y) \tag{7-9}$$

虽然 ε_z 和与它有关的 z 方向位移 w 均不为零,但是,它们都不独立,可用其他物理量来表示。

这样经简化分析后,可知平面应力问题的独立参数有 8 个,它们是:

$$[\sigma] = [\sigma_x \quad \sigma_y \quad \tau_{xy}]^T$$
$$[\varepsilon] = [\varepsilon_x \quad \varepsilon_y \quad \gamma_{xy}]^T \qquad (7\text{-}10)$$
$$[f] = [u \quad v]^T$$

并且它们都仅是 x,y 的函数而与 z 无关。要注意的是,$\varepsilon_z \neq 0$,$w \neq 0$,但均可用其他独立参数表示。

在工程实际中,受拉力作用的薄板、链条的平面链环(图 7-5)等均可看作是属于平面应力问题。实际应用中,对于厚度稍有变化的薄板,带有加强筋的薄环,平面刚架的节点区域,起重机的吊钩等,只要符合前述载荷特征,也往往按平面问题用有限元作近似计算。

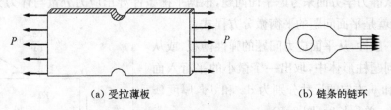

(a) 受拉薄板　　　　　　　　　　　(b) 链条的链环

图 7-5　工程实际中的平面应力问题

2. 平面应变问题

平面应变所研究的物体形状正好与上面所说的平面应力问题相反,它在某一个坐标方向上的尺寸远远大于其他两个坐标方向上的尺寸,如图 7-6 所示,在 z 轴方向长度很大,与 z 轴垂直的各截面都相同,所承受的载荷是平行于横截面且不沿长度变化的面力,同时,体力也平行于横截面也不沿长度变化。

根据上述条件,考虑远离两端垂直于 z 轴的单位厚度的平面,它与相邻各层可以认为是处于相同情况之下,因而近似于左右对称,所以不能发生沿 z 方向的位移,平面内的其他两个位移分量 u,v 也将与 z 无关,即:

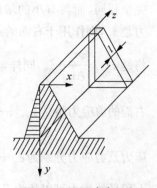

$$w = 0,\ u = u(x,\ y),\ v = v(x,\ y) \qquad (7\text{-}11)$$

图 7-6　平面应变问题

所以,这种问题称为平面位移问题,但在习惯上常称为平面应变问题。

根据对称性,可以断定 $\tau_{zx} = 0$,$\tau_{zy} = 0$,根据剪应力互等又有 $\tau_{xz} = 0$,$\tau_{yz} = 0$。而由胡克定律,$\gamma_{xz} = \gamma_{zx} = 0$,$\gamma_{yz} = \gamma_{zy} = 0$。由于 $w = 0$,所以 $\varepsilon_z = 0$,但 $\sigma_z = \mu(\sigma_x + \sigma_y) \neq 0$,显然,它不是独立的物理量。这样剩下的应变分量 ε_x,ε_y,γ_{xy} 及对应的应力分量 σ_x,σ_y,τ_{xy} 显然只与 x,y 有关。这样,经过简化以后独立的参数也只有 8 个。且同平面应力问题的一样,它们也只与 x,y 有关。

在工程实际中,如炮筒[图 7-7(a)]、长滚柱[图 7-7(b)]、氧气瓶等都是平面应变问题的例子。

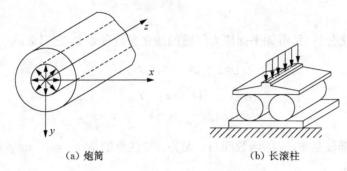

(a) 炮筒   (b) 长滚柱

图 7-7 工程实际中的平面应变问题

7.1.3 平衡微分方程

　　首先从静力学方面来考虑平面问题,根据平衡条件导出应力分量与体力分量之间的关系式,也就是平面问题的平衡微分方程式。

　　不失一般性,从平面应力问题的弹性薄板,或从平面应变问题柱形体中,取出一个微小的平行六面体它在 x 和 y 方向的尺寸分别为 $\mathrm{d}x$ 和 $\mathrm{d}y$,厚度(z方向)取为一单位长度(图 7-8)。

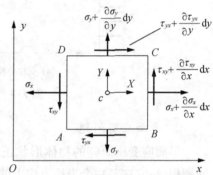

图 7-8 平面应力问题的受力分析

　　一般,应力分量是位置坐标 x 和 y 的函数,因此,作用在左右两对面或上下两对面的应力分量不完全相同,而具有小的增量。设作用于左面的正应力是 σ_x,则作用于右面的正应力,由于 x 坐标的改变将是 $\sigma_x + \dfrac{\partial \sigma_x}{\partial x}\mathrm{d}x$。同样,如左面的剪应力是 τ_{xy},则

右面的剪应力将是 $\tau_{xy} + \dfrac{\partial \tau_{xy}}{\partial x}\mathrm{d}x$;设下面的正应力及剪应力分别为 σ_y 及 τ_{yx},则上面的正

应力及剪应力分别为 $\sigma_y + \dfrac{\partial \sigma_y}{\partial y}\mathrm{d}y$ 和 $\tau_{yx} + \dfrac{\partial \tau_{yx}}{\partial y}\mathrm{d}y$。 因为六面体是微小的,所以,它在各面上所受的应力可以认为是均匀分布,作用在对应面的中心。同理,六面体所受的体力也可以认为是均匀分布,作用在体积的中心。根据微元体处于平衡的条件可以得到三个平衡微分方程式。

　　(1) 以通过质心 c 并平行于 z 轴的直线为矩轴,列出力矩平衡方程,即 $\sum M_c = 0$:

$$\left(\tau_{xy} + \frac{\partial \tau_{xy}}{\partial x}\mathrm{d}x\right)\mathrm{d}y \times 1 \times \frac{\mathrm{d}x}{2} + \tau_{xy}\mathrm{d}y \times 1 \times \frac{\mathrm{d}x}{2} - \left(\tau_{yx} + \frac{\partial \tau_{yx}}{\partial x}\mathrm{d}y\right)\mathrm{d}x \times \tag{7-12}$$

$$1 \times \frac{\mathrm{d}y}{2} - \tau_{yx}\mathrm{d}x \times 1 \times \frac{\mathrm{d}y}{2} = 0$$

　　等式两边除以 $\mathrm{d}x\mathrm{d}y$,并合并同类项,得:

$$\tau_{xy} + \frac{1}{2} \frac{\partial \tau_{xy}}{\partial x} dx = \tau_{yx} + \frac{1}{2} \frac{\partial \tau_{yx}}{\partial y} dy \tag{7-13}$$

略去微量项,得到:

$$\tau_{xy} = \tau_{yx} \tag{7-14}$$

这就再次证明了剪应力的互等性。

(2) 以 x 轴为投影轴,列出力平衡方程,则 $\sum F_x = 0$:

$$\left(\sigma_x + \frac{\partial \sigma_x}{\partial x} dx \right) dy \times 1 - \sigma_x dy \times 1 + \left(\tau_{yx} + \frac{\partial \tau_{yx}}{\partial y} dy \right) dx \times 1 - \tau_{yx} \times 1 + X dx dy \times 1 = 0$$

约简后两边除以 $dx dy$,得:

$$\frac{\partial \sigma_x}{\partial x} + \frac{\partial \tau_{yx}}{\partial y} + X = 0 \tag{7-15}$$

(3) 以 y 轴为投影轴,列出力平衡方程,即 $\sum F_y = 0$,同式(7-6)的推导得:

$$\frac{\partial \tau_{xy}}{\partial x} + \frac{\partial \sigma_y}{\partial y} + Y = 0 \tag{7-16}$$

综合式(7-15)和式(7-16),并注意到 $\tau_{xy} = \tau_{yx}$,有:

$$\begin{aligned} \frac{\partial \sigma_x}{\partial x} + \frac{\partial \tau_{yx}}{\partial y} + X = 0 \\ \frac{\partial \tau_{xy}}{\partial x} + \frac{\partial \sigma_y}{\partial y} + Y = 0 \end{aligned} \tag{7-17}$$

这就是平面问题的平衡微分方程式,它表明了应力分量与体力分量之间的关系。这两个微分方程中包含 3 个未知函数:σ_x,σ_y,τ_{xy},所以求解应力分量的问题是超静定问题。还必须考虑问题的几何方程和物理方程。

7.1.4　几何方程和刚体位移

1. 几何方程

在外力作用下,弹性体内任何一点都将产生位移,并且由于物体的连续性,相邻各点间位移是相互制约的,这显然与变形有关。所以,位移分量和应变分量必有一个确定的几何关系。这就是平面问题的几何方程。

经过弹性体内部任意一点 P,沿 x 轴和 y 轴的方向取两个微小长度的微线段 PA 和 PB,长度分别为 dx 和 dy。假定弹性体受力变形后,P,A,B 三点,分别移到 P',A',B'(图7-9)。设 P 点位移矢量 PP' 在 x,y 方向的分量为 u,v;A 点位移矢量 AA' 和 B 点位移矢量 BB' 的各分量分别为:

$$u + \frac{\partial u}{\partial x}\mathrm{d}x,\ v + \frac{\partial v}{\partial x}\mathrm{d}x;\ u + \frac{\partial u}{\partial y}\mathrm{d}y,\ v + \frac{\partial v}{\partial y}\mathrm{d}y。 \tag{7-18}$$

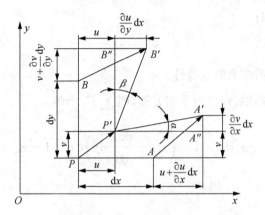

图 7-9　两个微线段的形变

首先求线段 PA 和 PB 的正应变，即 ε_x 和 ε_y，用位移分量来表示。考虑到小变形假设，可以用 $P'A''$ 代替 $P'A'$ 的长度，这相当于略去了 P，A 两点 y 方向位移差引起微线段 P 的伸缩，因为它是一高阶微量。根据正应变定义，有：

$$\varepsilon_x = \frac{\mathrm{d}x + \left(u + \frac{\partial u}{\partial x}\mathrm{d}x\right) - (u + \mathrm{d}x)}{\mathrm{d}x} = \frac{\partial u}{\partial x} \tag{7-19}$$

$$\varepsilon_y = \frac{\mathrm{d}y + \left(v + \frac{\partial v}{\partial y}\mathrm{d}y\right) - (v + \mathrm{d}y)}{\mathrm{d}y} = \frac{\partial v}{\partial y}$$

再求线段 PA 与 PB 之间的直角的改变，也就是剪应变 γ_{xy}，用位移分量来表示。由图 7-9 可见，这个剪应变是由两部分组成的：一部分是由 y 方向的位移 v 引起的，即 x 方向的线段 PA 的转角 α；另一部分是由 x 方向的位移 u 引起的，即 y 方向的线段 PB 的转角 β。根据剪应变定义，有：

$$\gamma_{xy} = \alpha + \beta \tag{7-20}$$

由图 7-9，并注意到小变形假设，有：

$$\alpha \approx \frac{A'A''}{P'A''} = \frac{\frac{\partial v}{\partial x}\mathrm{d}x}{\mathrm{d}x} = \frac{\partial v}{\partial x} \tag{7-21}$$

同理，

$$\beta \approx \frac{B'B''}{P'B''} = \frac{\frac{\partial u}{\partial y}\mathrm{d}y}{\mathrm{d}y} = \frac{\partial u}{\partial y} \tag{7-22}$$

可见，PA 与 PB 之间的直角的改变（以减小时为正），也就是剪应变 γ_{xy}，为：

$$\gamma_{xy} = \alpha + \beta = \frac{\partial v}{\partial x} + \frac{\partial u}{\partial y} \tag{7-23}$$

综合式(7-9)和式(7-10)，就是平面问题中的几何方程，用矩阵表示，为：

$$[\varepsilon] = \begin{bmatrix} \varepsilon_x \\ \varepsilon_y \\ \gamma_{xy} \end{bmatrix} = \begin{bmatrix} \dfrac{\partial u}{\partial x} \\ \dfrac{\partial v}{\partial y} \\ \dfrac{\partial v}{\partial x} + \dfrac{\partial u}{\partial y} \end{bmatrix} = \begin{bmatrix} \dfrac{\partial}{\partial x} & 0 \\ 0 & \dfrac{\partial}{\partial y} \\ \dfrac{\partial}{\partial y} & \dfrac{\partial}{\partial x} \end{bmatrix} \begin{bmatrix} u \\ v \end{bmatrix} \tag{7-24}$$

它表明了应变分量与位移分量之间的关系，对两种平面问题都适用。

2. 刚体位移

由几何方程可见，当物体的位移分量完全确定时，应变分量即完全确定。然而，当应变分量完全确定时，位移分量却不能完全确定。这是因为位移由两部分组成，一是由物体的变形引起的，它与应变 $[\varepsilon]$ 有关；二是与变形无关的刚体位移。这样，已知应变分量后，就不能完全确定位移分量。为了说明这一点，设应变分量为零，即：

$$\varepsilon_x = \varepsilon_y = \gamma_{xy} = 0 \tag{7-25}$$

看位移分量是否也为零，如不为零，又是如何表示的。

将式(7-25)代入几何方程(7-24)，有：

$$\frac{\partial u}{\partial x} = 0, \quad \frac{\partial v}{\partial y} = 0, \quad \frac{\partial v}{\partial x} + \frac{\partial u}{\partial y} = 0 \tag{7-26}$$

将前两式分别对 x 及 y 积分，得：

$$u = f_1(y), \quad v = f_2(x) \tag{7-27}$$

其中，f_1 及 f_2 为任意函数。代入式(7-26)中得：

$$-\frac{\mathrm{d}f_1(y)}{\mathrm{d}y} = \frac{\mathrm{d}f_2(x)}{\mathrm{d}x} \tag{7-28}$$

这一方程的左边是 y 的函数，而右边是 x 的函数。因此，只可能两边都等于同一常数 ω。于是，得：

$$-\frac{\mathrm{d}f_1(y)}{\mathrm{d}y} = -\omega, \quad \frac{\mathrm{d}f_2(x)}{\mathrm{d}x} = \omega \tag{7-29}$$

积分以后，得：

$$f_1(y) = u_0 - \omega y, \quad f_2(x) = v_0 + \omega x \tag{7-30}$$

其中，u_0 及 v_0 为任意常数。将式(7-30)代入式(7-27)，得位移分量：

$$u = u_0 - \omega y, \quad v = v_0 + \omega x \tag{7-31}$$

式(7-31)所示的位移,是"应变为零"时的位移,也就是所谓"与应变无关的位移",因此,必然是刚体位移。实际上,u_0 与 v_0 分别为物体沿 x 及 y 轴方向的刚体平移。而 ω 为物体绕 z 轴的刚体转动。下面根据平面运动的原理加以证明。

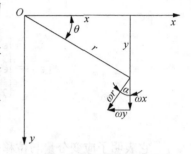

当 3 个常数中只有 u_0 不为零时,由式(7-17)可见,物体的所有各点只沿 x 方向移动同样的距离 u_0。由此可见,u_0 代表物体沿 x 方向的刚体平移。同样可见,v_0 代表物体沿 y 方向的刚体平移。当只有 ω 不为零时,由式(7-8)可见,物体任意一点的位移分量 $u = -\omega y$,$v = \omega x$。据此,坐标为 (x, y) 的任意一点 P 沿着 y 方向移动 ωx,并沿着 x 负方向移动 ωy,如图 7-10 所示,而组合位移为:

图 7-10　平面问题的刚体位移

$$\sqrt{u^2 + v^2} = \sqrt{(-\omega y)^2 + (\omega x)^2} = \omega \sqrt{x^2 + y^2} = \omega r \tag{7-32}$$

其中,r 为 P 点与 z 轴的距离。组合位移的方向与 y 轴的夹角为 α,则:

$$\tan \alpha = \frac{\omega y}{\omega x} = \frac{y}{x} = \tan \theta \tag{7-33}$$

可见,组合位移的方向与径向线段 OP 垂直,也就是沿着切向。既然物体的所有各点移动的方向都是沿着切向,而且移动的距离等于径向距离 r 乘以 ω,则(注意位移是微小的)ω 代表物体绕 z 轴的刚体转动。

既然物体在应变为零时可以有刚体位移,可见,当物体发生一定的变形时,由于约束条件的不同,它可能具有不同的刚体位移,因而它的位移并不是完全确定的。在平面问题中,常数 u_0,v_0,ω 的任意性就反映位移的不确定性。而为了完全确定位移,就必须有 3 个适当的约束条件来确定这 3 个常数。

7.1.5　物理方程

现在从物理学方面来考虑平面问题的应变分量与应力分量之间的关系式,也就是平面问题的物理方程。

对于完全弹性的均匀各向同性体,其应力应变关系已由胡克定律给出:

$$\varepsilon_x = \frac{1}{E}[\sigma_x - \mu(\sigma_y + \sigma_z)]$$

$$\varepsilon_y = \frac{1}{E}[\sigma_y - \mu(\sigma_x + \sigma_z)]$$

$$\varepsilon_z = \frac{1}{E}[\sigma_z - \mu(\sigma_y + \sigma_x)] \tag{7-34}$$

$$\gamma_{xy} = \frac{1}{G}\tau_{xy}, \quad \gamma_{yz} = \frac{1}{G}\tau_{yz}, \quad \gamma_{zx} = \frac{1}{G}\tau_{zx}$$

式中　E—— 材料的弹性模量；

　　　G—— 剪切弹性模量；

　　　μ—— 泊松比。

这 3 个弹性常数之间的关系为：

$$G = \frac{E}{2(1+\mu)} \tag{7-35}$$

1. 平面应力问题

根据前面的分析，对于平面应力问题有 $\sigma_z = 0$，$\tau_{zx} = \tau_{xz} = 0$，$\tau_{yz} = \tau_{zy} = 0$，由胡克定律可得 $\gamma_{zx} = \gamma_{xz} = 0$，$\gamma_{yz} = \gamma_{zy} = 0$，以及：

$$\varepsilon_z = -\frac{\mu}{E}(\sigma_x + \sigma_y)$$

则有：

$$\varepsilon_x = \frac{1}{E}(\sigma_x - \mu\sigma_y)$$

$$\varepsilon_y = \frac{1}{E}(\sigma_y - \mu\sigma_x) \tag{7-36}$$

$$\gamma_{xy} = \frac{1}{G}\tau_{xy}$$

这就是平面应力问题的物理方程，它给出了平面内的应力分量和应变分量之间的关系，它们与坐标 z 及平面外的各分量无关。

2. 平面应变问题

根据前面的分析，对于平面应变问题有 $\varepsilon_z = 0$，$\gamma_{zx} = \gamma_{xz} = 0$，$\gamma_{yz} = \gamma_{zy} = 0$，由胡克定律得 $\tau_{zx} = \tau_{xz} = 0$，$\tau_{yz} = \tau_{zy} = 0$ 及：

$$\sigma_z = \mu(\sigma_x + \sigma_y)$$

则有：

$$\varepsilon_x = \frac{1-\mu^2}{E}\left(\sigma_x - \frac{\mu}{1-\mu}\sigma_y\right)$$

$$\varepsilon_y = \frac{1-\mu^2}{E}\left(\sigma_y - \frac{\mu}{1-\mu}\sigma_x\right) \tag{7-37}$$

$$\gamma_{xy} = \frac{1}{G}\tau_{xy}$$

式(7-37)即为平面应变问题的物理方程式，也给出了平面内的应力分量和应变分量之间的关系。

　　要注意的是,在平面应力问题中 ε_z 不等于零,自然 z 方向位移 w 也不等于零,但 σ_z 等于零,ε_z 和 w 都不是独立的量,可由其他独立的参数来表示,ε_z 的表示式可用来求得薄板厚度的改变。而在平面应变问题中,物体的所有各点都不沿 z 方向移动,即 $w=0$,z 方向的线段没有伸缩,即 $\varepsilon_z=0$,而带来的是 z 方向的正应力 σ_z 不等于零,但它不是独立的量,可由 σ_x 和 σ_y 来表示。

　　比较两种平面问题的物理方程式,可以看到它们是不一样的,但它们在形式上完全一样。如果在平面应力问题的物理方程式(7-36)中,E 和 μ 作如下变换:

$$E \rightarrow \frac{E}{1-\mu^2}, \ \mu \rightarrow \frac{\mu}{1-\mu} \tag{7-38}$$

即可得到平面应变问题的物理方程式(7-23),其中 G 的变换也不例外:

$$\frac{\dfrac{E}{1-\mu^2}}{2\left(1+\dfrac{\mu}{1-\mu}\right)} = \frac{E}{2(1+\mu)} = G \tag{7-39}$$

　　这样,以后推导公式可按平面应力问题的物理方程进行。对平面应变问题,只要在结果中用式(7-38)代入即可,这也是计算机求解的基本思路。

　　以上的物理方程是用应力分量表示应变分量,在有限元的分析中,常常需要用应变分量表示应力分量,这可直接由式(7-36)得到:

$$\sigma_x = \frac{E}{1-\mu^2}(\varepsilon_x + \mu\varepsilon_y)$$

$$\sigma_y = \frac{E}{1-\mu^2}(\varepsilon_y + \mu\varepsilon_x) \tag{7-40}$$

$$\tau_{xy} = G\gamma_{xy} = \frac{E}{2(1+\mu)}\gamma_{xy}$$

对平面应变问题,代入式(7-38)即可。

用矩阵表示,式(7-40)为:

$$[\sigma] = \begin{bmatrix} \sigma_x \\ \sigma_y \\ \tau_{xy} \end{bmatrix} = \frac{E}{1-\mu^2} \begin{bmatrix} 1 & \mu & 0 \\ \mu & 1 & 0 \\ 0 & 0 & \dfrac{1-\mu}{2} \end{bmatrix} \begin{bmatrix} \varepsilon_x \\ \varepsilon_y \\ \gamma_{xy} \end{bmatrix} \tag{7-41}$$

　　在以上已导出的方程中,2 个平衡微分方程[式(7-8)],3 个几何方程[式(7-11)],3 个物理方程[式(7-40)],共 8 个基本方程,包含 8 个未知函数:3 个应力分量 σ_x,σ_y,$\tau_{xy} = \tau_{yx}$,3 个应变分量 ε_x,ε_y,γ_{xy},2 个位移分量 u,v。基本方程的数目恰好等于未知函数的数目,因此在适当的边界条件下,从基本方程中求解未知函数是可能的。

7.1.6 边界条件 圣维南原理

由于平衡微分方程和几何方程都是偏微分方程,此类微分方程求解之后都有常数项,为确定这些常数项,需要引入边界条件。

1. 边界条件

边界条件是结构静力学中求解基本方程唯一解答的主要补充条件之一。按照边界条件的不同,弹性力学问题分为三种边界问题:位移边界问题,应力边界问题和混合边界问题。

(1) 位移边界问题。物体在全部边界上的位移分量是已知的,也就是在边界上,有:

$$u_s = u, \quad v_s = v \tag{7-42}$$

其中,u_s 和 v_s 是位移的边界值,u 和 v 在边界上是坐标的已知函数。这就是平面问题的所谓位移边界条件。

(2) 应力边界问题。物体在全部边界上所受的面力是已知,也就是说,面力分量 $\bar{X}$ 和 $\bar{Y}$ 在边界上的所有各点都是坐标的已知函数。根据斜面上外力与应力分量之间的关系,应用到边界上,外力成为面力分量 $\bar{X}$ 和 $\bar{Y}$,应力分量的边界值用 $(\sigma_x)_s$,$(\sigma_y)_s$ 和 $(\tau_{xy})_s$ 表示,得出物体边界上各点的应力分量与面力分量之间的关系式:

$$l\,(\sigma_x)_s + m\,(\tau_{yx})_s = \bar{X} \tag{7-43}$$
$$m\,(\sigma_y)_s + l\,(\tau_{xy})_s = \bar{Y}$$

这就是平面问题的应力边界条件。l,m 分别表示边界上外法线方向的方向余弦。

当边界垂直于某一坐标轴时,应力边界条件的形式将得到大大的简化。在垂直于 x 轴的边界上,即 x 为常量的边界上,$l = \pm 1$,$m = 0$,应力边界条件简化为:

$$(\sigma_x)_s = \pm \bar{X}, \quad (\tau_{xy})_s = \pm \bar{Y} \tag{7-44}$$

在垂直于 y 轴的边界上,即 y 为常量的边界上,$l = 0$,$m = \pm 1$,应力边界条件简化为:

$$(\sigma_y)_s = \pm \bar{Y}, \quad (\tau_{yx})_s = \pm \bar{X} \tag{7-45}$$

可见,在这种特殊情况下,应力分量的边界值就等于对应的面力分量(当边界的外法线沿坐标轴正方向时,两者的正负号相同;当边界的外法线沿坐标轴负方向时,两者的正负号相反)。

注意:在垂直于 x 轴的边界上,应力边界条件中并没有 σ_y;在垂直于 y 轴的边界上,应力边界条件中并没有 σ_x。这就是说,平行于边界的正应力,它的边界值与面力分量并不直接相关。

(3) 混合边界条件。物体的一部分边界具有已知位移,因而具有位移边界条件,如式 (7-42) 所示。另一部分边界则具有已知面力,因而具有应力边界条件,如式 (7-43) 所示。此外,在同一部分边界上还可能出现混合条件,即两个边界条件中的一个是位移边界条件,而另一个则是应力边界条件。例如,设垂直于 x 轴的某一个边界的连杆支承边,

图 7-11(a)则在 x 方向有位移边界条件 $u_s = u = 0$，而在 y 方向有应力边界条件 $(\tau_{xy})_s = \bar{Y} = 0$。又例如，设垂直于 x 轴的某个边界是齿槽边，图 7-11(b)则在 x 方向有应力边界条件 $(\sigma_x)_s = \bar{X} = 0$，而在 y 方向有位移边界条件 $v_s = v = 0$。在垂直于 y 轴的边界上，以及与坐标轴斜交的边界上都可能有与此相似的混合边界条件。

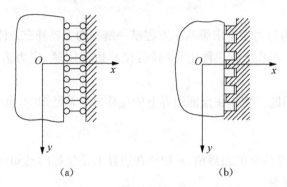

(a)   (b)

图 7-11　平面问题的混合边界条件

2. 圣维南原理

从前面的分析可以看到，对每个弹性力学平面问题，其 8 个基本方程都是相同的，但是某个结构之所以不同于其他结构，除了形状不同之外，还往往表现在各种各样的边界条件上。在结构分析中常常会有这种情况：在物体的一小部分边界上外力的分布方式很不明确，仅仅知道其合力，这样很难写出应力边界条件。另外在求解时，要使应力分量、应变分量和位移分量完全满足基本方程，并不是一件很困难的事，但是要严格满足各种不同的边界条件却常常发生很大的困难。鉴于此，人们研究了在局部区域上力的作用方式对于弹性力学解答的影响，由圣维南提出了局部影响原理（圣维南原理）。圣维南原理指出：如果把物体的某一局部(小部分)边界上作用的表面力，变换为分布不同但静力等效的表面力(即主矢量相同，对于同一点的主矩也相同)，则表面力作用附近的应力分布将有显著的改变，而远处的应力改变极小，可以忽略不计。

如图 7-12(a)和图 7-12(b)端部的作用力不同，图 7-12(a)是集中力，图 7-12(b)是分布载荷(其中 A 代表截面面积)，这两个问题有两种解答。但是如果这二种端部作用力满足静力等效条件，那么这两个问题内力分布的显著差异只发生在端部，而在其余区域内力分布基本相同。由于图7-12(a)所示问题的精确解答(包括端部边界条件的精确满足)是困难的，而图 7-12(b)所示问题的解答则是十分简单，因而可以用图 7-12(b)所示问题的解答代替图 7-12(a)中的解答。

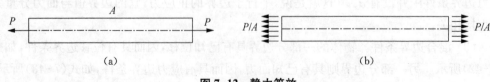

(a)   (b)

图 7-12　静力等效

必须注意：应用圣维南原理时，绝不能离开"静力等效"的条件。例如图 7-12(a)所示的构件,如果两端的力 P 不是作用在截面的形心,而是具有一定的偏心距离,那么,它同图 7-12(b)就不是静力等效的。这时的应力,就不仅仅是两端处有显著差异了,在整个杆件中都不相同。

当在物体的某一局部区域受一平衡力系作用时,局部影响原理还可以这样叙述:

如果在物体上任一局部区域作用一平衡力系,则这平衡力系在物体内所引起的应力仅局限于平衡力系作用点的附近区域,随着远离作用力区域应力很快的减小。

最明显的实例是钳子夹钢板或铁丝,虽然压力作用点附近产生很大的应力乃至剪断,但是,在用虚线表示的小区域 A 以外,几乎没有应力产生,那里的金属不存在任何受力的痕迹,如图 7-13 所示。

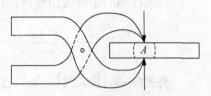

图 7-13　局部影响原理实例

研究表明,应用圣维南原理,力影响的区域大致与力的作用区域相当。因此,必须注意:只有在当力的作用区域比物体的最小尺寸为小的条件下,才可以应用圣维南原理。

*7.1.7　平面问题的解法

根据前面部分的内容可以得到平面问题的三类方程(平衡微分方程、几何方程和物理方程),再根据边界条件进行求解。平面问题一般分为两类:位移问题和应力问题。所以,在求解平面问题时,也可以分别以位移和应力为目标来求解。值得注意的是,具体求解联立方程组的方法仍然是消元法。

1. 平面问题的相容方程

在按位移求解时,以位移分量为基本未知函数,将平衡方程与边界条件分别用位移分量来表示,并在求出位移分量后,再由几何方程求出形变分量,由物理方程求出应力。

在按应力求解时,以应力分量 σ_x,σ_y,τ_{xy} 为未知函数,它们必须满足平衡微分方程:

$$\frac{\partial \sigma_x}{\partial x} + \frac{\partial \tau_{yx}}{\partial y} + X = 0$$

$$\frac{\partial \sigma_y}{\partial y} + \frac{\partial \tau_{xy}}{\partial x} + Y = 0 \tag{7-46}$$

从式(7-46)可以看出,平衡微分方程只有 2 个,而待求未知量为 3 个,因此还应该补充一个方程,而变形体在变形前后应该保持连续,所以补充的条件为变形协调方程,即:

$$\frac{\partial^2 \varepsilon_x}{\partial y^2} + \frac{\partial^2 \varepsilon_y}{\partial x^2} = \frac{\partial^2 \gamma_{xy}}{\partial x \partial y} \tag{7-47}$$

将物理方程式(7-36)代入式(7-47),得到:

$$\frac{\partial^2 \varepsilon_x}{\partial y^2}(\sigma_x - \mu \sigma_y) + \frac{\partial^2 \varepsilon_y}{\partial x^2}(\sigma_y - \mu \sigma_z) = 2(1+\mu)\frac{\partial^2 \tau_{xy}}{\partial x \partial y} \tag{7-48}$$

将平衡微分方程两式分别对 x，y 求导，得到：

$$\frac{\partial^2 \tau_{yx}}{\partial y \partial x} = -\frac{\partial^2 \sigma_x}{\partial x^2} - \frac{\partial X}{\partial x}$$

$$\frac{\partial^2 \tau_{xy}}{\partial x \partial y} = -\frac{\partial^2 \sigma_y}{\partial y^2} - \frac{\partial Y}{\partial y} \tag{7-49}$$

将式(7-49)中两式相加，利用剪应力互等定理，得到

$$2\frac{\partial^2 \tau_{yx}}{\partial y \partial x} = -\left(\frac{\partial^2 \sigma_x}{\partial x^2} + \frac{\partial^2 \sigma_y}{\partial y^2}\right) - \left(\frac{\partial X}{\partial x} + \frac{\partial Y}{\partial y}\right) \tag{7-50}$$

将式(7-50)代入式(7-48)，得到：

$$\left(\frac{\partial^2}{\partial y^2} + \frac{\partial^2}{\partial x^2}\right)(\sigma_x + \sigma_y) = -(1+\mu)\left(\frac{\partial X}{\partial x} + \frac{\partial Y}{\partial y}\right) \tag{7-51}$$

对于平面应变问题，可利用类似的方法得到：

$$\left(\frac{\partial^2}{\partial y^2} + \frac{\partial^2}{\partial x^2}\right)(\sigma_x + \sigma_y) = -\frac{1}{1-\mu}\left(\frac{\partial X}{\partial x} + \frac{\partial Y}{\partial y}\right) \tag{7-52}$$

式(7-51)和式(7-52)称为相容方程。所以，在按照应力求解平面问题时，应力分量应满足平衡微分方程和相容方程[式(7-51)]；而在平面应变问题中，应力分量应满足平衡微分方程和相容方程[式(7-52)]，此外，应力分量还应满足应力边界条件。

2. 常体力下的相容方程和应力函数

在大多数工程问题中，体力是不随坐标 x，y 变化的，因此，平衡微分方程和相容方程可以分别写为：

$$\frac{\partial \sigma_x}{\partial x} + \frac{\partial \tau_{yx}}{\partial y} + X = 0$$

$$\frac{\partial \sigma_y}{\partial y} + \frac{\partial \tau_{xy}}{\partial x} + Y = 0 \tag{7-53}$$

和

$$\left(\frac{\partial^2}{\partial y^2} + \frac{\partial^2}{\partial x^2}\right)(\sigma_x + \sigma_y) = 0 \tag{7-54}$$

由式(7-53)可以看出，该式是一个非齐次微分方程组，其解由齐次方程组的通解和非齐次方程组的特解组成。为了得到齐次方程组：

$$\frac{\partial \sigma_x}{\partial x} + \frac{\partial \tau_{yx}}{\partial y} = 0$$

$$\frac{\partial \sigma_y}{\partial y} + \frac{\partial \tau_{xy}}{\partial x} = 0 \tag{7-55}$$

的通解,可将式(7-55)的第一个方程写为:

$$\frac{\partial \sigma_x}{\partial x} = -\frac{\partial \tau_{yx}}{\partial y} = \frac{\partial(-\tau_{yx})}{\partial y} \tag{7-56}$$

根据微分方程理论,必存在一个函数 $A(x, y)$,使得:

$$\sigma_x = \frac{\partial A(x, y)}{\partial y}, \quad -\tau_{yx} = \frac{\partial A(x, y)}{\partial x} \tag{7-57}$$

同理,对于式(7-55)中的第二个方程,也必存在同样的一个函数 $B(x, y)$ 满足类似的条件,即:

$$\sigma_y = \frac{\partial B(x, y)}{\partial x}, \quad -\tau_{xy} = \frac{\partial B(x, y)}{\partial y} \tag{7-58}$$

比较式(7-57)和式(7-58),得到:

$$\frac{\partial A(x, y)}{\partial y} = \frac{\partial B(x, y)}{\partial y} \tag{7-59}$$

同理,根据微分方程理论,必存在一函数 $\varphi(x, y)$,使得:

$$A(x, y) = \frac{\partial \varphi(x, y)}{\partial y}, \quad B(x, y) = \frac{\partial \varphi(x, y)}{\partial x} \tag{7-60}$$

将式(7-60)代入式(7-57)、式(7-58)得到通解为:

$$\sigma_x = \frac{\partial^2 \varphi}{\partial y^2}, \quad \sigma_y = \frac{\partial^2 \varphi}{\partial x^2}, \quad \tau_{xy} = -\frac{\partial^2 \varphi}{\partial x \partial y} \tag{7-61}$$

而特解可以取为满足平衡微分方程的任意形式,特解可取为:

$$\sigma_x = -Xx, \quad \sigma_x = -Yy, \quad \tau_{xy} = 0$$

或

$$\sigma_x = 0, \quad \sigma_x = 0, \quad \tau_{xy} = -Xx - Yy \tag{7-62}$$

或

$$\sigma_x = -Xx - Yy, \quad \sigma_x = -Xx - Yy, \quad \tau_{xy} = 0 \tag{7-63}$$

再将通解与特解叠加,即得到常体力下平衡微分方程的全解。上述引入的函数 $\varphi(x, y)$ 称为平面问题的应力函数,也称为艾瑞函数,它由艾瑞(Airy)1862 年首先引进。

应力函数并非仅满足平衡微分方程就足够,它还需要满足变形协调条件,在常体力平面问题中,可以得到:

$$\left(\frac{\partial^2}{\partial y^2} + \frac{\partial^2}{\partial x^2}\right)\left(\frac{\partial^2 \varphi}{\partial x^2} + \frac{\partial^2 \varphi}{\partial y^2}\right) = 0 \tag{7-64}$$

将式(7-64)展开,得到:

$$\frac{\partial^4 \varphi}{\partial x^4} + 2\frac{\partial^4 \varphi}{\partial x^2 \partial y^2} + \frac{\partial^2 \varphi}{\partial y^4} = 0 \tag{7-65}$$

式(7-65)即为用应力函数表示的相容方程。

3. 平面问题的多项式解法——逆解法

式(7-65)是偏微分方程,它的解答一般不可能直接求出,在具体求解时,一般采用逆解法、半逆解法或者量纲分析法,由于篇幅的限制,本部分仅介绍逆解法。

逆解法就是预先设定各种满足相容方程的应力函数,用特解和通解求出应力分量,再根据应力边界条件来考察各种形状的弹性体,看这些应力分量对应于哪些面力,从而得知所设定的应力函数可以解决什么样的问题。逆解法主要适用于简单边界条件问题。

工程中,许多弹性体的边界力都是均匀分布或者线性分布的简单形式,所以,应力函数可以取为多项式形式。由于在弹性范围内,边界力可以累加,从而可以构造出应力边界所对应的应力函数,从而得到问题的解答。

当应力函数取为 3 次多项式:

$$\varphi(x, y) = \alpha_1 x^3 + \alpha_2 x^2 y + \alpha_3 x y^2 + \alpha_4 y^3 \tag{7-66}$$

式中,α_1,α_2,α_3,α_4 为待定系数。

显然,满足 $\varphi(x, y)$ 满足相容方程,故此函数可以作为应力函数,为了简单起见,先研究 $\alpha_1 = \alpha_2 = \alpha_3 = 0$ 的情况,即 $\varphi(x, y) = \alpha_4 y^3$。若 $X = Y = 0$,对应的应力分量为:

$$\sigma_x = 6\alpha_4 y, \ \sigma_y = 0, \ \tau_{xy} = 0 \tag{7-67}$$

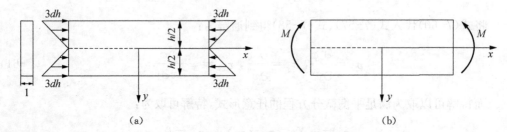

图 7-14 边界力示意图

如图 7-14 所示,该应力场对应于矩形截面梁的纯弯曲问题。如图 7-14(b)所示,取单位宽度的梁来考察,令单位宽度上的力矩大小为 M,则在梁右端或左端,有:

$$\int_{-\frac{h}{2}}^{\frac{h}{2}} \sigma_x \, \mathrm{d}y = 0, \ \int_{-\frac{h}{2}}^{\frac{h}{2}} \sigma_x y \, \mathrm{d}y = M \tag{7-68}$$

将式(7-67)的 σ_x 代入式(7-68),得到:

$$\int_{-\frac{h}{2}}^{\frac{h}{2}} 6y \, \mathrm{d}y = 0, \ \int_{-\frac{h}{2}}^{\frac{h}{2}} 6y^2 \, \mathrm{d}y = M \tag{7-69}$$

根据式(7-68)的第二式,得到:

$$\frac{\alpha_4 h^3}{2} = M \quad \text{或} \quad \alpha_4 = \frac{2M}{h^3} \tag{7-70}$$

注意到梁截面的惯性矩为 $I = \dfrac{h^3}{12}$，式 (7-70) 又可以写为：

$$\sigma_x = \frac{M}{I} y, \ \sigma_y = 0, \ \tau_{xy} = 0 \tag{7-71}$$

此解答为纯弯曲梁的精确解答。但是梁的面力必须按照图 7-14 所示分布。如果面力是按照其他形式分布的，则该解答是有误差的。

7.1.8　典型例题

例 7.1　有一个矩形物体，由 4 个角点 P_1，P_2，P_3，P_4 来定义，几何构型如图 7-15 (a) 所示，当它受外力的作用后，变形成为一个平行四边形，如图 7-15(b) 所示。求此时物体的位移变形场 $u(x, y)$，$v(x, y)$，据此计算 ε_x，ε_y，γ_{xy}，并进行相关的讨论。

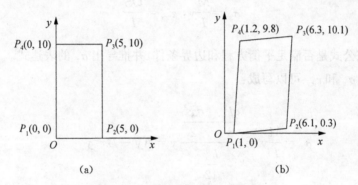

图 7-15　变形前后的矩形物体

解：由图 7-15 中可以看到单元变形后其形状由矩形变为一个平行四边形，这是因为，线段 P_1P_2 在 x 方向上绝对伸长量为 0.1，线段 P_4P_3 在 x 方向上绝对伸长量为 0.1；线段 P_1P_4 在 y 方向上绝对伸长量为 -0.2，线段 P_2P_3 在 y 方向上绝对伸长量为 -0.2，因此，可知其位移函数将是一个关于 x，y 的线性函数。

从图 7-15 中可以直接得到各个节点的位移分别为：

$$u_1 = 1, \ v_1 = 0$$
$$u_2 = 1.1, \ v_2 = 0.3$$
$$u_3 = 1.3, \ v_3 = 0.1$$
$$u_4 = 1.2, \ v_4 = -0.2$$

满足上式 (节点条件) 的线性位移场函数，就是该问题的位移函数，可以采用线性插值的方法得到：

$$u(x) = 1 + \frac{0.1}{5}x + \frac{0.2}{10}y$$

$$v(x) = \frac{0.3}{5}x - \frac{0.2}{10}y$$

可得到该问题的应变为：

$$\varepsilon_x = \frac{\partial u}{\partial x} = 0.02, \quad \varepsilon_y = \frac{\partial v}{\partial y} = -0.02, \quad \gamma_{xy} = \frac{\partial v}{\partial x} + \frac{\partial u}{\partial y} = 0.08$$

由上述计算可知，对于变形后由矩形变为平行四边形的单元，其应变在单元内的分布为常数。上述位移函数场主要通过直接方法来构建，对于简单的变形构型可以采用此方法；而对于变形比较复杂的情况，如变形后为任意四边形，采用上述方法难度较大。

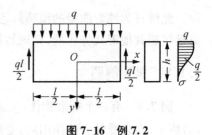

图 7-16　例 7.2

例 7.2　如图 7-16 所示矩形截面梁，在均布载荷作用下，根据材料力学得到其应力分量为：

$$\sigma_x = \frac{M}{I}y, \quad \tau_{xy} = \frac{QS}{I}$$

试验证该公式是否满足平衡方程和边界条件，并推导出 σ_x 的表达式。

解：应力 σ_x 和 τ_{xy} 可以写成：

$$\sigma_x = \frac{M}{I}y = \frac{\dfrac{ql^2}{8} - \dfrac{qx^2}{2}}{\dfrac{h^3}{12}}y = Ay - Bx^2 y$$

$$\tau_{xy} = \frac{QS}{I} = \frac{-qx}{\dfrac{h^3}{12}}\left(\frac{h^2}{8} - \frac{y^2}{2}\right) = -Cx + Bxy^2$$

式中，$A = 1.5\dfrac{ql^2}{h^3}$，$B = \dfrac{6q}{h^3}$，$C = 1.5\dfrac{q}{h}$。

平衡方程为：

$$\frac{\partial \sigma_x}{\partial x} + \frac{\partial \tau_{xy}}{\partial y} = 0$$

$$\frac{\partial \tau_{xy}}{\partial x} + \frac{\partial \sigma_y}{\partial y} = 0$$

将 σ_y 和 τ_{xy} 代入上式，满足第一式，根据第二式得到：

$$\sigma_y = -\int \frac{\partial \tau_{xy}}{\partial x} \mathrm{d}y = Cy - B\frac{y^3}{3} + D$$

利用边界条件 $(\sigma_y)_{y=\frac{h}{2}} = 0$，得 $D = -\dfrac{q}{2}$，由此，得：

$$\sigma_y = -\frac{q}{2} + 1.5\,\frac{q}{h}y - 2\,\frac{q}{h^3}y^3$$

上式亦满足边界条件 $(\sigma_y)_{y=-\frac{h}{2}} = -q$。

另外,由 τ_{xy} 的表达式可知,它满足上下两个表面上 $(\tau_{xy})_{y=\pm\frac{h}{2}} = 0$ 的条件。在左侧及右侧表面上,利用圣维南原理,其边界条件亦可满足。

由此可知,只有当 σ_y 由上式确定时,材料力学所得到的解答才能满足平衡方程和边界条件,即为满足弹性力学基本方程的解。

例 7.3　有一线弹性杆件,其长度为 2,弹性模量为 E,横截面面积为 A,如图 7-17 所示,在其中点受有一个集中力 F,若忽略体积力,采用虚功原理对该问题进行求解。

图 7-17　夹持杆结构受中点载荷的作用

解: 取夹持杆的位移试函数为:

$$u(x) = c\sin\frac{\pi x}{2}$$

式中,c 为待定系数,可以看出,它满足相应的位移边界条件,则它的虚位移 $\delta u = \delta c\sin\frac{\pi x}{2}$,对应的虚应变 $\delta\varepsilon = \dfrac{\mathrm{d}\delta u(x)}{\mathrm{d}x} = \dfrac{\pi}{2}\cos\dfrac{\pi x}{2}\cdot\delta c$,应力 $\sigma = E\dfrac{\mathrm{d}u(x)}{\mathrm{d}x} = \dfrac{\pi}{2}E\cos\dfrac{\pi x}{2}\cdot\delta c$。

计算相应的虚应变能为:

$$\sigma U = \int_\Omega \sigma\,\delta\varepsilon\,\mathrm{d}\Omega = \int_0^2 EAc\cos^2\frac{\pi x}{2}\mathrm{d}x\cdot\delta c = EAc\,\frac{\pi^2}{4}\cdot\delta c$$

而外力虚功为:

$$\delta W = F\cdot\delta u(x=1) = F\cdot\delta c$$

根据虚功原理 $\delta U = \delta W$,有:

$$EAc\,\frac{\pi^2}{4}\cdot\delta c = F\cdot\delta c$$

进一步,有:

$$\left(EAc\,\frac{\pi^2}{4} - F\right)\cdot\delta c = 0$$

由于 δc 的任意性,因此,有:

$$EAc\,\frac{\pi^2}{4} - F = 0$$

得到:

$$c = \frac{4F}{EA\pi^2}$$

得到本题的答案为：

$$u(x) = \frac{4F}{EA\pi^2}\sin\frac{\pi x}{2}$$

$$\varepsilon(x) = \frac{\mathrm{d}u(x)}{\mathrm{d}x} = \frac{2F}{EA\pi}\cos\frac{\pi x}{2}$$

$$\sigma(x) = E\frac{\mathrm{d}u(x)}{\mathrm{d}x} = \frac{2F}{A\pi}\cos\frac{\pi x}{2}$$

若取 $E=1$，$A=1$，$F=1$，计算该夹持杆结构受中点载荷作用的位移及应力，将结果与精确解进行比较，如图 7-18 所示。

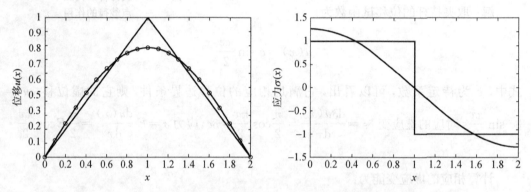

图 7-18　夹持杆结构受中点载荷作用的结果与比较

7.2　弹性力学一维问题——杆的基本力学方程

杆件是工程中最常用的承力结构，它主要承受轴向力，并且杆件的两端一般都与其他结构铰接，所以不传递和承受弯矩。如图 7-19 所示，有一个左端固定的杆件结构，它的右端承受一个大小为 F 的拉力。此杆件结构的长度为 l，横截面积为 A，弹性模量为 E，该问题属于一维问题，下面讨论该问题的力学方程与求解。

如图 7-19 所示，以向右为 x 轴正方向，在此问题中，只有沿 x 方向的基本变量，假设沿 x 方向的移动为位移 $u(x)$，沿 x 方向的相对伸长量（缩短量）为应变 $\varepsilon_x(x)$，沿 x 方向的单位截面上所受的力为应力 $\sigma_x(x)$。

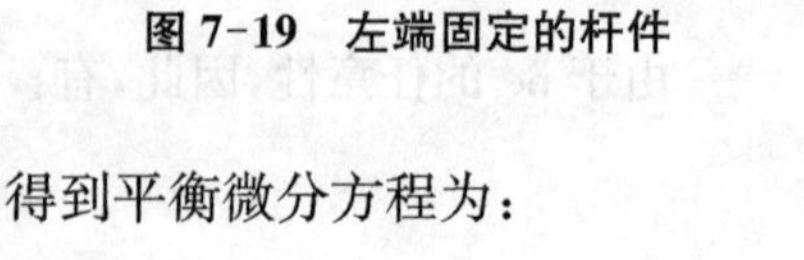

图 7-19　左端固定的杆件

截取杆件的任意一个截面，根据力的平衡条件可以得到平衡微分方程为：

$$\frac{\mathrm{d}\sigma_x}{\mathrm{d}x} = 0 \text{ 或 } \sigma_x = c_1 \tag{7-72}$$

式中，c_1 为待定常数。

取出杆件 x 位置处的一段长度 $\mathrm{d}x$，假设它的伸长量为 $\mathrm{d}u$，则它的相对伸长量为：

$$\varepsilon_x = \frac{\mathrm{d}u}{\mathrm{d}x} \tag{7-73}$$

根据广义胡克定律，得到它的物理方程为：

$$\sigma_x = E\varepsilon_x \tag{7-74}$$

列出位移边界条件和力边界条件：

$$u(x)\big|_{x=0} = 0 \tag{7-75}$$

$$\sigma_x(x)\big|_{x=l} = \frac{F}{A} \tag{7-76}$$

从求解思路来说，上述问题可以用两类方法进行求解，即直接求解方法和基于试函数的间接求解方法。直接求解方法就是直接通过 3 个已知方程求解 3 个未知变量；基于试函数的间接求解方法是先选取某个变量（位移）作为待求变量，将其他变量都用这个待求向量来表达，关键是对未知位移变量假设一种满足位移边界条件的可能解（其中包含一些待定系数），称之为试函数，采用最小势能原理或者虚功原理的方法来求出试函数中的待定系数。

7.2.1　一维杆件问题的直接求解

对式(7-72)—式(7-76)直接进行求解，可以得到：

$$\sigma_x(x) = c_1$$
$$\varepsilon_x(x) = \frac{c_1}{E} \tag{7-77}$$
$$u(x) = \frac{c_1}{E}x + c_2$$

式中，c_1 与 c_2 为待定系数，根据边界条件式(7-75)和式(7-76)，可解得 c_1 与 c_2 的值为：

$$c_1 = \frac{F}{A}, \ c_2 = 0$$

故得到该问题的最终结果为：

$$\sigma_x(x) = \frac{F}{A}$$
$$\varepsilon_x(x) = \frac{F}{EA} \tag{7-78}$$
$$u(x) = \frac{F}{EA}x$$

7.2.2　一维杆件问题的虚功原理求解

设有满足位移边界条件的位移场：

$$u(x) = cx \qquad (7-79)$$

可以验证，它满足位移边界条件。这是一个待定函数，也称为试函数，待定系数 c，这可以根据虚功原理得到。基于式(7-79)的试函数，则它的应变、虚位移以及虚应变为：

$$
\begin{aligned}
\varepsilon(x) &= c \\
\delta u(x) &= \delta c \cdot x \\
\delta \varepsilon(x) &= \delta c
\end{aligned}
\qquad (7-80)
$$

式中，δc 为待定系数的增量。

计算出虚应变能以及外力虚功为：

$$\delta U = \int_{\Omega} \sigma_x \delta \varepsilon_x \mathrm{d}\Omega = \int_0^l \int_A E \cdot \varepsilon_x \delta \varepsilon_x \mathrm{d}A \cdot \mathrm{d}x = E \cdot c \cdot \delta c \cdot A \cdot l \qquad (7-81)$$

$$\delta W = P \cdot \delta u(x=l) = P \cdot \delta c \cdot l$$

根据虚功原理，有：

$$E \cdot c \cdot \delta c \cdot A \cdot l = P \cdot \delta c \cdot l \qquad (7-82)$$

得到：

$$c = \frac{P}{EA} \qquad (7-83)$$

将 c 的值代回式(7-79)中，可以得到该问题的解。

7.2.3　一维杆件问题的虚位移原理求解

设有满足位移边界条件 $\mathrm{BC}(u)$ 的许可位移场 $u(x)$，计算该系统的势能为：

$$\Pi(u) = U - W \qquad (7-84)$$

式中　U——应变能；

　　　　W——外力功。

对于图 7-19 所示的算例，有：

$$U = \frac{1}{2} \int_{\Omega} \sigma_x(u(x)) \cdot \varepsilon(u(x)) \mathrm{d}\Omega \qquad (7-85)$$

$$W = P \cdot u(x=l)$$

对于含有待定系数的试函数 $u(x)$ 而言，真实的位移函数 $u(x)$ 应使得该系统的势能取得极小值，即：

$$\min_{u(x) \in BC(u)} [\Pi(u) = U - W] \qquad (7-86)$$

下面应用最小势能原理来具体求解如图 7-19 所示的一端固定的拉杆问题,同样取满足位移边界条件的位移场如式(7-79),则计算应力、应变为:

$$\varepsilon_x(x) = \frac{\mathrm{d}u}{\mathrm{d}x} = c \tag{7-87}$$

$$\sigma_x = E \cdot \varepsilon_x(x) = Ec$$

根据式(7-84)计算出该系统的势能为:

$$\Pi(u) = U - W = \frac{1}{2}Ec^2Al - Pcl \tag{7-88}$$

根据式(7-88)求极值,即:

$$\frac{\partial\Pi(u)}{\partial c} = 0 \tag{7-89}$$

得到:

$$c = \frac{P}{EA} \tag{7-90}$$

由上面的计算可以看出,基于试函数的方法,包括虚功原理以及最小势能原理,仅计算系统的能量,实际上就是计算积分,然后转化为求解线性方程,不需求解微分方程,这样就大大地降低了求解难度。其关键就是构造出符合所求问题边界条件的位移试函数,并且该构造方法还应具有规范性以及标准化,基于"单元"的构造方法就可以完全满足这些要求。

7.3 弹性力学一维问题——梁的基本力学方程

设有一个受分布载荷作用的简支梁如图 7-20(a)所示,由于简支梁的宽度较小,外载沿宽度方向无变化,该问题可以认为是一个 xoy 平面内的问题,可以有两种方法来建立基本方程。一是采用一般的建模及分析方法,即从对象取出 $\mathrm{d}x\mathrm{d}y$ 微元体进行分析,建立最一般的方程,采用这种方法所用的变量较多,且过程复杂;二是针对细长梁采用"特征建模"的简化方法来推导三大方程,其基本思想是采用工程宏观特征量来进行问题的描述。

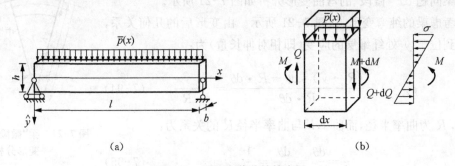

图 7-20 受均布载荷的简支梁

图 7-20(a)所示问题的特征:一是梁为细长梁,因此,可只用 x 坐标来刻画;二是主要变形为垂直于 x 的挠度,可只用挠度来描述位移场。针对这两个特征,可以对梁沿高度方向的变形做出以下设定:①变形后的直线假定;②小变形假定。

7.3.1 平面梁的基本变量

平面梁包括三个基本变量:

(1) 位移:$v(x,\hat{y}=0)$(中性层的挠度,即横向位移)。

(2) 应力:$\sigma(\sigma_x$,其他应力分量很小,忽略),该变量对应于梁截面上的弯矩 M。

(3) 应变:$\varepsilon(\varepsilon_x$,沿高度方向满足直线假定)。

7.3.2 平面梁的基本方程

下面选取具有全高度梁的 $\mathrm{d}x$ "微段"来推导三大方程[图 7-20(b)]。

1. 平衡方程

针对图 7-20(b)中的"微段",有 3 个平衡方程,首先由 x 方向的合力为零 $\sum X = 0$,有:

$$M = \int_A \sigma_x \cdot \hat{y} \cdot \mathrm{d}A \qquad (7\text{-}91)$$

式中 $\hat{y}$ —— 以梁的中性层为起点的 y 坐标;

  M —— 截面上的弯矩。

然后由 y 方向的合力等效 $\sum Y = 0$,有 $\mathrm{d}Q + \bar{p}(x) \cdot \mathrm{d}x = 0$,即:

$$\frac{\mathrm{d}Q}{\mathrm{d}x} + \bar{p} = 0 \qquad (7\text{-}92)$$

其中,Q 为截面上的剪力,再由弯矩平衡 $\sum M_0 = 0$,有 $\mathrm{d}M - Q\mathrm{d}x = 0$,即:

$$Q = \frac{\mathrm{d}M}{\mathrm{d}x} \qquad (7\text{-}93)$$

2. 几何方程

梁问题 $\mathrm{d}x$ "微段"的弯曲变形分析如图 7-21 所示。

考虑梁的纯弯变形,如图 7-21 所示。由变形后的几何关系,可得到位于 $\hat{y}$ 处纤维层的应变(即相对伸长量)为:

$$\varepsilon_x(\hat{y}) = \frac{(R-\hat{y}) \cdot \mathrm{d}\theta - R \cdot \mathrm{d}\theta}{R \cdot \mathrm{d}\theta} = -\frac{\hat{y}}{R} \qquad (7\text{-}94)$$

式中,R 为曲率半径,而曲率 κ 与曲率半径 R 的关系为:

$$\kappa = \frac{\mathrm{d}\theta}{\mathrm{d}s} = \frac{\mathrm{d}\theta}{R\mathrm{d}\theta} = \frac{1}{R} \qquad (7\text{-}95)$$

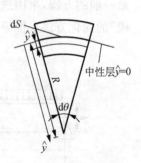

图 7-21 梁"微段"弯曲变形分析

对于梁的挠度函数 $v(x,\hat{y}=0)$，它的曲率 κ 的计算公式为：

$$\kappa = \pm \frac{v''(x)}{(1+v'(x)^2)} \approx \pm v''(x) \qquad (7\text{-}96)$$

对于图 7-21 所示的情形，得到：

$$\kappa = \frac{\mathrm{d}^2 v}{\mathrm{d}x^2} \qquad (7\text{-}97)$$

$$\varepsilon_x(x,\hat{y}) = -\hat{y}\frac{\mathrm{d}^2 v}{\mathrm{d}x^2} \qquad (7\text{-}98)$$

3. 物理方程

根据胡克定律：

$$\sigma_x = E\varepsilon_x \qquad (7\text{-}99)$$

对以上方程进行整理，得到描述平面梁弯曲问题的基本方程：

$$-EI\frac{\mathrm{d}^4 v}{\mathrm{d}x^4} + \bar{p}(x) = 0 \qquad (7\text{-}100)$$

$$M(x) = \int_A \sigma_x \hat{y}\,\mathrm{d}A = \int_A -\hat{y}^2 E v''\mathrm{d}A = -EI\frac{\mathrm{d}^2 v}{\mathrm{d}x^2} \qquad (7\text{-}101)$$

$$\sigma_x(x) = -E\hat{y}\frac{\mathrm{d}^2 v}{\mathrm{d}x^2} \qquad (7\text{-}102)$$

$$\varepsilon_x(x,\hat{y}) = -\hat{y}\frac{\mathrm{d}^2 v}{\mathrm{d}x^2} \qquad (7\text{-}103)$$

式(7-101)中 $I = \int_A \hat{y}^2\,\mathrm{d}A$ 为梁截面的惯性矩，可以看出，将原始基本变量定为中性层的挠度 $v(x,\hat{y}=0)$，而其他力学参量都可以基于它来表达。

4. 边界条件

图 7-20(a)所示简支梁的边界为梁的两端，由于在建立平衡方程时已考虑了分布外载 $\bar{p}(x)$［式(7-100)］，因此，不能再作为力的边界条件。

两端的位移边界：

$$BC(u): v\mid_{x=0} = 0,\ v\mid_{x=l} = 0 \qquad (7\text{-}104)$$

两端的力（弯矩）边界：

$$BC(p): M\mid_{x=0} = 0,\ M\mid_{x=l} = 0 \qquad (7\text{-}105)$$

由式(7-101)，可将弯矩以挠度的二阶导数来表示，即：

$$BC(p):\ v''|_{x=0}=0,\ v''|_{x=l}=0 \tag{7-106}$$

7.3.3　简支梁问题的求解方法

1. 简支梁的微分方程解

若用基于 $\mathrm{d}x\mathrm{d}y$ 微元体所建立的原始方程(即原平面应力问题中的三大类方程)进行直接求解,不仅过于繁琐,而且不易求解,若用基于以上"特征建模"简化方法所得到的基本方程进行直接求解则比较简单,对如图 7-20(a)所示的均匀分布外载的情况,其方程为:

$$-EI\frac{\mathrm{d}^4 v}{\mathrm{d}x^4}+\bar{p}_0=0$$

$$BC(u):\ v|_{x=0}=0,\ v|_{x=l}=0 \tag{7-107}$$

$$BC(p):\ M|_{x=0}=0,\ M|_{x=l}=0$$

这是一个常微分方程,其解的形式为:

$$v(x)=\frac{1}{EI}\left(\frac{\bar{p}_0}{24}x^4+c_3 x^3+c_2 x^2+c_1 x+c_0\right) \tag{7-108}$$

式中,$c_0,\cdots,c_4$ 为待定系数,可由四个边界条件求出,将边界条件代入可得到:

$$v(x)=\frac{\bar{p}_0}{24EI}(x^4-2lx^3+l^3 x) \tag{7-109}$$

2. 简支梁的虚功原理求解

计算出平面梁弯曲问题有关能量方面的物理量应变能 U、外力功 W 和势能 Π 如下:

$$U=\frac{1}{2}\int_{\Omega}\sigma_x\varepsilon_x\mathrm{d}\Omega=\frac{1}{2}\int_{\Omega}\left(-E\hat{y}\frac{\mathrm{d}^2 v}{\mathrm{d}x^2}\right)\left(-\hat{y}\frac{\mathrm{d}^2 v}{\mathrm{d}x^2}\right)\mathrm{d}A\mathrm{d}x=\frac{1}{2}\int_l EI_z\left(\frac{\mathrm{d}^2 v}{\mathrm{d}x^2}\right)^2\mathrm{d}x$$

$$W=\int_l \bar{p}(x)\cdot v(x)\mathrm{d}x \tag{7-110}$$

$$\Pi=U-W=\frac{1}{2}\int_l EI_z\left(\frac{\mathrm{d}^2 v}{\mathrm{d}x^2}\right)^2\mathrm{d}x-\int_l \bar{p}(x)\cdot v(x)\mathrm{d}x$$

以图 7-20(a)所示的简支梁为例,假设有一个只满足位移边界条件 $BC(u)$ 的位移场 $\hat{v}(x)$ 为:

$$\hat{v}(x)=c_1\cdot\sin\frac{\pi x}{l} \tag{7-111}$$

其中,c_1 为待定系数。则虚位移场为:

$$\delta\hat{v}(x)=\delta c_1\cdot\sin\frac{\pi x}{l} \tag{7-112}$$

δc_1 为微小变化量,可以验证,式(7-111)满足位移边界条件 $BC(u)$,将满足位移边界条件 $BC(u)$ 的试函数叫做许可位移。

该简支梁的虚应变能为:

$$\delta U = \int_\Omega \sigma_x \delta\varepsilon_x \, \mathrm{d}\Omega = \int_0^l \int_A E\varepsilon_x \delta\varepsilon_x \, \mathrm{d}A \, \mathrm{d}\Omega \tag{7-113}$$

式中,A 为梁的横截面,对于梁的弯曲问题,得到几何方程:

$$\varepsilon_x(x,\ \hat{y}) = -\hat{y}\frac{\mathrm{d}^2\hat{v}}{\mathrm{d}x^2} \tag{7-114}$$

将其代入虚应变能方程中,有:

$$\begin{aligned}
\delta U &= \int_0^l E\left(\int_A \hat{y}^2 \, \mathrm{d}A\right) \cdot \left(\frac{\mathrm{d}^2\hat{v}}{\mathrm{d}x^2}\right)^2 \cdot \left(\frac{\mathrm{d}^2\delta\hat{v}}{\mathrm{d}x^2}\right)\mathrm{d}x \\
&= \int_0^l EI\left(\frac{\pi}{l}\right)^2 \cdot c_1\sin\frac{\pi x}{l} \cdot \left(\frac{\pi}{l}\right)^2 \cdot \sin\frac{\pi x}{l} \cdot \delta c_1 \cdot \mathrm{d}x \\
&= \frac{EIl}{2}\left(\frac{\pi}{l}\right)^4 c_1\delta c_1
\end{aligned} \tag{7-115}$$

该简支梁的外力虚功为:

$$\delta W = \int_0^l \bar{p}_0 \delta\hat{v} \, \mathrm{d}x = \bar{p}_0 \cdot \delta c_1 \cdot \int_0^l \sin\frac{\pi x}{l} \, \mathrm{d}x = \frac{2l\bar{p}_0}{\pi}\delta c_1 \tag{7-116}$$

根据虚功原理,有:

$$\frac{2l\bar{p}_0}{\pi}\delta c_1 = \frac{EIl}{2}\left(\frac{\pi}{l}\right)^4 c_1\delta c_1 \tag{7-117}$$

得到:

$$c_1 = \frac{4l^4}{EI\pi^5}\bar{p}_0 \tag{7-118}$$

那么,由式(7-111)所表示的位移模式中,真实的一组为满足虚功原理时的位移,即:

$$\hat{v}(x) = \frac{4l^4}{EI\pi^5}\bar{p}_0\sin\frac{\pi x}{l} \tag{7-119}$$

3. 简支梁的最小势能原理求解

仍以如图 7-20(a)所示的平面简支梁的弯曲问题为例,为提高计算精度,可以选取多项函数的组合,此处假设满足位移边界条件 $BC(u)$ 的许可位移场 $\hat{v}(x)$ 为:

$$\hat{v}(x) = c_1\sin\frac{\pi x}{l} + c_2\sin\frac{3\pi x}{l} \tag{7-120}$$

式中，c_1 和 c_2 为待定系数。

其应变能 U 为：

$$U = \frac{1}{2}\int_\Omega \sigma_x \varepsilon_x \mathrm{d}\Omega = \frac{1}{2}\int_0^l EI\left(\frac{\mathrm{d}^2\hat{v}}{\mathrm{d}x^2}\right)^2 \mathrm{d}x = \frac{EI}{2}\left[c_1^2\left(\frac{\pi}{l}\right)^4\frac{l}{2} + c_2^2\left(\frac{3\pi}{l}\right)^4\frac{l}{2}\right] \quad (7\text{-}121)$$

相应的外力功 W 为：

$$W = \int_0^l \bar{p}_0\left(c_1\sin\frac{\pi x}{l} + c_2\sin\frac{3\pi x}{l}\right)\mathrm{d}x = \bar{p}_0\left(c_1\frac{2l}{\pi} + c_2\frac{2l}{3\pi}\right) \quad (7\text{-}122)$$

系统的总势能为 $\Pi = U - W$ 根据最小势能原理，为使 Π 取最小值，得到：

$$\frac{\partial\Pi}{\partial c_1} = \frac{EI}{2}\left[2c_1\left(\frac{\pi}{l}\right)^4\frac{l}{2}\right] - \bar{p}_0\frac{2l}{\pi} = 0$$

$$\frac{\partial\Pi}{\partial c_2} = \frac{EI}{2}\left[2c_2\left(\frac{3\pi}{l}\right)^4\frac{l}{2}\right] - \bar{p}_0\frac{2l}{3\pi} = 0 \quad (7\text{-}123)$$

求出 c_1 和 c_2，得到：

$$\hat{v}(x) = \frac{4\bar{p}_0 l^4}{\pi^5 EI}\sin\left(\frac{\pi x}{l}\right) + \frac{4\bar{p}_0 l^4}{243\pi^5 EI}\sin\left(\frac{3\pi x}{l}\right) \quad (7\text{-}124)$$

可以看出，该方法得到的第一项与前面虚功原理求解出来的结果相同，与精确解式（7-109）相比，该结果比前面由虚功原理得到的结果更为精确，这时因为选取两项函数作为试函数，这也是提高计算精度的重要途径。

*7.4 材料破坏的力学准则

对于承受外载荷作用的结构，需要在获得力学信息后对它的安全性进行评判。目前主要是通过应力状态来判断材料的破坏状态。弹性力学方法和有限元法求解复杂工程问题后，已知危险点的应力状态 $\boldsymbol{\sigma} = [\sigma_{xx} \quad \sigma_{yy} \quad \sigma_{zz} \quad \tau_{xy} \quad \tau_{yz} \quad \tau_{zx}]^T$，这称为复杂应力状态，可以求出三个主应力 σ_1，σ_2，σ_3。主应力是判断材料是否破坏的主要参数，对于不同类型的材料，如韧性材料、脆性材料等，将有不同的判断准则。

7.4.1 最大剪应力准则

当材料的最大剪应力达到该材料的剪应力极限时，则该材料会发生屈服（或剪断）。该应力称为 Tresca 屈服准则，主要适用于韧性材料。

由于最大剪应力 $\tau_{\max}$ 为：

$$\tau_{\max} = \frac{\sigma_1 - \sigma_3}{2} \quad (7\text{-}125)$$

则 Tresca 屈服准则可准确表述为：

$$\tau_{\max} \leqslant [\tau] \tag{7-126}$$

式中，$[\tau]$ 为材料的许用剪应力，可由材料的单向拉伸试验来确定。对于材料的单向拉伸试验，有 $\sigma_3 = 0$，因此，由式(7-125)所知，有：

$$[\tau] = \frac{[\sigma]}{2} \tag{7-127}$$

式中，$[\sigma]$ 为单向拉伸试验的许用应力。将式(7-125)和式(7-127)代入式(7-126)中，则以主应力形式来表达的最大剪应力准则为：

$$\sigma_1 - \sigma_3 \leqslant [\sigma] \tag{7-128}$$

7.4.2　最大畸变能准则

当材料的最大畸变能达到该材料的畸变能极限值时，材料会发生屈服（或剪断）。该准则称为 von Mises 屈服准则，主要适用于韧性材料。以主应力形式来表达的最大畸变能准则为：

$$\sqrt{\frac{1}{2}\big[(\sigma_1 - \sigma_2)^2 + (\sigma_2 - \sigma_3)^2 + (\sigma_1 - \sigma_3)^2\big]} \leqslant [\sigma] \tag{7-129}$$

或者写成更为普遍的形式，有：

$$\sqrt{\frac{1}{2}\big[(\sigma_{xx} - \sigma_{yy})^2 + (\sigma_{yy} - \sigma_{zz})^2 + (\sigma_{zz} - \sigma_{xx})^2 + 6(\tau_{xy}^2 + \tau_{yz}^2 + \tau_{zx}^2)\big]} \leqslant [\sigma]$$

$$\tag{7-130}$$

令

$$\begin{aligned}
\sigma_{eq} &= \sqrt{\frac{1}{2}\big[(\sigma_1 - \sigma_2)^2 + (\sigma_2 - \sigma_3)^2 + (\sigma_1 - \sigma_3)^2\big]} \\
&= \sqrt{\frac{1}{2}\big[(\sigma_{xx} - \sigma_{yy})^2 + (\sigma_{yy} - \sigma_{zz})^2 + (\sigma_{zz} - \sigma_{xx})^2 + 6(\tau_{xy}^2 + \tau_{yz}^2 + \tau_{zx}^2)\big]}
\end{aligned} \tag{7-131}$$

则称 σ_{eq} 为 von Mises 等效应力，也称为应力强度。由式(7-131)可以看出，该等效应力反映了材料受力变形畸变能的平方根。

7.4.3　最大拉应力准则

当材料的最大拉应力达到该材料的拉应力极限值时，材料会发生断裂破坏。该准则称为 Rankine 破坏准则，主要适用于脆性材料。最大拉应力准则为：

$$\sigma_1 \leqslant [\sigma] \tag{7-132}$$

式中，$[\sigma]$ 为材料的许用应力，由材料的单向拉伸试验和安全系数确定，即 $[\sigma] = \dfrac{\sigma_b}{n}$，其中，$\sigma_b$ 为单向拉伸试验得到的强度极限，n 为安全系数。

7.4.4 Mohr 准则

铸铁、混凝土等材料拉伸和压缩的材料强度值 σ_b 不相同。试验表明，这类材料的强度准则既不服从最大剪应力准则，也不服从最大畸变能准则，而是服从 Mohr 准则，即：

$$\sigma_1 - \frac{[\sigma]_T}{[\sigma]_C}\sigma_3 \leqslant [\sigma]_T \tag{7-133}$$

式中 $[\sigma]_T$——材料拉伸时的许用应力；

      $[\sigma]_C$——材料压缩时的许用应力。

7.5 本章小结

本章介绍了弹性体的基本力学方程（平衡微分方程、几何方程和物理方程），介绍了平面应力问题和平面应变问题以及两者之间的差别，以平面应力问题为例，讨论了平面问题求解的逆解法，列出了两类典型一维问题（杆和梁）的基本力学方程，为后面有限单元法打下了良好的基础。最后，介绍了材料破坏的力学准则，这也是一般有限元软件后处理中必备的功能，需要根据不同材料特性加以选择，用于判断二维、三维结构的失效情况。

思考题

7.1   什么是平面应力问题？什么是平面应变问题？

7.2   采用位移解法，是否还要满足变形协调条件？试说明原因。

7.3   应力函数的量纲是什么？

7.4   什么是圣维南原理？弹性力学有哪几类边界条件？

习 题

7.1   任意形状的物体，其表面受均布压力 q 的作用，若不计体力，试验证应力分量

$$\sigma_x = \sigma_y = \sigma_z = -q, \quad \tau_{xy} = \tau_{yz} = \tau_{zx} = 0$$

是否满足平衡微分方程和静力边界条件。

7.2 如图 7-22 所示的一个两端固定的杆件承受变化的体力,假设位移场 $u = a_0 + a_1 x + a_2 x^2$,采用虚功原理求解相应的位移场 $u(x)$ 和应力场 $\sigma(x)$。

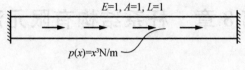

$E=1, A=1, L=1$

$p(x) = x^3 \mathrm{N/m}$

图 7-22 习题 7.2

7.3 在平面应变问题中,其应力状态为 $\sigma_x = 30$ MPa, $\sigma_y = -15$ MPa, $\tau_{xy} = -30$ MPa,材料的参数为 $E = 210$ GPa, $\mu = 0.3$,求垂直方向上应力 σ_z 的值。

7.4 如图 7-23 所示的几何形状为平行四边形的金属薄膜厚度为 1 mm,四周承受均匀张力,试分析它的应力状态;若该金属薄膜的许用应力 $[\sigma] = 300$ MPa,试用最大剪应力准则、最大畸变能准则、最大拉应力准则分析该结构的安全性。

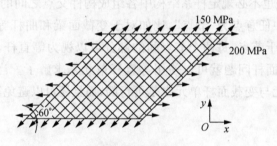

150 MPa

200 MPa

60°

图 7-23 习题 7.4

7.5 有平面应力状态的几种受力状态如下,若所采用材料的单向拉伸的许用应力为 150 MPa,试用最大剪应力准则、最大畸变能准则计算各种情况下的安全系数。

(1) $\sigma_x = 50$ MPa, $\sigma_y = 50$ MPa, $\tau_{xy} = 50$ MPa;

(2) $\sigma_x = 40$ MPa, $\sigma_y = -80$ MPa, $\tau_{xy} = -50$ MPa;

(3) $\sigma_x = -40$ MPa, $\sigma_y = 80$ MPa, $\tau_{xy} = 0$;

(4) $\sigma_x = 0$, $\sigma_y = 0$, $\tau_{xy} = -50$ MPa。

第8章　杆系结构有限元法

在实际工程中,杆或梁组成的杆系结构得到了广泛运用,杆系结构可分为:平面桁架、空间桁架、梁(包含连续梁)、平面钢架、平面板架和空间钢架等。在有限元分析中,这些结构均由两种基本单元:杆单元(link)和梁单元(beam)组成。因此,在有限元分析中无需按结构类型分类讨论,只要研究这两种单元即可计算由他们组成的各种杆系结构了。

杆系结构本身就有离散化的特点,因此对于等直杆组成的杆系结构而言,不存在离散化引起的误差。但是也不必规定杆系结构中各组成构件交点之间的杆单元为"单元",而是可以视情况取杆中任意点为"节点",比如对于变截面梁和曲杆等可以根据计算精度的要求,在杆上取若干节点,每两个节点间的部分可以视为等直杆,如图8-1所示。这样一来,曲杆与变截面杆问题就可以使用等直杆单元来求解了。当然。直接使用有限元方法建立曲杆单元与变截面杆单元也是可行的,而且还可以避免等直杆单元离散带来的误差。

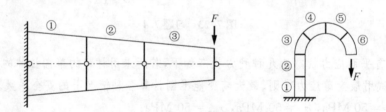

图 8-1　变截面梁与曲杆的离散

8.1　杆结构的有限元法

8.1.1　局部坐标系中的杆单元描述

如图8-2所示,杆单元有两个端节点,基本变量为节点位移向量$[\bar{\Delta}]$:

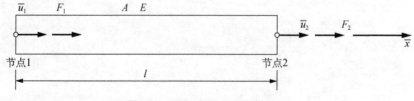

图 8-2　局部坐标系中的杆单元

$$[\bar{\Delta}] = [\bar{u}_1 \quad \bar{u}_2]^{\mathrm{T}} \tag{8-1}$$

若每一个描述物体位置状态的独立变量称为一个自由度,那么,式(8-1)中的节点位移为两个自由度。同理,节点力向量 $[\bar{F}]$：

$$[\bar{F}] = [\bar{F}_1 \quad \bar{F}_2]^{\mathrm{T}} \tag{8-2}$$

若该单元承受有沿轴向分布的外载荷,可以将其等效到节点上,即为式(8-2)所示的节点力。

下面按照弹性力学知识推导单元刚度矩阵:

1. 位移模式

设杆单元的位移场为 $f(x)$,由泰勒级数,它可以表示为:

$$f(x) = a_0 + a_1 x + a_2 x^2 + \cdots \tag{8-3}$$

该函数由两个端点的位移 $\bar{u}_1$ 和 $\bar{u}_2$ 来进行插值确定,因此取式(8-3)的前两项作为该杆单元的位移插值模式:

$$f(x) = a_0 + a_1 x \tag{8-4}$$

式中, a_0, a_1 为待定系数。根据杆单元的节点位移条件:

$$f(0) = \bar{u}_1 \tag{8-5}$$
$$f(l) = \bar{u}_2$$

代入式(8-4)可得:

$$a_0 = \bar{u}_1 \tag{8-6}$$
$$a_1 = \frac{\bar{u}_2 - \bar{u}_1}{l}$$

将式(8-6)代入式(8-4),令 $\xi = \dfrac{x}{l}$,则有:

$$f(\bar{x}) = \bar{u}_1 + \frac{\bar{u}_2 - \bar{u}_1}{l} x = \left(1 - \frac{\bar{x}}{l}\right)\bar{u}_1 + \frac{\bar{x}}{l}\bar{u}_2 \tag{8-7}$$
$$= [N(\xi) \cdot [\bar{\Delta}]$$

式中, $[N(\xi)]$ 叫做形状函数矩阵,为:

$$[N(\xi)] = \left[1 - \frac{\bar{x}}{l} \quad \frac{\bar{x}}{l}\right] \tag{8-8}$$

2. 单元应变场的表达

由弹性力学几何方程,一维问题的应变:

$$\varepsilon(\bar{x}) = \frac{\mathrm{d}f(\bar{x})}{\mathrm{d}\bar{x}}$$

$$= \left[-\frac{1}{l} \quad \frac{1}{l} \right] \cdot \{\bar{\Delta}\} \tag{8-9}$$

$$= [B(\xi)] \cdot \{\bar{\Delta}\}$$

式中，$[B(\xi)]$ 为单元的几何函数矩阵，即：

$$[B(\xi)] = \left[-\frac{1}{l} \quad \frac{1}{l} \right] \tag{8-10}$$

3. 单元应力场的表达

由梁的物理方程可得：

$$\sigma(\bar{x}) = E \cdot \varepsilon(\bar{x}) = E \cdot [B(\bar{x})] \cdot [f] = [S(\bar{x})] \cdot \{f\} \tag{8-11}$$

式中，E 为弹性模量，$[S(\bar{x})]$ 称为单元的应力函数矩阵。

4. 虚位移原理

由虚位移原理可得：

$$\delta U - \delta W = 0 \tag{8-12}$$

式中，δU 为虚应变能：

$$\delta U = \int_0^l \varepsilon^{\mathrm{T}}(\bar{x}) \cdot \sigma(\bar{x}) \cdot A \cdot \mathrm{d}x$$

$$= [\delta]^{\mathrm{T}} \left[\int_0^l [B]^{\mathrm{T}} \cdot E \cdot [B] \cdot A \cdot \mathrm{d}x \right] [\delta] \tag{8-13}$$

$$= [\delta]^{\mathrm{T}} \cdot [\bar{K}] \cdot [\delta]$$

式中，$[\bar{K}]$ 即为单元刚度矩阵，按照式(8-10)代入有：

$$[\bar{K}] = \frac{EA}{l} \begin{bmatrix} 1 & -1 \\ -1 & 1 \end{bmatrix} \tag{8-14}$$

式中，E，A，l 分别为杆的弹性模量、横截面面积和长度。按照虚位移原理所建立的单元刚度方程为：

$$[\bar{K}][\bar{\Delta}] = [\bar{F}] \tag{8-15}$$

8.1.2　杆单元的坐标变换

在工程实际中，杆单元可能位于整体坐标系中的任意位置，如图 8-3 所示。如此一来，就需要将基于局部坐标系得到的单元表达等价变换到整体坐标系（结构坐标系）中。这样，才能将不同位置的单元按照公共的基准进行集成和装配。图 8-3 中的整体坐标系为 (Oxy)，杆单元的局部坐标系为 $(O\bar{x}\bar{y})$。

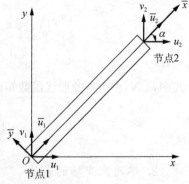

图 8-3　整体坐标系中的杆单元

按照式(8-1),局部坐标系中的节点位移$[\bar{\Delta}]=\begin{bmatrix}\bar{u}_1 & \bar{u}_2\end{bmatrix}^{\mathrm{T}}$;整体坐标系中的节点位移$[\Delta]$为:

$$[\Delta]=\begin{bmatrix}u_1 & u_2 & v_1 & v_2\end{bmatrix}^{\mathrm{T}} \tag{8-16}$$

如图 8-3 所示,在节点 1 处,整体坐标系下的节点位移u_1和v_1合成的结果等效于局部坐标系中的$\bar{u}_1$。同理,在节点 2 处,节点位移u_2和v_2合成的结果等效于局部坐标系中的$\bar{u}_2$。 即存在以下的等价变换关系:

$$\bar{u}_1=u_1\cos\alpha+v_1\sin\alpha \tag{8-17}$$
$$\bar{u}_2=u_2\cos\alpha+v_2\sin\alpha$$

写成矩阵形式有:

$$[\bar{\Delta}]=\begin{bmatrix}\bar{u} \\ \bar{u}_2\end{bmatrix}=\begin{bmatrix}\cos\alpha & \sin\alpha & 0 & 0 \\ 0 & 0 & \cos\alpha & \sin\alpha\end{bmatrix}\begin{bmatrix}u_1 \\ v_1 \\ u_2 \\ v_2\end{bmatrix}=[T][\Delta] \tag{8-18}$$

式中,$[T]$为坐标变换矩阵,即:

$$[T]=\begin{bmatrix}\cos\alpha & \sin\alpha & 0 & 0 \\ 0 & 0 & \cos\alpha & \sin\alpha\end{bmatrix} \tag{8-19}$$

整体坐标系下的刚度方程,参照 6.2 节有:

$$[K]=[T]^{\mathrm{T}}[\bar{K}][T] \tag{8-20}$$

$$[F]=[T]^{\mathrm{T}}[\bar{F}] \tag{8-21}$$

对于图 8-3 所示的杆单元,其整体坐标系下的刚度方程可由式(8-21)得出:

$$[K]=\frac{EA}{l}\begin{bmatrix}\cos^2\alpha & \cos\alpha\sin\alpha & -\cos^2\alpha & -\cos\alpha\sin\alpha \\ \cos\alpha\sin\alpha & \sin^2\alpha & -\cos\alpha\sin\alpha & -\sin^2\alpha \\ -\cos^2\alpha & -\cos\alpha\sin\alpha & \cos^2\alpha & \cos\alpha\sin\alpha \\ -\cos\alpha\sin\alpha & -\sin^2\alpha & \cos\alpha\sin\alpha & \sin^2\alpha\end{bmatrix} \tag{8-22}$$

例 8.1 如图 8-4 所示结构,各杆完全相同,弹性模量$E=210\,\mathrm{GPa}$,横截面积$A=1.5\times10^{-4}\,\mathrm{m}^2$,长度为$l=5\,\mathrm{m}$。求该结构的各单元刚度矩阵和总体刚度矩阵。

解:(1)得到单元的连通性(表 8-1)

(2)求出单元的单元刚度矩阵

按照式(8-11),本题E,A,l取值均相同,所以,

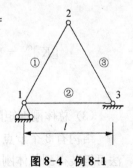

图 8-4 例 8-1

表 8-1 各单元的连通性

单元编号	节点 i	节点 j	α
1	1	2	60°
2	1	3	0°
3	2	3	−60°

说明：α 取值时与节点编号顺序有关，即单元按照顺时针方向与 x 轴正向之间的夹角大小。

$$[K]^{(1)} = \frac{EA}{l} \begin{bmatrix} \cos^2\alpha & \cos\alpha\sin\alpha & -\cos^2\alpha & -\cos\alpha\sin\alpha \\ \cos\alpha\sin\alpha & \sin^2\alpha & -\cos\alpha\sin\alpha & -\sin^2\alpha \\ -\cos^2\alpha & -\cos\alpha\sin\alpha & \cos^2\alpha & \cos\alpha\sin\alpha \\ -\cos\alpha\sin\alpha & -\sin^2\alpha & \cos\alpha\sin\alpha & \sin^2\alpha \end{bmatrix}$$

$$= \frac{210\times10^9\times1.5\times10^{-4}}{5} \begin{bmatrix} \dfrac{1}{4} & \dfrac{\sqrt{3}}{4} & -\dfrac{1}{4} & -\dfrac{\sqrt{3}}{4} \\ \dfrac{\sqrt{3}}{4} & \dfrac{3}{4} & -\dfrac{\sqrt{3}}{4} & -\dfrac{3}{4} \\ -\dfrac{1}{4} & -\dfrac{\sqrt{3}}{4} & \dfrac{1}{4} & \dfrac{\sqrt{3}}{4} \\ -\dfrac{\sqrt{3}}{4} & -\dfrac{3}{4} & \dfrac{\sqrt{3}}{4} & \dfrac{1}{4} \end{bmatrix}$$

$$= 10^6 \times \begin{bmatrix} 1.575 & 2.728 & -1.575 & -2.728 \\ 2.728 & 4.725 & -2.728 & -4.725 \\ -1.575 & -2.728 & 1.575 & 2.728 \\ -2.728 & -4.725 & 2.728 & 4.725 \end{bmatrix}$$

同理，可求得单元 2 和单元 3 的刚度矩阵：

$$[K]^{(2)} = 10^6 \times \begin{bmatrix} 6.3 & 0 & -6.3 & 0 \\ 0 & 0 & 0 & 0 \\ -6.3 & 0 & 6.3 & 0 \\ 0 & 0 & 0 & 0 \end{bmatrix}$$

$$[K]^{(3)} = 10^6 \times \begin{bmatrix} 1.575\ 0 & -2.728\ 0 & -1.575\ 0 & 2.728\ 0 \\ -2.728\ 0 & 4.725\ 0 & 2.728\ 0 & -4.725\ 0 \\ -1.575\ 0 & 2.728\ 0 & 1.575\ 0 & -2.728\ 0 \\ 2.728\ 0 & -4.725\ 0 & -2.728\ 0 & 4.725\ 0 \end{bmatrix}$$

（3）总体刚度矩阵的组装

结构有 3 个节点，因此整个结构的刚度矩阵的维数为 6×6，按照 6.4 节的直接刚度法可组装得到总体刚度矩阵：

$$[K] = 10^6 \times \begin{bmatrix} 7.875 & 2.728 & -1.575 & -2.728 & -6.300 & 0 \\ 2.728 & 4.725 & -2.728 & -4.725 & 0 & 0 \\ -1.575 & -2.728 & 3.150 & 0 & -1.575 & 2.728 \\ -2.728 & -4.725 & 0 & 9.450 & 2.728 & -4.725 \\ -6.300 & 0 & -1.575 & 2.728 & 7.875 & -2.728 \\ 0 & 0 & 2.728 & -4.725 & -2.728 & 4.725 \end{bmatrix}$$

8.1.3　杆结构分析的算例

例 8.2　如图 8-2 所示,两跨桁架各杆完全相同,弹性模量 $E = 210\,\text{GPa}$,横截面积 $A = 1.5 \times 10^{-4}\,\text{m}^2$,长度为 5 m。载荷 F 竖直向下,大小为 20 kN。求:

(1) 该桁架的总体刚度矩阵;

(2) 各节点的节点位移;

(3) 各杆的应力。

解: 根据第 1 章中有限元法的步骤有:

(1) 离散化域

由前可知,桁架按照各杆离散,因此,可得 5 个节点,
7 个单元(图 8-5)。它们的连通性见表 8-2。

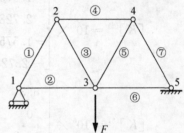

图 8-5　例 8-2

表 8-2　单元的连通性

单元编号	节点 i	节点 j	α
1	1	2	60°
2	1	3	0°
3	2	3	−60°
4	2	4	0°
5	3	4	60°
6	3	5	0°
7	4	5	−60°

(2) 求出单元刚度矩阵

由式(8-22)可知,各单元的单元刚度矩阵为:

$$[K]^{(1)} = 10^6 \times \begin{bmatrix} 1.575\,0 & 2.728\,0 & -1.575\,0 & -2.728\,0 \\ 2.728\,0 & 4.725\,0 & -2.728\,0 & -4.725\,0 \\ -1.575\,0 & -2.728\,0 & 1.575\,0 & 2.728\,0 \\ -2.728\,0 & -4.725\,0 & 2.728\,0 & 4.725\,0 \end{bmatrix}$$

$$[K]^{(2)} = 10^6 \times \begin{bmatrix} 6.3 & 0 & -6.3 & 0 \\ 0 & 0 & 0 & 0 \\ -6.3 & 0 & 6.3 & 0 \\ 0 & 0 & 0 & 0 \end{bmatrix}$$

$$[K]^{(3)} = 10^6 \times \begin{bmatrix} 1.575\ 0 & -2.728\ 0 & -1.575\ 0 & 2.728\ 0 \\ -2.728\ 0 & 4.725\ 0 & 2.728\ 0 & -4.725\ 0 \\ -1.575\ 0 & 2.728\ 0 & 1.575\ 0 & -2.728\ 0 \\ 2.728\ 0 & -4.725\ 0 & -2.728\ 0 & 4.725\ 0 \end{bmatrix}$$

$$[K]^{(4)} = 10^6 \times \begin{bmatrix} 6.3 & 0 & -6.3 & 0 \\ 0 & 0 & 0 & 0 \\ -6.3 & 0 & 6.3 & 0 \\ 0 & 0 & 0 & 0 \end{bmatrix}$$

$$[K]^{(5)} = 10^6 \times \begin{bmatrix} 1.575\ 0 & 2.728\ 0 & -1.575\ 0 & -2.728\ 0 \\ 2.728\ 0 & 4.725\ 0 & -2.728\ 0 & -4.725\ 0 \\ -1.575\ 0 & -2.728\ 0 & 1.575\ 0 & 2.728\ 0 \\ -2.728\ 0 & -4.725\ 0 & 2.728\ 0 & 4.725\ 0 \end{bmatrix}$$

$$[K]^{(6)} = 10^6 \times \begin{bmatrix} 6.3 & 0 & -6.3 & 0 \\ 0 & 0 & 0 & 0 \\ -6.3 & 0 & 6.3 & 0 \\ 0 & 0 & 0 & 0 \end{bmatrix}$$

$$[K]^{(7)} = 10^6 \times \begin{bmatrix} 1.575\ 0 & -2.728\ 0 & -1.575\ 0 & 2.728\ 0 \\ -2.728\ 0 & 4.725\ 0 & 2.728\ 0 & -4.725\ 0 \\ -1.575\ 0 & 2.728\ 0 & 1.575\ 0 & -2.728\ 0 \\ 2.728\ 0 & -4.725\ 0 & -2.728\ 0 & 4.725\ 0 \end{bmatrix}$$

（3）组装总体刚度矩阵

该桁架有 5 个节点，因此，整个结构的刚度矩阵的维数为 10×10，按照总体刚度矩阵的组装方法有：

$$[K] = 10^6 \times$$

$$\begin{bmatrix} 7.875 & 2.728 & -1.575 & -2.728 & -6.300 & 0 & 0 & 0 & 0 & 0 \\ 2.728 & 4.725 & -2.728 & -4.725 & 0 & 0 & 0 & 0 & 0 & 0 \\ -1.575 & -2.728 & 9.450 & 0 & -1.575 & 2.728 & -6.300 & 0 & 0 & 0 \\ -2.728 & -4.725 & 0 & 9.450 & 2.728 & -4.725 & 0 & 0 & 0 & 0 \\ -6.300 & 0 & -1.575 & 2.728 & 15.750 & 0 & -1.575 & -2.728 & -6.300 & 0 \\ 0 & 0 & 2.728 & -4.725 & 0 & 9.450 & -2.728 & -4.725 & 0 & 0 \\ 0 & 0 & -6.300 & 0 & -1.575 & -2.728 & 9.450 & 0 & -1.575 & 2.728 \\ 0 & 0 & 0 & 0 & 2.728 & -4.725 & 0 & 9.450 & 2.728 & -4.725 \\ 0 & 0 & 0 & 0 & -6.300 & 0 & -1.575 & 2.728 & 7.875 & -2.728 \\ 0 & 0 & 0 & 0 & 0 & 0 & 2.728 & -4.725 & -2.728 & 4.725 \end{bmatrix}$$

（4）施加边界条件

本题的边界条件如下：

$$u_{1x} = u_{1y} = u_{5y} = 0;$$
$$F_{2x} = F_{2y} = F_{3x} = F_{4x} = F_{4y} = F_{5y} = 0;$$
$$F_{3y} = -20\ 000_{\circ}$$

代入该结构整体方程组,有：

$$10^6 \times \begin{bmatrix} 7.875 & 2.728 & -1.575 & -2.728 & -6.300 & 0 & 0 & 0 & 0 & 0 \\ 2.728 & 4.725 & -2.728 & -4.725 & 0 & 0 & 0 & 0 & 0 & 0 \\ -1.574 & -2.728 & 9.450 & 0 & -1.575 & 2.728 & -6.300 & 0 & 0 & 0 \\ -2.728 & -4.725 & 0 & 9.450 & 2.728 & -4.725 & 0 & 0 & 0 & 0 \\ -6.300 & 0 & -1.575 & 2.728 & 15.750 & 0 & -1.575 & -2.728 & -6.300 & 0 \\ 0 & 0 & 2.728 & -4.725 & 0 & 9.450 & -2.728 & -4.725 & 0 & 0 \\ 0 & 0 & -6.300 & 0 & -1.575 & -2.728 & 9.450 & 0 & -1.575 & 2.728 \\ 0 & 0 & 0 & 0 & -2.728 & -4.725 & 0 & 9.450 & 2.728 & -4.725 \\ 0 & 0 & 0 & 0 & -6.300 & 0 & -1.575 & 2.728 & 7.875 & -2.728 \\ 0 & 0 & 0 & 0 & 0 & 0 & 2.728 & -4.725 & -2.728 & 4.725 \end{bmatrix} \begin{bmatrix} 0 \\ 0 \\ u_{2x} \\ u_{2y} \\ u_{3x} \\ u_{3y} \\ u_{4x} \\ u_{4y} \\ u_{5x} \\ 0 \end{bmatrix}$$

$$= \begin{bmatrix} F_{1x} \\ F_{1y} \\ 0 \\ 0 \\ 0 \\ -2 \times 10^4 \\ 0 \\ 0 \\ 0 \\ F_{5y} \end{bmatrix}$$

（5）解方程

先求节点位移,取总体刚度矩阵第 3 到第 9 列,位移向量和力向量的第 3 到第 9 行,有：

$$10^6 \times \begin{bmatrix} 9.45 & 0 & -1.575 & 2.728 & -6.3 & 0 & 0 \\ 0 & 9.45 & 2.728 & -4.725 & 0 & 0 & 0 \\ -1.575 & 2.728 & 15.75 & 0 & -1.575 & -2.728 & -6.3 \\ 2.728 & -4.725 & 0 & 9.45 & -2.728 & -4.725 & 0 \\ -6.3 & 0 & -1.575 & -2.728 & 9.45 & 0 & -1.575 \\ 0 & 0 & -2.728 & -4.725 & 0 & 9.45 & 2.728 \\ 0 & 0 & -6.3 & 0 & -1.575 & 2.728 & 7.875 \end{bmatrix} \begin{bmatrix} u_{2x} \\ u_{2y} \\ u_{3x} \\ u_{3y} \\ u_{4x} \\ u_{4y} \\ u_{5x} \end{bmatrix} = \begin{bmatrix} 0 \\ 0 \\ 0 \\ -20\ 000 \\ 0 \\ 0 \\ 0 \end{bmatrix}$$

解得：

$$[u_{2x} \quad u_{2y} \quad u_{3x} \quad u_{3y} \quad u_{4x} \quad u_{4y} \quad u_{5x}]^{\mathrm{T}}$$

$$=[0.001\,8 \quad -0.003\,2 \quad 0.000\,9 \quad -0.005\,8 \quad 0 \quad -0.003\,2 \quad 0.001\,8]^{\mathrm{T}}$$

（6）后处理

由第 5 步可得节点位移为：

$$[\Delta]=[u_{1x} \quad u_{1y} \quad u_{2x} \quad u_{2y} \quad u_{3x} \quad u_{3y} \quad u_{4x} \quad y_{4y} \quad u_{5x} \quad u_{5y}]^{\mathrm{T}}$$

$$=[0 \quad 0 \quad 0.001\,8 \quad -0.003\,2 \quad 0.000\,9 \quad -0.005\,8 \quad 0 \quad -0.003\,2 \quad 0.001\,8 \quad 0]^{\mathrm{T}}$$

单元节点力可按照下式求得：

$$[F]=\frac{EA}{l}[-\cos\alpha \quad -\sin\alpha \quad \cos\alpha \quad \sin\alpha][\Delta]$$

式中，$[\Delta]$ 为整体坐标中的单元节点位移向量。然后将得到的单元力除以截面积 A 即可得到单元应力 σ：

$$\sigma=\frac{F}{A}=\frac{E}{l}[-\cos\alpha \quad -\sin\alpha \quad \cos\alpha \quad \sin\alpha][\Delta]$$

对于单元 1，节点位移为 $[\Delta]=[0 \quad 0 \quad 0.001\,8 \quad -0.003\,2]^{\mathrm{T}}$，$\alpha=60°$，代入上式可得 $\sigma_1=-76.98$ MPa，即杆 1 受压应力，大小为 76.98 MPa。同理可得，杆 2 至杆 7 的应力大小分别为：38.49 MPa、76.98 MPa、76.98 MPa、76.98 MPa、38.49 MPa 和 76.98 MPa；其中杆 4 和杆 7 为压应力，杆 2、杆 3、杆 5 和杆 6 为拉应力。

8.2 梁结构的有限元法

8.2.1 局部坐标系中的平面梁单元

图 8-6 所示为一局部坐标系中的纯弯梁单元（beam element），其长度为 l，弹性模量为 E，横截面的惯性矩为 I。

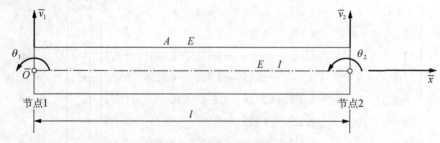

图 8-6 局部坐标系中的梁单元

与杆单元类似,假设该梁单元有两个端节点,那么节点位移向量 $[\bar{\Delta}]$ 为:

$$[\bar{\Delta}] = [\bar{v}_1 \quad \theta_1 \quad \bar{v}_2 \quad \theta_2]^{\mathrm{T}} \tag{8-23}$$

显然,该单元的节点位移有 4 个自由度(DOF),节点力向量 $[\bar{F}]$ 为:

$$[\bar{F}] = [\bar{F}_{v1} \quad \bar{M}_1 \quad \bar{F}_{v2} \quad \bar{M}_2]^{\mathrm{T}} \tag{8-24}$$

式中,$\bar{v}_1$,θ_1,$\bar{v}_2$,θ_2 分别为各节点的挠度和转角。若该单元承受有分布外载,可以将其等效到节点上,即式(8-24)所示的节点力向量。

与推导杆单元的情况类似,利用函数插值、几何方程、物理方程以及势能计算公式,可以将单元的所有力学参数利用节点位移向量 $[\Delta]$ 以及相关的插值函数来表示。

1. 单元位移模式的表达

因为梁单元有 4 个自由度,因此可以假设纯弯梁单元的位移场(挠度)为具有 4 个待定系数的多项式函数,即:$f(x) = a_0 + a_1 x + a_2 x^2 + a_3 x^3$ \hfill (8-25)

式中,a_0,a_1,a_2,a_3 为待定系数。根据该单元的节点位移条件:

$$\begin{cases} f(0) = \bar{v}_1, \ \left.\dfrac{\mathrm{d}f}{\mathrm{d}x}\right|_{x=0} = \theta_1 \\[2mm] f(l) = \bar{v}_2, \ \left.\dfrac{\mathrm{d}f}{\mathrm{d}x}\right|_{x=l} = \theta_2 \end{cases} \tag{8-26}$$

代入式(8-25)可得:

$$a_0 = \bar{v}_1, \ a_1 = \theta_1, \ a_2 = \frac{1}{l^2}(-3\bar{v}_1 - 2\theta_1 l + 3\bar{v}_2 - \theta_2 l),$$

$$a_3 = \frac{1}{l^3}(2\bar{v}_1 + \theta_1 l - 2\bar{v}_2 + \theta_2 l) \tag{8-27}$$

将式(8-27)代入式(8-24),令 $\xi = \dfrac{\bar{x}}{l}$,则有:

$$\begin{aligned} f(\bar{x}) &= (1 - 3\xi^2 + 2\xi^3)\bar{v}_1 + l(\xi - 2\xi^2 + \xi^3)\theta_1 + (3\xi^2 - 2\xi^3)\bar{v}_2 + l(\xi^3 - \xi^2)\theta_2 \\ &= [N_1(\xi) \quad N_2(\xi) \quad N_3(\xi) \quad N_4(\xi)][\bar{f}] \\ &= [N(\xi)][\bar{f}] \end{aligned} \tag{8-28}$$

式中,$[N(\xi)]$ 为单元的形函数矩阵,即:

$$\begin{aligned} [N(\xi)] &= [N_1(\xi) \quad N_2(\xi) \quad N_3(\xi) \quad N_4(\xi)] \\ &= [(1 - 3\xi^2 + 2\xi^3) \quad l(\xi - 2\xi^2 + \xi^3) \quad (3\xi^2 - 2\xi^3) \quad l(\xi^3 - \xi^2)] \end{aligned} \tag{8-29}$$

2. 单元应变场的表达

由纯弯梁的几何方程可得,梁的应变为:

$$\varepsilon(\bar{x}, y) = -y \frac{\mathrm{d}^2 f(\bar{x})}{\mathrm{d}\bar{x}^2}$$

$$= -y \left[\frac{1}{l^2}(12\xi - 6) \quad \frac{1}{l}(6\xi - 4) \quad -\frac{1}{l^2}(12\xi - 6) \quad \frac{1}{l}(6\xi - 2) \right] \{\bar{f}\}$$

$$= [B(\xi)] \{\bar{f}\} \tag{8-30}$$

其中，y 是以中性层为起点的 y 方向的坐标，$[B(\xi)]$ 是单元的应变矩阵，即：

$$[B(\xi)] = -y \left[\frac{1}{l^2}(12\xi - 6) \quad \frac{1}{l}(6\xi - 4) \quad -\frac{1}{l^2}(12\xi - 6) \quad \frac{1}{l}(6\xi - 2) \right] \tag{8-31}$$

$$= -y [B_1(\xi) \quad B_2(\xi) \quad B_3(\xi) \quad B_4(\xi)]$$

其中，

$$B_1 = \frac{1}{l^2}(12\xi - 6), \ B_2 = \frac{1}{l}(6\xi - 4), \ B_3 = -\frac{1}{l^2}(12\xi - 6), \ B_4 = \frac{1}{l}(6\xi - 2)$$

3. 单元应力场的表达

由梁的物理方程可得：

$$\sigma(\bar{x}, y) = E \cdot \varepsilon(\bar{x}, y) = E \cdot [B(\bar{x}, y)][\bar{f}] = [S(\bar{x}, y)][\bar{f}] \tag{8-32}$$

式中　E——弹性模量；

$[S(\bar{x}, y)]$——单元的应力函数矩阵。

4. 虚位移原理

由虚位移原理可得：

$$\delta U - \delta W = 0 \tag{8-33}$$

式中，δU 为虚应变能：

$$\delta U = \int_0^l \int_A \varepsilon^{\mathrm{T}}(\bar{x}, y) \cdot \sigma(\bar{x}, y) \cdot \mathrm{d}A \cdot \mathrm{d}\bar{x}$$

$$= [\delta]^{\mathrm{T}} \left[\int_0^l \int_A [B]^{\mathrm{T}} \cdot E \cdot [B] \cdot \mathrm{d}A \cdot \mathrm{d}\bar{x} \right] [\delta] \tag{8-34}$$

$$= [\delta]^{\mathrm{T}} [\bar{K}] [\delta]$$

式中，$[\delta]$ 为节点虚位移，为：

$$[\delta] = [\delta \bar{v}_1 \quad \delta \theta_1 \quad \delta \bar{v}_2 \quad \delta \theta_2] \tag{8-35}$$

$[\bar{K}]$ 为单元刚度矩阵，将式(8-31)代入有：

$$[\bar{K}] = \int_0^l \int_A (-y)[B_1 \quad B_2 \quad B_3 \quad B_4]^{\mathrm{T}} \cdot E \cdot (-y) \cdot [B_1 \quad B_2 \quad B_3 \quad B_4] \mathrm{d}A \cdot \mathrm{d}\bar{x}$$

$$= \int_A (-y)^2 \mathrm{d}A \cdot E \cdot \int_0^l \begin{bmatrix} B_1^2 & B_1 B_2 & B_1 B_3 & B_1 B_4 \\ B_1 B_2 & B_2^2 & B_2 B_3 & B_2 B_4 \\ B_1 B_3 & B_2 B_3 & B_3^2 & B_3 B_4 \\ B_1 B_4 & B_2 B_4 & B_3 B_4 & B_4^2 \end{bmatrix} \cdot \mathrm{d}\bar{x}$$

$$= \frac{E \cdot I}{l^3} \begin{bmatrix} 12 & 6l & -12 & 6l \\ 6l & 4l^2 & -6l & 2l^2 \\ -12 & -6l & 12 & -6l \\ 6l & 2l^2 & -6l & 4l^2 \end{bmatrix} \tag{8-36}$$

式中，I 为惯性矩。

式(8-33)中的虚外力功为：

$$\delta W = \bar{F}_{v1} \cdot \delta \bar{v}_1 + \bar{M}_1 \cdot \delta \theta_1 + \bar{F}_{v2} \cdot \delta \bar{v}_2 + \bar{M}_2 \cdot \delta \theta_2 = [\bar{F}]^{\mathrm{T}}[\delta] \tag{8-37}$$

式中，$[\bar{F}]$ 为节点力向量，即式(8-24)。

5. 单元的刚度方程

由式(8-34)、式(8-35)以及式(8-37)，可得单元刚度方程：

$$[\bar{K}]_{4\times4}[\bar{\Delta}]_{4\times1} = [\bar{F}]_{4\times1} \tag{8-38}$$

式中，刚度矩阵 $[\bar{K}]$ 和力向量 $[\bar{F}]$ 分别见式(8-32)和式(8-24)，式中，下标为矩阵的维数。

上述内容均针对纯弯梁单元，而对于局部坐标系中的一般平面梁单元，如图 8-7 所示，在纯弯梁单元的基础上叠加轴向位移（根据小变形弹性前提，满足叠加原理），此时的节点位移自由度(DOF)数为 6 个。

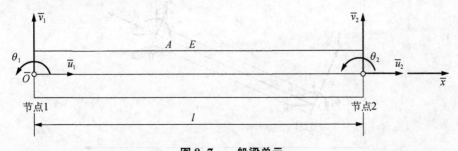

图 8-7 一般梁单元

图 8-7 所示平面梁单元的节点位移向量 $[\bar{\Delta}]$ 和节点力向量 $[\bar{F}]$ 分别为：

$$[\bar{\Delta}] = \begin{bmatrix} \bar{u}_1 & \bar{v}_1 & \theta_1 & \bar{u}_2 & \bar{v}_2 & \theta_2 \end{bmatrix}^{\mathrm{T}} \tag{8-39}$$

$$[\bar{F}] = \begin{bmatrix} \bar{F}_{u1} & \bar{F}_{v1} & \bar{M}_1 & \bar{F}_{u2} & \bar{F}_{v2} & \bar{M}_2 \end{bmatrix}^{\mathrm{T}} \tag{8-40}$$

类似地，其单元刚度方程为：

$$[\bar{K}]_{6\times6}[\bar{\Delta}]_{6\times1} = [\bar{F}]_{6\times1} \tag{8-41}$$

按照图 8-3 中的节点位移以及式(8-39)中的节点位移向量的排列次序，将杆单元刚度矩阵与纯弯梁单元刚度矩阵进行组合，即可得到式(8-42)中的单元刚度矩阵：

$$[\bar{K}]_{6\times6} = \begin{bmatrix} \dfrac{EA}{l} & 0 & 0 & -\dfrac{EA}{l} & 0 & 0 \\ 0 & \dfrac{12EI}{l^3} & \dfrac{6EI}{l^2} & 0 & -\dfrac{12EI}{l^3} & \dfrac{6EI}{l^2} \\ 0 & \dfrac{6EI}{l^2} & \dfrac{4EI}{l} & 0 & -\dfrac{6EI}{l^2} & \dfrac{2EI}{l} \\ -\dfrac{EA}{l} & 0 & 0 & \dfrac{EA}{l} & 0 & 0 \\ 0 & -\dfrac{12EI}{l^3} & -\dfrac{6EI}{l^2} & 0 & \dfrac{12EI}{l^3} & -\dfrac{6EI}{l^2} \\ 0 & \dfrac{6EI}{l^2} & \dfrac{2EI}{l} & 0 & -\dfrac{6EI}{l^2} & \dfrac{4EI}{l} \end{bmatrix} \qquad (8\text{-}42)$$

8.2.2　平面梁单元的坐标变换

设位于整体坐标系中的一梁单元,其有两个端节点,梁的长度为 l,弹性模量为 E,横截面积为 A,惯性矩为 I,如图 8-8 所示。

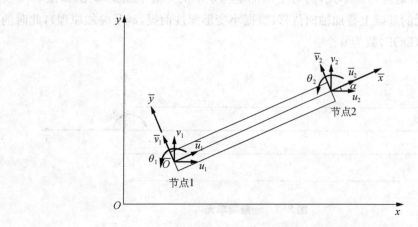

图 8-8　整体坐标系中的梁单元

该梁单元在局部坐标系 $O\bar{x}\bar{y}$ 中的节点位移向量可参见式(8-39)。现设其在整体坐标系 Oxy 中的节点位移向量为:

$$[\Delta] = \begin{bmatrix} u_1 & v_1 & \theta_1 & u_2 & v_2 & \theta_2 \end{bmatrix}^{\mathrm{T}} \qquad (8\text{-}43)$$

需要注意的是,转角 θ_1 和 θ_2 在两个坐标系中是相同的。

参照 6.2 节,两者之间关系写成矩阵形式有:

$$[\bar{\Delta}]_{6\times1} = [T]_{6\times6}[\Delta]_{6\times1} \qquad (8\text{-}44)$$

式中,$[T]$ 为梁单元的坐标变换矩阵:

$$[T]_{6\times6} = \begin{bmatrix} \cos\alpha & \sin\alpha & 0 & 0 & 0 & 0 \\ -\sin\alpha & \cos\alpha & 0 & 0 & 0 & 0 \\ 0 & 0 & 1 & 0 & 0 & 0 \\ 0 & 0 & 0 & \cos\alpha & \sin\alpha & 0 \\ 0 & 0 & 0 & -\sin\alpha & \cos\alpha & 0 \\ 0 & 0 & 0 & 0 & 0 & 1 \end{bmatrix} \tag{8-45}$$

与平面杆单元的坐标变换类似,梁单元在整体坐标系中的刚度方程为:

$$[K]_{6\times6}[\Delta]_{6\times1} = [F]_{6\times1} \tag{8-46}$$

式中,下标为矩阵的维数,其中:

$$[K]_{6\times6} = [T]_{6\times6}^{\mathrm{T}}[\bar{K}]_{6\times6}[T]_{6\times6} \tag{8-47}$$

$$[F]_{6\times1} = [T]_{6\times6}^{\mathrm{T}}[\bar{F}]_{6\times1} \tag{8-48}$$

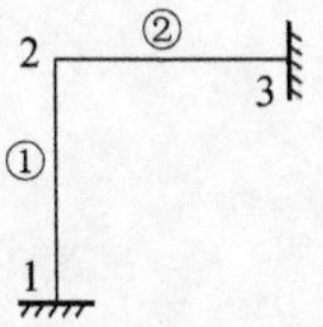

例 8.3 如图 8-9 所示刚架结构,假定 $E = 210$ GPa,$I = 5 \times 10^{-5}$ m^4,$L = 5$ m,$A = 0.04$ m^2,求该刚架结构单元①和单元②的刚度矩阵。

图 8-9 例 8-3

解: 由图 8-9 可知,E,I,L 均相同,所以,按照式(8-42):

$$[K]^{(1)} = [K]^{(2)}$$

$$= 10^9 \times \begin{bmatrix} 1.68 & 0 & 0 & -1.68 & 0 & 0 \\ 0 & 0.001\,008 & 0.002\,520 & 0 & -0.001\,008 & 0.002\,52 \\ 0 & 0.002\,52 & 0.008\,4 & 0 & -0.002\,52 & 0.004\,2 \\ -1.68 & 0 & 0 & 1.68 & 0 & 0 \\ 0 & -0.001\,008 & -0.002\,52 & 0 & 0.001\,008 & -0.002\,52 \\ 0 & 0.002\,52 & 0.004\,2 & 0 & -0.002\,52 & 0.008\,4 \end{bmatrix}$$

而 $\alpha_1 = 90°$,$\alpha_2 = 0°$,由式(8-45)可得:

$$[T]^{(1)} = \begin{bmatrix} 0 & 1 & 0 & 0 & 0 & 0 \\ -1 & 0 & 0 & 0 & 0 & 0 \\ 0 & 0 & 1 & 0 & 0 & 0 \\ 0 & 0 & 0 & 0 & 1 & 0 \\ 0 & 0 & 0 & -1 & 0 & 0 \\ 0 & 0 & 0 & 0 & 0 & 1 \end{bmatrix} \quad [T]^{(2)} = \begin{bmatrix} 1 & 0 & 0 & 0 & 0 & 0 \\ 0 & 1 & 0 & 0 & 0 & 0 \\ 0 & 0 & 1 & 0 & 0 & 0 \\ 0 & 0 & 0 & 1 & 0 & 0 \\ 0 & 0 & 0 & 0 & 1 & 0 \\ 0 & 0 & 0 & 0 & 0 & 1 \end{bmatrix}$$

由式(8-47)可得:

$$[K]^{(1)} = [[T]^{(1)}]^T[\bar{K}]^{(1)}[T]^{(1)}$$

$$= 10^9 \times \begin{bmatrix} 0.001\ 008 & 0 & -0.002\ 52 & -0.001\ 008 & 0 & -0.002\ 52 \\ 0 & 1.68 & 0 & 0 & -1.68 & 0 \\ -0.002\ 52 & 0 & 0.008\ 4 & 0.002\ 52 & 0 & 0.004\ 2 \\ -0.001\ 008 & 0 & 0.002\ 52 & 0.001\ 008 & 0 & 0.002\ 52 \\ 0 & -1.68 & 0 & 0 & 1.68 & 0 \\ -0.002\ 52 & 0 & 0.004\ 2 & 0.002\ 52 & 0 & 0.008\ 4 \end{bmatrix}$$

$$[K]^{(2)} = [[T]^{(2)}]^T[\bar{K}]^{(1)}[T]^{(2)}$$

$$= 10^9 \times \begin{bmatrix} 1.68 & 0 & 0 & -1.68 & 0 & 0 \\ 0 & 0.001\ 008 & 0.002\ 520 & 0 & -0.001\ 008 & 0.002\ 52 \\ 0 & 0.002\ 52 & 0.008\ 4 & 0 & -0.002\ 52 & 0.004\ 2 \\ -1.68 & 0 & 0 & 1.68 & 0 & 0 \\ 0 & -0.001\ 008 & -0.002\ 52 & 0 & 0.001\ 008 & -0.002\ 52 \\ 0 & 0.002\ 52 & 0.004\ 2 & 0 & -0.002\ 52 & 0.008\ 4 \end{bmatrix}$$

8.2.3 梁结构分析的算例

例 8.4 如图 8-10 所示的梁结构。假定 $E = 210\ \text{GPa}$，$I = 5 \times 10^{-5}\ \text{m}^4$，$F = 15\ \text{kN}$，$L = 3\ \text{m}$。求：

(1) 该结构的总体刚度矩阵；

(2) 节点 2 的垂直位移；

(3) 节点 1 和节点 2 的转角；

(4) 节点 1 和节点 3 的支反力；

(6) 每个单元的力(剪力和弯矩)。

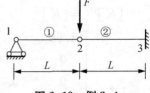

图 8-10 例 8-4

解：按照有限元方法，本例仍然分为六步完成。需要注意的是，由于本例为纯弯梁模型，因此采用式(8-38)进行计算。

(1) 离散化。按照图中所示，将该结构离散化为 3 个节点，2 个单元，它们之间的连通性见表 8-3。

表 8-3　各单元节点的连通性

单元编号	节点 i	节点 j
1	1	2
2	2	3

(2) 求单元刚度矩阵。按照式(8-25)，可得单元 1 和单元 2 的单元刚度矩阵分别为：

$$[K]_{12} = 10^6 \times \begin{bmatrix} 4.666\,7 & 7.000\,0 & -4.666\,7 & 7.000\,0 \\ 7.000\,0 & 14.000\,0 & -7.000\,0 & 7.000\,0 \\ -4.666\,7 & -7.000\,0 & 4.666\,7 & -7.000\,0 \\ 7.000\,0 & 7.000\,0 & -7.000\,0 & 14.000\,0 \end{bmatrix}$$

$$[K]_{23} = 10^6 \times \begin{bmatrix} 4.666\,7 & 7.000\,0 & -4.666\,7 & 7.000\,0 \\ 7.000\,0 & 14.000\,0 & -7.000\,0 & 7.000\,0 \\ -4.666\,7 & -7.000\,0 & 4.666\,7 & -7.000\,0 \\ 7.000\,0 & 7.000\,0 & -7.000\,0 & 14.000\,0 \end{bmatrix}$$

（3）组装总刚矩阵。由于该结构有 3 个节点，所以其总刚矩阵为 6×6 矩阵：

$$[K] = 10^6 \times \begin{bmatrix} 4.666\,7 & 7.000\,0 & -4.666\,7 & 7.000\,0 & 0 & 0 \\ 7.000\,0 & 14.000\,0 & -7.000\,0 & 7.000\,0 & 0 & 0 \\ -4.666\,7 & -7.000\,0 & 9.333\,3 & 0 & -4.666\,7 & 7.000\,0 \\ 7.000\,0 & 7.000\,0 & 0 & 28.000\,0 & -7.000\,0 & 7.000\,0 \\ 0 & 0 & -4.666\,7 & -7.000\,0 & 4.666\,7 & -7.000\,0 \\ 0 & 0 & 7.000\,0 & 7.000\,0 & -7.000\,0 & 14.000\,0 \end{bmatrix}$$

（4）施加边界条件。得到总刚矩阵之后，即可进一步得到该结构的方程组：

$$10^6 \times \begin{bmatrix} 4.666\,7 & 7.000\,0 & -4.666\,7 & 7.000\,0 & 0 & 0 \\ 7.000\,0 & 14.000\,0 & -7.000\,0 & 7.000\,0 & 0 & 0 \\ -4.666\,7 & -7.000\,0 & 9.333\,3 & 0 & -4.666\,7 & 7.000\,0 \\ 7.000\,0 & 7.000\,0 & 0 & 28.000\,0 & -7.000\,0 & 7.000\,0 \\ 0 & 0 & -4.666\,7 & -7.000\,0 & 4.666\,7 & -7.000\,0 \\ 0 & 0 & 7.000\,0 & 7.000\,0 & -7.000\,0 & 14.000\,0 \end{bmatrix} \begin{bmatrix} v_1 \\ \theta_1 \\ v_2 \\ \theta_2 \\ v_3 \\ \theta_3 \end{bmatrix} = \begin{bmatrix} P_{v1} \\ M_1 \\ P_{v2} \\ M_2 \\ P_{v3} \\ M_3 \end{bmatrix}$$

由题意可得，本题的边界条件为：

$$v_1 = v_3 = \theta_3 = 0, \quad M_1 = M_2 = 0, \quad F_{v2} = -15 \text{ kN}$$

将边界条件代入方程组中，得：

$$10^6 \times \begin{bmatrix} 4.666\,7 & 7.000\,0 & -4.666\,7 & 7.000\,0 & 0 & 0 \\ 7.000\,0 & 14.000\,0 & -7.000\,0 & 7.000\,0 & 0 & 0 \\ -4.666\,7 & -7.000\,0 & 9.333\,3 & 0 & -4.666\,7 & 7.000\,0 \\ 7.000\,0 & 7.000\,0 & 0 & 28.000\,0 & -7.000\,0 & 7.000\,0 \\ 0 & 0 & -4.666\,7 & -7.000\,0 & 4.666\,7 & -7.000\,0 \\ 0 & 0 & 7.000\,0 & 7.000\,0 & -7.000\,0 & 14.000\,0 \end{bmatrix} \begin{bmatrix} 0 \\ \theta_1 \\ v_2 \\ \theta_2 \\ 0 \\ 0 \end{bmatrix} = \begin{bmatrix} P_{v1} \\ 0 \\ -15\,000 \\ 0 \\ P_{v3} \\ M_3 \end{bmatrix}$$

（5）解方程。手动分解上述方程可得：

$$10^6 \times \begin{bmatrix} 14 & -7 & 7 \\ -7 & 9.333\,3 & 0 \\ 7 & 0 & 28 \end{bmatrix} \begin{bmatrix} \theta_1 \\ v_2 \\ \theta_2 \end{bmatrix} = \begin{bmatrix} 0 \\ -15\,000 \\ 0 \end{bmatrix}$$

解得:

$$\begin{bmatrix} \theta_1 & v_2 & \theta_2 \end{bmatrix}^T = \begin{bmatrix} -0.001\,6 & -0.002\,8 & 0.000\,4 \end{bmatrix}^T$$

(6) 后处理。由方程结果可知:

$$\begin{bmatrix} \Delta \end{bmatrix} = \begin{bmatrix} 0 & -0.001\,6 & -0.002\,8 & 0.000\,4 & 0 & 0 \end{bmatrix}^T$$

力向量为:

$$\begin{bmatrix} F \end{bmatrix} = \begin{bmatrix} K \end{bmatrix} \begin{bmatrix} \Delta \end{bmatrix} = 10^3 \times \begin{bmatrix} 4.687\,5 & 0 & -15 & 0 & 10.312\,5 & -16.875\,0 \end{bmatrix}^T$$

对于单元1,按照式(8-27)有:

$$\begin{bmatrix} \Delta^{(1)} \end{bmatrix} = \begin{bmatrix} 0 & -0.001\,6 & -0.002\,8 & 0.000\,4 \end{bmatrix}^T ;$$
$$\begin{bmatrix} F^{(1)} \end{bmatrix} = \begin{bmatrix} K \end{bmatrix}_{12} \begin{bmatrix} \Delta^{(1)} \end{bmatrix} = 10^3 \times \begin{bmatrix} 4.687\,5 & 0 & -4.687\,5 & 14.062\,5 \end{bmatrix}^T$$

即对于单元1而言,节点1受力竖直向上,大小为4.687 5 kN,弯矩为零;节点2受力竖直向下,大小为4.687 5 kN,弯矩为逆时针方向,大小为14.062 5 kN·m。

同理,对于单元2,

$$\begin{bmatrix} \Delta^{(2)} \end{bmatrix} = \begin{bmatrix} -0.002\,8 & -0.000\,4 & 0 & 0 \end{bmatrix}^T ;$$
$$\begin{bmatrix} F^{(2)} \end{bmatrix} = \begin{bmatrix} K \end{bmatrix}_{23} \begin{bmatrix} \Delta^{(2)} \end{bmatrix} = 10^3 \times \begin{bmatrix} -10.312\,5 & -14.062\,5 & 10.312\,5 & -16.875\,0 \end{bmatrix}^T$$

即对于单元2而言,节点2受力方向竖直向下,大小为10.312 5 kN,弯矩为顺时针方向,大小为14.062 5 kN·m;节点3受力方向竖直向上,大小为10.312 5 kN,弯矩为顺时针方向,大小为16.875 kN·m。

8.3 本章小结

本章主要讲述了两种基本单元:杆单元和梁单元。具体包括节点位移模式、单元刚度矩阵、坐标变换,并用实例说明了基本计算方法。

思考题

8.1 平面杆系和空间杆系中每个单元杆有几个自由度?如何形成单元刚度矩阵?

8.2 仿照例8.3的过程求解例8.1中的各杆单元应力和节点位移。并与材料力学所得结果进行比较。

8.3 仿照例8.3的过程求解例8.2中的各杆单元应力和节点位移。并将结果与材料力学所得结果进行比较。

习　题

8.1　如图 8-11 所示的桁架,已知弹性模量 $E=210\,\mathrm{GPa}$,横截面积 $A=2\times10^{-4}\,\mathrm{m}^2$,水平杆长度为 3 m。求各单元的刚度矩阵。

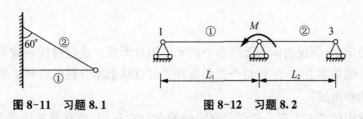

图 8-11　习题 8.1　　　　　　图 8-12　习题 8.2

8.2　如图 8-12 所示的梁,已知 $E=210\,\mathrm{GPa}$,$I=5\times10^{-5}\,\mathrm{m}^4$,$L_1=5\,\mathrm{m}$,$L_2=3\,\mathrm{m}$,求各单元的刚度矩阵。

8.3　如图 8-13 所示的梁,$E=210\,\mathrm{GPa}$,$L_1=5\,\mathrm{m}$,$L_2=3\,\mathrm{m}$,$I=4\times10^{-5}\,\mathrm{m}^4$,$M=20\,\mathrm{kN\cdot m}$,$F=30\,\mathrm{kN}$。求各单元的刚度矩阵,并写出结构刚度方程。

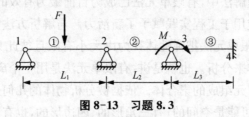

图 8-13　习题 8.3

8.4　如图 8-14 所示的刚架,已知 $E=210\,\mathrm{GPa}$,$I=8\times10^{-5}\,\mathrm{m}^4$,$A=2\times10^{-2}\,\mathrm{m}^2$,各单元长均为 $L=4\,\mathrm{m}$,求该刚架结构各单元的刚度矩阵。

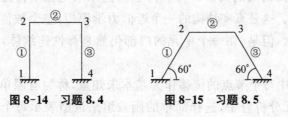

图 8-14　习题 8.4　　　　　图 8-15　习题 8.5

8.5　如图 8-15 所示的刚架,已知 $E=210\,\mathrm{GPa}$,$I=6\times10^{-5}\,\mathrm{m}^4$,$A=3\times10^{-2}\,\mathrm{m}^2$,各单元长分别为 4 m,3 m,4 m,求该刚架结构各单元的刚度矩阵。

第9章　平面问题的有限单元法

在弹性力学中，假设物体由无限多个微元体组合而成。通过对任一微元体的分析，导出了弹性力学的基本方程，然后结合边界条件求解这些基本方程就得到了描述物体应力、应变和位移的解析解。

弹性力学中的基本方程一般都是高阶的偏微分方程组，要在满足边界条件下精确地求出它们的解，在数学上相当困难，现在，也只是对某些简单的问题有解答。在大量的工程实际问题中，特别是结构的几何形状、载荷情况等比较复杂的问题，严格按照弹性力学的基本方程精确求解将非常困难，有时甚至是不可能的。因此，在工程实际中往往不得不采用近似解法和数值解法，以求得问题的近似解答。

在各种近似和数值解法中，有限单元法已成为目前最为有效的结构分析的数值解法，它为弹性力学进一步应用于工程实践赋予了新活力。与解析方法中把弹性体认为由无限多微元体组成相反，有限单元法把弹性体视为由大小有限且彼此只在有限个节点相连接的有限个单元的组合体来分析。也就是讲，有限单元法是用一个离散结构来代替连续体，离散结构是由有限个单元组成的集合体。依据被分析物体的几何形状、所受载荷的特点，单元可能是平面的，也可能是空间的；有三角形的、四边形的，也有四面体的、六面体的；有直边也有曲边的等。各种单元的顶点，都称为节点，单元边上的点也可取为节点。相邻单元仅在节点处相连接，载荷的传递也仅通过节点进行，这样就把原来的一个连续体变成了一个由有限个单元组成的离散体，同时，也就把原来是无限自由度的体系简化为有限自由度的体系了。这是真实结构的一个近似力学模拟，整个数值计算就将在这个离散化的模型上进行。但是，在每个单元的内部仍然是弹性连续体，满足弹性力学的一切法则。

一般取离散体中每个节点的位移作为基本未知量，称为有限单元位移法。连续体离散化后，先从单元分析着手，选择简单的函数组来近似表示每个单元上真实位移的分布和变化，建立每个单元的刚度方程。然后再组集各单元以建立整个结构的总刚度方程。引入边界约束条件后，求解刚度方程便得到各节点的位移，以此又可计算各单元的应力。

按照一定的原则进行离散化，合理地选择描述单元的数学模型，当网格逐渐加密时，离散体就能更真实地模拟原来的结构。通过求解总刚度方程（代数方程组）所得到的数值结果，虽然是近似的，但还是能够反映原来结构的力学状态并满足工程上的需要。

有限单元法的三个主要工作就是连续体的离散化、单元分析和整体分析。

9.1 连续体的网格划分

所谓连续体的离散化，就是假想把分析对象分剖成由有限个单元组成的集合体。这些单元仅在节点处连接，单元之间的力仅靠节点传递。所以连续体的离散化又称为网格划分。

平面问题的有限元法中，最简单而且又是最常用的单元是三角形单元和矩形单元。如图 9-1(a) 所示的均匀拉伸的带孔等厚度薄板，我们可以将其划分为三角形网格，每个单元都是等厚度三角形平板，连接单元的节点都假想是光滑的平面铰，它只传递集中力，不受弯且不传递弯矩。当单元处于曲线边界(这里是圆弧孔边)时，可近似地用直线代替曲线作为三角形的一边。每个单元所受的载荷也要等效移置到节点上，成为节点载荷(具体移置方法在后面讨论)。同时，还要把物体所受的各种形式的约束条件简化到约束处的节点上。实际上，约束简化也可以看作是一种载荷移置，因为从受力角度来看，约束的简化就是把约束反力移置到节点上去。本例中固定边 AB 各点的位移均为零，所以在 AB 边上的各节点处应设置固定铰支座，如图 9-1(b) 所示。

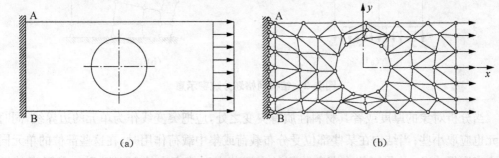

(a)　　　　　　　　　　　　　(b)

图 9-1　平面问题的三角形网格划分

这样，通过单元分割、载荷移置与约束简化，就可把一个形状各异、受各种形式载荷和各种形式约束的连续弹性体，离散为一个仅在节点连接、仅靠节点传力、仅受节点载荷、仅在节点处约束的单元组合体。

把弹性连续体离散为有限单元组合体的过程，是综合运用工程判断力的过程。在这个过程中，要确定单元的形状、大小(网格的疏密)、数目、单元的排列以及约束的设置等，其总目标是尽可能精确地模拟原来的物体或结构，因为这关系到整个计算的精度，要特别予以注意。

在有限单元离散即划分网格时，先要考虑的是单元类型的选择。这主要取决于结构的几何形状、载荷的类型、计算精度的要求以及描述该问题所必需的独立空间坐标的数目。例如，对于等厚度薄板，当载荷作用线平行于板中面时，一般可作为平面问题采用三角形单元、矩形单元等，而当载荷垂直于板中面时，则应采用板壳单元。对同一平面问题，精度要求不高时，可用三角形单元，精度要求高时，则应采用矩形单元或三角形六节点单元。

确定单元类型后,接着要考虑单元的大小(即网格的疏密),先是根据精度要求和计算机的速度与容量来决定。从理论上看,单元越小、网格越密,计算结果精度将越高,但势必也要求计算机容量越大,因此在满足工程要求、保证必要精度的条件下,网格划分可粗些,单元数可少一些。在估计应力水平较高、或应力梯度变化较大的部位和重要的部位,单元分割应小些,网格划分也应密些。反之,在应力水平较低、变化平缓节位,或次要的部位,单元可取得大些,网格也就稀一些。如图9-2所示的结构中,在接近椭圆孔处由于应力集中,应力梯度变化大,孔周围的单元就取得小些,网格划分得密些;在离孔较远处,应力变化平缓,单元就取得大些。

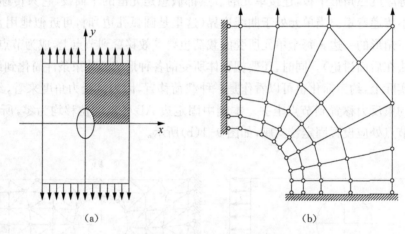

(a) (b)

图9-2 结构网格划分疏密示意

当分析对象的厚度或者其材料性质有突变之处,应把突变线作为单元的边界线,同时单元也应取小些;当结构在某些部位受分布载荷或集中载荷作用时,在这些部位的单元同样应当取得小些,并尽可能在载荷作用处布置节点以使应力的突变得到一定程度的反映。同一个结构上的网格疏密、单元大小要有过渡,避免大小悬殊的单元相邻。还要注意的是,划分单元时各单元的边长尽可能不要相差太大,因为这是影响计算精度的一个重要原因。故应尽量避免取狭长的单元,如图9-3所示的两种分割中,应取图9-3(a)的方式而要避免图9-3(b)的划分方式。当然任一三角形单元的顶点必须同时为相邻三角形单元的顶点,而不能为相邻三角形单元边上的内点,图9-4(a)所示是错误的,应如图9-4(b)所示。

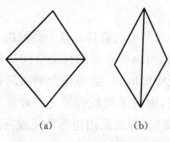

(a) (b)

图9-3 两种三角形单元分割方式

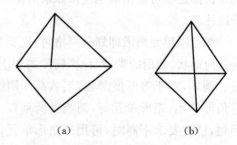

(a) (b)

图9-4 两种三角形单元顶点划分方式

9.2　三节点三角形单元分析

如图 9-5 所示分析图 9-1 网格上三角形单元的力学特性,从结构的离散体中任意选取一个单元 e。三个节点按全标系的右手法则顺序编号为 i,j,m,节点坐标分别为(x_i,y_i),(x_j,y_j),(x_m,y_m)。

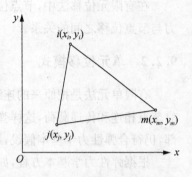

9.2.1　单元的节点位移矩阵和节点力矩阵

由弹性力学的平面问题可知,每个节点在其单元平面内的位移可以有两个分量,即:

图 9-5　平面三角形单元

$$[\Delta_i^e]=\begin{bmatrix}u_i\\v_i\end{bmatrix}\cdot[\Delta_j^e]=\begin{bmatrix}u_j\\v_j\end{bmatrix}\cdot[\Delta_m^e]=\begin{bmatrix}u_m\\v_m\end{bmatrix} \tag{9-1}$$

式中,u_i、v_i 是节点 i 在 x 轴和 y 轴方向的位移分量,u_j,v_j,u_m,v_m 的含义可以类推。

整个三角形单元共有 6 个节点位移分量[图 9-6(a)],用列阵表示为:

$$[\Delta]^e=[[\Delta_i^e]^T\quad[\Delta_j^e]^T\quad[\Delta_m^e]^T]^T=[u_i\quad v_i\quad u_j\quad v_j\quad u_m\quad v_m]^T \tag{9-2}$$

式(9-2)就是三角形单元的节点位移矩阵。

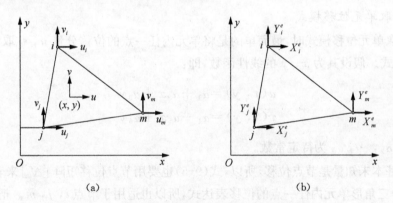

图 9-6　三节点三角形单元的节点位移与节点力

与节点位移相对应,每个节点在其单元平面内也有 2 个节点力分量,即:

$$[F_i^e]=\begin{bmatrix}X_i^e\\Y_i^e\end{bmatrix},[F_j^e]=\begin{bmatrix}X_j^e\\Y_j^e\end{bmatrix},[F_m^e]=\begin{bmatrix}X_m^e\\Y_m^e\end{bmatrix} \tag{9-3}$$

式中,X_i^e,Y_i^e 分别是节点 i 处节点力在 x 轴和 y 轴方向的分量,X_j^e,Y_j^e,X_m^e,Y_m^e 的含义可类推。

整个三角形单元也就有 6 个节点力分量[图 9-6(b)],用列阵表示组成三角形单元的节点力矩阵:

$$[F]^e = [[F_i^e]^T \quad [F_j^e]^T \quad [F_m^e]^T]^T = [X_i^e \quad Y_i^e \quad X_j^e \quad Y_j^e \quad X_m^e \quad Y_m^e]^T \quad (9\text{-}4)$$

在有限元位移法中,节点位移为基本未知量。单元分析的基本任务是建立单元节点力与节点位移之间的关系。

9.2.2 单元位移模式

有限单元法是把原来的连续体用一离散化的若干个单元来代替,单元与单元之间仅靠节点相连和传递载荷,这样弹性力学"假设物体是连续的"已不再满足。在每一单元内部,仍符合弹性力学基本假设,因此,弹性力学的基本方程在本单元内部同样适用。

根据弹性力学基本方程,如果弹性体内的位移分量已知,则可由几何方程求得应变分量,再由物理方程求得应力分量。这就要求知道单元内的位移变化规律,如果只知道每个单元节点的位移,是不能直接求得应变分量和应力分量的。为此,必须首先假定单元内的一个位移函数,即单元位移模式,也即假定单元内各点位移分量是坐标的某种函数。

由于在整个弹性体内各点的位移变化情况非常复杂,在整个区域里很难选取一个适当的位移函数来表示位移的复杂变化。现在已将整个区域分割成许多单元组成的离散体,由于每个单元比较小,在每个单元的局部范围内,就可以采用比较简单的函数来近似表达单元内真实位移,然后把各单元的位移函数连接起来,就可以近似表示整个区域内真实的位移函数,这就像一条光滑曲线,可以用许多足够小的直线段连接成折线来模拟一样。这种化繁为简,联合局部逼近整体的思想是有限单元法的关键。

1. 选取单元位移模式

在选取单元位移模式时,最简单的是将单元内任一点的位移分量 u, v 取为坐标 (x, y) 的多项式。假设其为 x、y 的线性函数,即:

$$
\begin{aligned}
u(x, y) &= \alpha_1 + \alpha_2 x + \alpha_3 y \\
v(x, y) &= \alpha_4 + \alpha_5 x + \alpha_6 y
\end{aligned}
\quad (9\text{-}5)
$$

式中,α_1, α_2, $\cdots$, α_6 为待定常数。

因为基本未知量是节点位移,所以,式(9-5)也要用节点位移矩阵 $[\Delta^e]$ 来表示。由于式(9-5)为三角形单元内任一点的位移表达式,所以也适用于节点 i, j, m。把节点 i, j, m 的坐标 (x_i, y_i), (x_j, y_j), (x_m, y_m) 代入,有:

$$
\begin{aligned}
u_i &= \alpha_1 + \alpha_2 x_i + \alpha_3 y_i \\
u_j &= \alpha_1 + \alpha_2 x_j + \alpha_3 y_j \\
u_m &= \alpha_1 + \alpha_2 x_m + \alpha_3 y_m \\
v_i &= \alpha_4 + \alpha_5 x_i + \alpha_6 y_i \\
v_j &= \alpha_4 + \alpha_5 x_j + \alpha_6 y_j \\
v_m &= \alpha_4 + \alpha_5 x_m + \alpha_6 y_m
\end{aligned}
\quad (9\text{-}6)
$$

三个节点的 6 个位移分量的表达式恰好可以确定六个待定常数 α_1, α_2, $\cdots$, α_6。求

解以上方程,有:

$$\alpha_1 = \frac{a_i u_i + a_j u_j + a_m u_m}{2A}$$

$$\alpha_2 = \frac{b_i u_i + b_j u_j + b_m u_m}{2A}$$

$$\alpha_3 = \frac{c_i u_i + c_j u_j + c_m u_m}{2A}$$

$$\alpha_4 = \frac{a_i v_i + a_j v_j + a_m v_m}{2A} \tag{9-7}$$

$$\alpha_5 = \frac{b_i v_i + b_j v_j + b_m v_m}{2A}$$

$$\alpha_6 = \frac{c_i v_i + c_j v_j + c_m v_m}{2A}$$

其中:

$$a_i = (x_j y_m - x_m y_j), \ b_i = y_j - y_m, \ c_i = x_m - x_j$$
$$a_j = (x_m y_i - x_i y_m), \ b_j = y_m - y_i, \ c_j = x_i - x_m \tag{9-8}$$
$$a_m = (x_i y_j - x_j y_i), \ b_m = y_i - y_j, \ c_m = x_j - x_i$$

$$A = \frac{1}{2} \begin{vmatrix} 1 & x_i & y_i \\ 1 & x_j & y_j \\ 1 & x_m & y_m \end{vmatrix} = \frac{1}{2}(x_j y_m + x_m y_i + x_i y_j - x_m y_j - x_i y_m - x_j y_i) \tag{9-9}$$

A 为三角形单元 e 的面积。将式(9-7)代入式(9-5),有:

$$u(x, y) = \frac{1}{2A} \left[(a_i u_i + a_j u_j + a_m u_m) + (b_i u_i + b_j u_j + b_m u_m)x + c_i u_i + c_j u_j + c_m u_m y \right]$$

$$= \frac{1}{2A} \left[(a_i + b_i x + c_i y)u_i + (a_j + b_j x + c_j y)u_j + (a_m + b_m x + c_m y)u_m \right]$$

$$= N_i u_i + N_j u_j + N_m u_m \tag{9-10}$$

同理:

$$v(x, y) = N_i v_i + N_j v_j + N_m v_m \tag{9-11}$$

这就是用单元节点位移表示的单元位移模式,用矩阵表示为:

$$[f]^e = \begin{bmatrix} u(x, y) \\ v(x, y) \end{bmatrix}$$

$$= \begin{bmatrix} N_i(x, y) & 0 & \vdots & N_j(x, y) & 0 & \vdots & N_m(x, y) & 0 \\ 0 & N_i(x, y) & \vdots & 0 & N_j(x, y) & \vdots & 0 & N_m(x, y) \end{bmatrix} [\Delta]^e \tag{9-12}$$

也可简写为:

$$[f]^e = [IN_i \quad IN_j \quad IN_m][\Delta]^e = [N][\Delta]^e \tag{9-13}$$

式中，I 为二阶单位矩阵。而 N_i，N_j，N_m 由式(9-14)轮换得出：

$$N_i(x，y) = (a_i + b_i x + c_i y)/2A \quad (i、j、m) \tag{9-14}$$

再讨论一下 N_i，N_j，N_m 的性质，把式(9-8)代入 N_i，有：

$$N_i(x，y) = \frac{1}{2A}[x_j y_m - x_m y_j + (y_j - y_m)x + (x_m - x_j)y]$$

在 i，j，m 三个节点上，形函数 $N_i(x，y)$ 的取值可如下求得：

$$N_i(x_i，y_i) = \frac{1}{2A}(x_j y_m + x_i y_j + x_m y_i - x_m y_j - x_i y_m - x_j y_i) = 1$$

$$N_i(x_j，y_j) = \frac{1}{2A}(x_j y_m - x_m y_j + y_j x_i - y_m x_i + x_m y_j - x_j y_j) = 0 \tag{9-15}$$

$$N_i(x_m，y_m) = \frac{1}{2A}(x_j y_m - x_m y_j + y_j x_m - y_m x_m + x_m y_m - x_j y_m) = 0$$

同理，可得 N_j，N_m 在 i，j，m 三个节点上的值为：

$$N_j(x_i，y_i) = 0, \; N_j(x_j，y_j) = 1, \; N_j(x_m，y_m) = 0 \tag{9-16}$$
$$N_m(x_i，y_i) = 0, \; N_m(x_j，y_j) = 0, \; N_m(x_m，y_m) = 1$$

这就是 N_i，N_j，N_m 在节点处的性质。再对照式(9-12)和式(9-13)可以看出，单元位移模式可以直接通过单元节点位移$[\Delta]^e$插值表现出来，所以 N_i，N_j，N_m 称为位移插值函数。

再来看一下 N_i，N_j，N_m 的物理意义。在式(9-12)中，令 $u_i = 1$，$u_j = 0$，$u_m = 0$，则：

$$u(x，y) = N_i \tag{9-17}$$

这就表明了 N_i 为节点 i 发生单位位移时，在单元内部位移的分布规律(图 9-7)。由于 N_i，N_j，N_m 反映了单元 ijm 的形态，所以称之为形态函数，简称为形函数。而称为形态矩阵或形函数矩阵。

$$[N] = \begin{bmatrix} N_i & 0 & N_j & 0 & N_m & 0 \\ 0 & N_i & 0 & N_j & 0 & N_m \end{bmatrix} \tag{9-18}$$

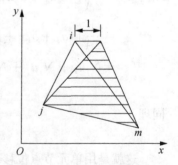

图 9-7　单元内的位移分布

2. 收敛性讨论

在有限单元法中，应力矩阵和单元刚度矩阵的建立以及节点载荷的移置等，都依赖于单元位移模式。因此，为了能从有限单元法中得到正确的解答，单元位移模式必须满足收敛条件，使之能够正确反映弹性体中得真实位移形状。

所谓收敛性是指当单元划分越来越细、网格越来越密时，或者当单元大小固定，而每个单元的自由度数越多时，有限单元的解答能收敛于精确解。有限单元法收敛条件如下：

(1) 在单元内位移模式必须是连续的，而在相邻单元公共边界上位移必须协调。

这就要求用来构造单元的位移模式是单值连续的，并在公共节点上具有相同的位移，使得在整个公共边界上具有相同的位移,相邻单元在受力以后既不互相脱离[图9-8(b)]也不互相侵入[图9-8(c)],使得作为有限元计算模型的离散结构仍然保持为连续弹性体。

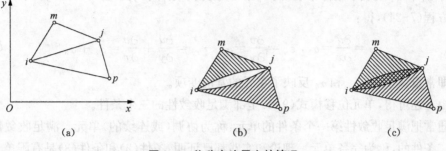

(a)　　　　　　　　(b)　　　　　　　　(c)

图9-8　位移在边界上的情况

(2) 位移模式必须能反映单元的刚体位移。

每个单元的位移总可以分解为自身变形位移和与本身变形无关的刚体位移两部分。由于一个单元牵连在另一些单元上,其他单元发生变形时必将带动该单元作刚性位移。如悬臂梁的自由端单元跟随相邻单元作刚体位移(图9-9)。因此为了模拟一个单元的真实位移,选取的单元位移模式必须包括该单元的刚体位移。

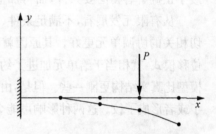

图9-9　悬臂梁自由端单元随相邻单元作刚体位移

(3) 位移模式必须能反映单元的常量应变。

每一个单元的应变状态总可以分解为不依赖于单元内各点位置的常应变项和由各点位置决定的变量应变。而且当单元的尺寸较小时,单元中各点的应变趋于相等,单元的变形比较均匀,因而常量应变就成为应变的主要部分。为了正确反映单元的应变状态,单元位移模式必须包括单元的常应变项。

现在来说明前面所选取的位移模式是满足这些条件的。首先位移函数式(9-5)含多项式,当然在单元内是坐标(x,y)的连续函数,这就保证了位移在单元内的连续性。而在任意两个相邻单元 ijm 和 ipj 的公共边界 ij 上[图9-8(a)],显然在节点 i 和节点 j 上的位移分别是u_i,v_i 和 u_j,v_j 都是相同的,而式(9-5)所示的位移分量在每个单元中都是坐标的线性函数,在公共边界 y 上当然也是线性变化,所以上述两个相邻单元在 y 上的任意一点都具有相同的位移,这就保证了相邻单元之间位移的连续性。

现在再来说明,式(9-5)表示的位移模式同时反映了三角形单元的刚体位移和常量应变,为此把式(9-5)改写成:

$$u = \alpha_1 + \alpha_2 x - \frac{\alpha_5 - \alpha_3}{2}y + \frac{\alpha_5 + \alpha_3}{2}y$$

$$v = \alpha_4 + \alpha_6 y + \frac{\alpha_5 - \alpha_3}{2}x + \frac{\alpha_5 + \alpha_3}{2}x$$

(9-19)

把式(9-19)与式(7-31)比较,可见:

$$u_0 = \alpha_1, \ v_0 = \alpha_4, \ \omega = \frac{\alpha_5 - \alpha_3}{2} \tag{9-20}$$

即 α_1 和 α_4 反映了刚体平动，而 α_3 和 α_5 反映了刚体转动。另一方面，将式(9-5)代入几何方程(7-24)，得：

$$\varepsilon_x = \frac{\partial u}{\partial x} = \alpha_2, \ \varepsilon_y = \frac{\partial v}{\partial y} = \alpha_6, \ r_{xy} = \frac{\partial u}{\partial y} + \frac{\partial v}{\partial x} = \alpha_3 + \alpha_5 \tag{9-21}$$

即常量 α_2，α_6，α_3 和 α_5 反映了单元的常应变项。

由上述可得，单元位移模式(9-5)全部满足收敛性的三个条件。

通常把满足收敛性第一个条件的单元，称为协调(或连续的)单元。满足收敛性第二与第三条件的，称为完备单元。理论和实践都已证明：条件(2)和条件(3)是有限单元法收敛于正确解答得必要条件，而再加上条件(1)就是充分条件。

从有限元发展看，不满足条件(1)也可以收敛(称为不协调单元)，甚至有时比与它密切相关的协调单元更好。其原因就在于有限元近似解的性质。由于计算时假设了单元的位移模式，就相当于给单元加进了约束条件，要求单元的变形服从该约束，这样的离散结构模型比真实结构更刚一些。但是，由于不协调单元允许单元分离、重叠，相当于单元又变软了或者形成了铰。这两种影响可能会利弊抵消，从而使不协调单元有时会得到很好的效果。

9.2.3 面积坐标

面积坐标是建立在单元本身上的局部坐标。对某些积分运算，可使计算简化。也可利用面积坐标来构造单元位移模式，对有些问题，比用直角坐标方便简单。

1. 形函数的几何意义

如图 9-10 所示，在三角形单元内任取一点 $P(x, y)$，并分别与三顶点 i，j，m 相连，则将三角形的面积 A 分割成三个小三角形，其面积相应记为 A_i，A_j 和 A_m。显然：

$$A = A_i + A_j + A_m \tag{9-22}$$

而根据形函数的定义，有：

$$
\begin{aligned}
N_i &= \frac{1}{2A}(a_i + b_i x + c_i y) \\
&= \frac{1}{2A}\left[x_j y_m - x_m y_j + (y_j - y_m)x + (x_m - x_j)y \right]
\end{aligned} \tag{9-23}
$$

$$= \frac{1}{2A}\begin{vmatrix} 1 & x & y \\ 1 & x_j & y_j \\ 1 & x_m & y_m \end{vmatrix} = \frac{A_i}{A}$$

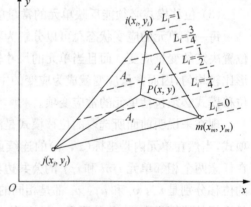

图 9-10　面积坐标

同理：

$$N_j = \frac{A_j}{A}, \quad N_m = \frac{A_m}{A} \tag{9-24}$$

因此，单元形函数 N_i，N_j，N_m 有着明显的几何意义：单元内任一点 $P(x, y)$ 的形函数等于该点与三角形顶点连接后形成的小三角形的相应面积与单元面积之比。

2. 面积坐标的定义

如果定义三个量 L_i，L_j，L_m，并使：

$$L_i = \frac{A_i}{A}, \quad L_j = \frac{A_j}{A}, \quad L_m = \frac{A_m}{A} \tag{9-25}$$

则称 L_i，L_j，L_m 为点 $P(x, y)$ 的面积坐标。也就是讲，当这三个比值确定后，则 P 点的位置也就确定了。

根据上述定义，表明三角形单元中的形函数 N_i，N_j，N_m 实际就是面积坐标 L_i，L_j，L_m。

而由定义，明显有：

$$L_i + L_j + L_m = 1 \tag{9-26}$$

所以，确定 P 点位置独立的量只有 2 个，如同用 x，y 两个参数就可确定 P 点位置一样。

根据定义，也可看到面积坐标是依附在单元上的，是一种局部坐标(也称自然坐标)。

3. 面积坐标的特征

根据面积坐标的定义，可直接得到在单元 3 个节点处的面积坐标为：

节点 i：$L_i = 1$，$L_j = 0$，$L_m = 0$；

节点 j：$L_i = 0$，$L_j = 1$，$L_m = 0$；

节点 m：$L_i = 0$，$L_j = 0$，$L_m = 1$。

从图 9-10 上也可看出，在平行于 $\overline{jm}$ 边的直线上所有各点有相同的 L_i 值，并且这个值就等于该直线 $\overline{jm}$ 边的距离与节点 i 至 $\overline{jm}$ 边的距离的比值。

面积坐标与直角坐标间的关系，也可以由面积坐标定义直接得到：

$$L_i = \frac{A_i}{A} = \frac{1}{2A}(a_i + b_i x + c_i y) \quad (i, j, m) \tag{9-27}$$

即：

$$\begin{bmatrix} L_i \\ L_j \\ L_m \end{bmatrix} = \frac{1}{2A} \begin{bmatrix} a_i & b_i & c_i \\ a_j & b_j & c_j \\ a_m & b_m & c_m \end{bmatrix} \begin{bmatrix} 1 \\ x \\ y \end{bmatrix} \tag{9-28}$$

式(9-28)是用直角坐标表示面积坐标，有时需要用面积坐标来表示直角坐标。这时,只要将 L_i,L_j 和 L_m 分别乘上 x_i,x_j 和 x_m,然后相加,并注意到常数 a_i,b_i,c_i,a_j,b_j,c_j,a_m,b_m,c_m 分别表示三角形面积 A 的行列式(9-9)的代数余子式,不难验证:

$$x = x_i L_i + x_j L_j + x_m L_m \tag{9-29}$$

同理,有:

$$y = y_i L_i + y_j L_j + y_m L_m \tag{9-30}$$

注意到:

$$L_i + L_j + L_m = 1 \tag{9-31}$$

则可得到面积坐标与直角坐标之间的转换公式:

$$\begin{bmatrix} 1 \\ x \\ y \end{bmatrix} = \begin{bmatrix} 1 & 1 & 1 \\ x_i & x_j & x_m \\ y_i & y_j & y_m \end{bmatrix} \begin{bmatrix} L_i \\ L_j \\ L_m \end{bmatrix} \tag{9-32}$$

当面积坐标的函数 $f(L_i, L_j, L_m)$ 对直角坐标 (x, y) 求导数时,根据复合函数求导法则:

$$\frac{\partial f}{\partial x} = \frac{\partial L_i}{\partial x}\frac{\partial f}{\partial L_i} + \frac{\partial L_j}{\partial x}\frac{\partial f}{\partial L_j} + \frac{\partial L_m}{\partial x}\frac{\partial f}{\partial L_m} = \frac{1}{2A}\left(b_i\frac{\partial f}{\partial L_1} + b_j\frac{\partial f}{\partial L_j} + b_m\frac{\partial f}{\partial L_m}\right)$$

$$\frac{\partial f}{\partial y} = \frac{\partial L_i}{\partial y}\frac{\partial f}{\partial L_i} + \frac{\partial L_j}{\partial y}\frac{\partial f}{\partial L_j} + \frac{\partial L_m}{\partial y}\frac{\partial f}{\partial L_m} = \frac{1}{2A}\left(c_i\frac{\partial f}{\partial L_1} + c_j\frac{\partial f}{\partial L_j} + c_m\frac{\partial f}{\partial L_m}\right)$$

$$\tag{9-33}$$

在计算面积坐标的幂函数在三角形单元上的积分时,可以应用以下积分公式:

$$\iint L_i^\alpha L_j^\beta L_m^\gamma \, dx\,dy = \frac{\alpha!\ \beta!\ \gamma!}{(\alpha+\beta+\gamma+2)!} 2A \tag{9-34}$$

式中,α,β,γ 为整数。

在计算面积坐标的幂函数沿三角形单元某一边积分时,可以应用公式:

$$\iint L_i^\alpha L_j^\beta \, ds = \frac{\alpha!\ \beta!}{(\alpha+\beta+1)!} l \quad (i, j, m) \tag{9-35}$$

式中　s——三角形某边上的积分变量;

　　　l——该边的长度。

9.2.4　单元刚度矩阵

本节将利用几何方程、物理方程、虚功方程来推导用节点位移表示单元应变、单元应力和节点力,最终建立单元刚度矩阵。

1. 单元应变与单元节点位移的关系

由几何方程(7-24),并代入单元位移模式(9-5),有:

$$[\varepsilon] = \begin{bmatrix} \varepsilon_x \\ \varepsilon_y \\ \gamma_{xy} \end{bmatrix} = \begin{bmatrix} \dfrac{\partial}{\partial x} & 0 \\ 0 & \dfrac{\partial}{\partial y} \\ \dfrac{\partial}{\partial y} & \dfrac{\partial}{\partial x} \end{bmatrix} \begin{bmatrix} u \\ v \end{bmatrix} = \frac{1}{2A} \begin{bmatrix} b_i & 0 & b_j & 0 & b_m & 0 \\ 0 & c_i & 0 & c_j & 0 & c_m \\ c_i & b_i & c_j & b_j & c_m & b_m \end{bmatrix} \begin{bmatrix} u_i \\ v_i \\ u_j \\ v_j \\ u_m \\ v_m \end{bmatrix} \qquad (9\text{-}36)$$

可以简写成:

$$[\varepsilon] = [B][\Delta]^e \qquad (9\text{-}37)$$

其中的矩阵 $[B]$ 可写成分块形式:

$$[B] = [[B_i] \quad [B_j] \quad [B_m]] \qquad (9\text{-}38)$$

而其子块矩阵为:

$$[B_i] = \frac{1}{2A} \begin{bmatrix} b_i & 0 \\ 0 & c_i \\ c_i & b_i \end{bmatrix} \qquad (i, j, m) \qquad (9\text{-}39)$$

式(9-33)即单元应变与单元节点位移的关系,矩阵 $[B]$ 为应变矩阵。对三角形单元,它的元素都是只与单元的几何性质有关的常量。由式(9-36)可知,单元内各点的应变量也都是常量,因此把三节点单元称为平面问题的常应变单元。

2. 单元应力与单元节点位移的关系

由物理方程:

$$[\sigma] = [D][\varepsilon] \qquad (9\text{-}40)$$

把式(9-37)代入后,可得到用节点位移表示单元应力的表达式:

$$[\sigma] = [D][B][\Delta]^e = [S][\Delta]^e \qquad (9\text{-}41)$$

式中,$[S]$ 称为应力矩阵,它反映了单元应力与节点位移之间的关系,用分块矩阵表示为:

$$[S] = [D][B] = [D][[B_i] \quad [B_j] \quad [B_m]] \\ = [[D][B_i] \quad [D][B_j] \quad [D][B_m]] = [[S_i] \quad [S_j] \quad [S_m]] \qquad (9\text{-}42)$$

其中各矩阵分块为:

$$[S_i] = [D][B_i] = \frac{E}{1-\mu^2} \begin{bmatrix} 1 & \mu & 0 \\ \mu & 1 & 0 \\ 0 & 0 & \dfrac{1-\mu}{2} \end{bmatrix} \cdot \frac{1}{2A} \begin{bmatrix} b_i & 0 \\ 0 & c_i \\ c_i & b_i \end{bmatrix}$$

$$= \frac{E}{2(1-\mu^2)A} \begin{bmatrix} b_i & \mu c_i \\ \mu b_i & c_i \\ \dfrac{1-\mu}{2}c_i & \dfrac{1-\mu}{2}b_i \end{bmatrix} \qquad (i, j, m)$$

$$(9\text{-}43)$$

对于平面应变问题,只需在式(9-43)中把 E 换为 $\dfrac{E}{1-\mu^2}$,μ 换为 $\dfrac{\mu}{1-\mu}$ 即可。

从式(9-43)可看到,由于弹性矩阵和应变矩阵中的元素都为常量,所以应力矩阵中的元素也为常量。也就是说,在每一单元中,应力分量都是常量,一般把它看作为单元形心处的值。通常,不同的单元应力是不同的。因此在相邻两单元的公共边界上,应力将有突变,并不连续,这是有限元位移法的不足之处,是应力近似计算的一种表现。但应力突变值随单元的细分而急剧减小,精度会改善,不影响有限元解答的收敛性。

3. 单元刚度矩阵

这里直接利用虚功方程来建立刚度方程,因为虚功方程是以功能形式表述的平衡条件。

图 9-11(a)表示了作用于单元 e 上的节点力 $[F]^e$,以及相应的应力分量 $[\sigma]$,它们使单元处于平衡状态。

假设单元节点由于某种原因发生虚位移 $[\Delta^*]^e$,在单元内部引起的虚应变为:

$$[\varepsilon^*] = \begin{bmatrix} \varepsilon_x^* & \varepsilon_y^* & \gamma_{xy}^* \end{bmatrix} \tag{9-44}$$

如图 9-11(b)所示。现在单元上只作用单元节点力 $[F]^e$,应用虚功方程,得:

$$([\Delta^*])^{\mathrm{T}}[F]^e = \iint_A [\varepsilon^*]^{\mathrm{T}}[\sigma] h \,\mathrm{d}x\,\mathrm{d}y \tag{9-45}$$

其中 A 代表三角形面积,由几何方程:

$$[\varepsilon^*] = [B][\Delta^*]^e \tag{9-46}$$

代入后,有:

$$([\Delta^*]^e)^{\mathrm{T}}[F]^e = \iint_A ([B][\Delta^*]^e)^{\mathrm{T}}[D][B][\Delta]^e h \,\mathrm{d}x\,\mathrm{d}y$$

$$([\Delta^*]^e)^{\mathrm{T}}[F]^e = ([\Delta^*]^e)^{\mathrm{T}} \left(\iint_A [B]^{\mathrm{T}}[D][B] h \,\mathrm{d}x\,\mathrm{d}y \right) [\Delta]^e \tag{9-47}$$

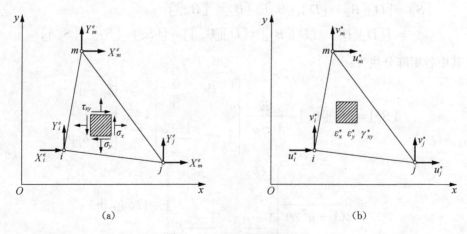

(a)   (b)

图 9-11 建立单元刚矩阵

由于虚位移 $[\Delta^*]^e$ 是任意的，根据矩阵运算规则，有：

$$[F]^e = \left(\iint_A [B]^{\mathrm{T}}[D][B]h\,\mathrm{d}x\,\mathrm{d}y\right)[\Delta]^e \tag{9-48}$$

令：

$$[K]^e = \iint_A [B]^{\mathrm{T}}[D][B]h\,\mathrm{d}x\,\mathrm{d}y \tag{9-49}$$

式(9-48)则为：

$$[F]^e = [K]^e[\Delta]^e \tag{9-50}$$

这就是单元刚度方程，它反映了单元节点力和节点位移之间的关系。这也是单元分析的目的。

矩阵 $[K]^e$ 称为单元刚度矩阵。由于三角形单元的应变矩阵 $[B]$ 和弹性矩阵 $[D]$ 都是常量阵，所以式(9-49)为：

$$[K]^e = [B]^{\mathrm{T}}[D][B]h\iint_A \mathrm{d}x\,\mathrm{d}y = [B]^{\mathrm{T}}[D][B]hA \tag{9-51}$$

式中　h—— 单元厚度；

A——单元面积。

矩阵 $[K]^e$ 写成分块矩阵形式为：

$$[K]^e = [B]^{\mathrm{T}}[D][B]hA = hA \begin{bmatrix} [B_i]^{\mathrm{T}} \\ [B_j]^{\mathrm{T}} \\ [B_m]^{\mathrm{T}} \end{bmatrix} [D] \big[[B_i][B_j][B_m]\big]^{\mathrm{T}}$$

$$= \begin{bmatrix} [K_{ii}^e] & [K_{ij}^e] & [K_{im}^e] \\ [K_{ji}^e] & [K_{jj}^e] & [K_{jm}^e] \\ [K_{mi}^e] & [K_{mj}^e] & [K_{mm}^e] \end{bmatrix} \tag{9-52}$$

对平面应力问题，其子块矩阵为：

$$[K_{rs}^e] = [B_r]^{\mathrm{T}}[D][B_s]hA$$

$$= \frac{Eh}{4(1-\mu^2)A} \begin{bmatrix} b_r b_s + \dfrac{1-\mu}{2}c_r c_s & \mu c_r b_s + \dfrac{1-\mu}{2}b_r c_s \\ \mu c_r b_s + \dfrac{1-\mu}{2}b_r c_s & c_r c_s + \dfrac{1-\mu}{2}b_r b_s \end{bmatrix} \tag{9-53}$$

$$(r=i,j,m;s=i,j,m)$$

而对平面应变问题，只要将式(9-53)中的把 E 换为 $\dfrac{E}{1-\mu^2}$，μ 换为 $\dfrac{\mu}{1-\mu}$ 即可得到。

从以上的推导过程中，我们可以看到节点位移、单元应变、单元应力和节点力四个物理量之间的转换关系,以及联系节点位移和节点力的单元刚度矩阵形成过程,如图 9-12 所示。

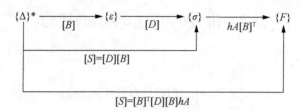

图 9-12　单元刚度矩阵形成过程

再来看一下单元刚度矩阵中的子块矩阵和元素的力学意义。

把单元刚度方程(9-50)按子块矩阵的形式写,有:

$$\begin{bmatrix} [F_i]^e \\ [F_j]^e \\ [F_m]^e \end{bmatrix} = \begin{bmatrix} [K_{ii}^e] & [K_{ij}^e] & [K_{im}^e] \\ [K_{ji}^e] & [K_{jj}^e] & [K_{jm}^e] \\ [K_{mi}^e] & [K_{mj}^e] & [K_{mm}^e] \end{bmatrix} \begin{bmatrix} [\Delta_i^e] \\ [\Delta_j^e] \\ [\Delta_m^e] \end{bmatrix} \tag{9-54}$$

展开第一行,有:

$$[F_i]^e = [K_{ii}^e][\Delta_i^e] + [K_{ij}^e][\Delta_j^e] + [K_{im}^e][\Delta_m^e] \tag{9-55}$$

令 $[\Delta_i^e] = [\Delta_m^e] = [0]$,$[\Delta_j^e] = 1$。即节点 i 和节点 m 的位移分量均为零,而节点 j 的各位移分量产生一单位位移。代入式(9-50)后,有:

$$[F_i]^e = [K_{ij}^e] \tag{9-56}$$

式(9-56)说明,$[K_{ij}^e]$ 的力学意义是当节点 j 产生节点位移时,在节点 i 上产生的节点力。不失一般性,单元刚度矩阵中的子矩阵快 $[K_{rs}^e]$ 表示节点 s 产生位移时在节点 r 上产生的节点力。

进一步展开式(9-55),有:

$$\begin{bmatrix} X_i^e \\ Y_i^e \end{bmatrix} = \begin{bmatrix} k_{ii}^{11} & k_{ii}^{12} \\ k_{ii}^{21} & k_{ii}^{22} \end{bmatrix} \begin{bmatrix} u_i \\ v_i \end{bmatrix} + \begin{bmatrix} k_{ij}^{11} & k_{ij}^{12} \\ k_{ij}^{21} & k_{ij}^{22} \end{bmatrix} \begin{bmatrix} u_j \\ v_j \end{bmatrix} + \begin{bmatrix} k_{im}^{11} & k_{im}^{12} \\ k_{im}^{21} & k_{im}^{22} \end{bmatrix} \begin{bmatrix} u_m \\ v_m \end{bmatrix} \tag{9-57}$$

并展开第一行,可得:

$$X_i^e = k_{ii}^{11} u_i + k_{ii}^{12} v_i + k_{ij}^{11} u_j + k_{ij}^{12} v_j + k_{im}^{11} u_m + k_{im}^{12} v_m \tag{9-58}$$

令 $u_i = v_i = v_j = u_m = v_m = 0$,$u_j = 1$ 时,则:

$$X_i^e = k_{ij}^{11} \tag{9-59}$$

而令 $u_i = v_i = u_j = u_m = v_m = 0$,$v_j = 1$ 时,则:

$$X_i^e = k_{ij}^{12} \tag{9-60}$$

这两式可说明,单元刚度矩阵中元素的力学意义是:k_{ij}^{11} 表示节点 j 沿 x 方向产生单

位位移时节点 i 沿 x 方向产生的节点力；k_{ij}^{12} 表示节点 j 沿 y 方向产生单位位移时在节点 i 沿 x 方向产生的节点力分量。

不失一般性，单元刚度矩阵中元素 k_{mn}^{pq} 表示节点 n 沿 q 方向（q 取值为 1 或 2，1 代表 x 方向，2 代表 y 方向）产生单位位移时在节点 m 沿 p 方向（取值含义同 q）产生的节点力分量。

单元刚度矩阵有下述的一些性质：

（1）单元刚度矩阵决定于该单元的形状、大小、方位及材料的弹性常数，而与单元的位置无关，即不随单元或坐标轴的平行移动而改变。同时，单元刚度矩阵还特别与所假设的单元位移模式有关，不同的位移模式，将带来不同的单元刚度矩阵。所以用有限单元法求解，选择适当的单元位移模式和单元形状是提高计算精度的关键。

（2）单元刚度矩阵是对称阵，即 $k_{pq}^e = k_{qp}^e$，这可用功的互等定理得出，就是 q 处单位位移给出的 p 处的节点力等于 p 处单位位移给出的 q 处的节点力。

（3）单元刚度矩阵是奇异矩阵，即单刚 $[K]^e$ 所对应的行列式 $|K^e|$ 的值等于零。从物理学上讲，由于单元的六个节点力分量组成了一个平衡力系，所以它们的主矢量为零。例如，

$$X_i^e + X_j^e + X_m^e = 0 \tag{9-61}$$

或

$$(k_{ii}^{11} + k_{ji}^{11} + k_{mi}^{11})u_i + (k_{ii}^{12} + k_{ji}^{12} + k_{mi}^{12})v_i + \cdots + (k_{im}^{12} + k_{jm}^{12} + k_{mm}^{12})v_m = 0 \tag{9-62}$$

由于 $[\Delta]^e$ 不恒等于零，所以，式（9-62）中各项系数必同时为零。也就是单元刚度矩阵中任一列的第 1，3，5 行元素的代数和或者第 2，4，6 行元素的代数和为零。由行列式性质（某行或某列所有的元素乘以同一个数，加至另一行或另一列的对应元素上，该行列式的值不变），可见任一列元素的代数和为零。这样单元刚度矩阵所对应的行列式的值为零，即不存在逆矩阵。

从另一角度讲，由式（9-50）给定节点位移，可确定节点力。但是若给出节点力，却由于无逆矩阵，求不出节点位移。这是因为单元节点位移由两部分组成，其中的刚体运动也会引起节点位移。所以没有消除刚体位移也说明了单元刚度矩阵是一奇异矩阵。

9.3　非节点载荷的移置

根据有限单元法的基本原理，载荷都必须作用在节点上。但是在工程实际中，实际载荷又往往不都是作用在节点上，如自重、惯性力、风载荷等。因此必须把非节点载荷移置到节点上，变换为等效节点载荷，才能进行有限元分析。

非节点载荷的移置，通常按照静力等效的原则。所谓静力等效原则，是指原来作用在单元上的载荷与移置到节点上的等效载荷，在单元的任何虚位移上所作的虚功应相等。载荷作这样的变换，会引起误差。但由圣维南原理，这种误差是局部性的，对整体结构影

响不大,而且随着单元的逐渐加密,这一影响将逐步缩小。

9.3.1　计算等效节点载荷的一般公式

设在单元 e 内部作用体积力$[P_V]=[X\quad Y]^T$,沿单元边界作用分布面力$[P_A]=[\bar{X}\quad \bar{Y}]^e$,而在单元中间某点 b 作用集中力$[Q]=[Q_x\quad Q_y]^T$,如图 9-13(a)所示。

设上述载荷向节点移置后,其相应的单元等效节点载荷矩阵为:

$$[F]^e=\begin{bmatrix}X_i^e & Y_i^e & X_j^e & Y_j^e & X_m^e & Y_m^e\end{bmatrix}^T \tag{9-63}$$

假想单元由于某种原因发生了虚位移,如图 9-13(b)所示,此时的单元节点虚位移为:

$$[\Delta^*]^e=\begin{bmatrix}u_i^* & v_i^* & u_j^* & v_j^* & u_m^* & v_m^*\end{bmatrix}^T \tag{9-64}$$

由位移模式,单元内任一点的虚位移为:

$$[f^*]^e=[u^*\quad v^*]^T=[N][\Delta^*]^e \tag{9-65}$$

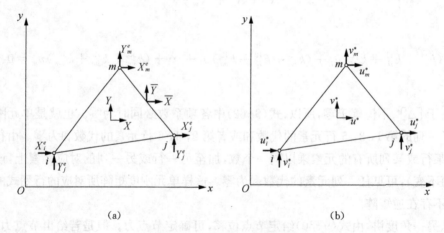

图 9-13　等效节点载荷示例

根据上述静力等效原则,有:

$$([\Delta^*]^e)^T[P]^e=([f_b^*]^e)^T[Q]+\int_s([f^*]^e)^T[P_A]h\,\mathrm{d}s+\iint_A([f^*]^e)^T[P_V]h\,\mathrm{d}x\,\mathrm{d}y \tag{9-66}$$

式中,$[f^*]_b^e$ 表示单元位移函数在集中力作用点 b 处取值。把式(9-10)代入,有:

$$([\Delta^*]^e)^T[P]^e=([\Delta^*]^e)^T\left[([N]_b^T)[Q]+\int_s[N]^T\{P_A\}h\,\mathrm{d}s+\iint_A[N]^T[P_V]h\,\mathrm{d}x\,\mathrm{d}y\right] \tag{9-67}$$

由于$[\Delta^*]^e$ 是任意的,所以上述等式两边与其相乘的矩阵应相等,这样就有:

$$[P]^e = [N]_b^T[Q] + \int_S [N]^T[P_A]h\,\mathrm{d}s + \iint_A [N]^T[P_V]h\,\mathrm{d}x\mathrm{d}y \qquad (9\text{-}68)$$

这就是等效节点载荷计算公式。从中可以看到,等效节点载荷与形函数,即单元位移模式密切相关。

9.3.2　常用载荷的移置

1. 集中力

设在单元 ij 边界的 d 点上作用沿 x 方向的载荷 Q_x,作用点 d 与节点 i、节点 j 的距离分别为 l_i 和 l_j,如图 9-14 所示。

由式(9-68),可得:

$$[P]^e = [N]_d^T[Q] = \begin{bmatrix} N_i & 0 \\ 0 & N_i \\ N_j & 0 \\ 0 & N_j \\ N_m & 0 \\ 0 & N_m \end{bmatrix} \begin{bmatrix} Q_x \\ 0 \end{bmatrix} = \begin{bmatrix} Q_x N_i \\ 0 \\ Q_x N_j \\ 0 \\ Q_x N_m \\ 0 \end{bmatrix} \qquad (9\text{-}69)$$

根据形函数与面积坐标的性质,在 d 点,有:

$$N_i = L_i = \frac{A_i}{A} = \frac{l_j}{l},\ N_j = L_j = \frac{A_j}{A} = \frac{l_i}{l},\ N_m = 0 \qquad (9\text{-}70)$$

式中,l 为三角形单元 ij 边的长度。代入式(9-69)后,有:

$$[P]^e = \frac{Q_x}{l} \begin{bmatrix} l_j & 0 & l_i & 0 & 0 & 0 \end{bmatrix}^T \qquad (9\text{-}71)$$

式(9-71)表明,作用在单元边界上的集中力只移置到其相邻的节点上,第三个节点不受力。

移置的结果也表明,它与直接按"合力相等,合力矩相等"原则求等效节点力的结果是相同的。所以也可以利用这一点,对一些简单的非节点载荷用"直接法"求等效节点载荷,这样更方便。

2. 分布面力

设在单元 ij 边界上作用沿 x 方向线性分布的载荷,线性载荷在节点 i 处为 q,而节点 j 处为零,如图 9-15 所示。

取 ij 边界上距节点 j 为 s 的微线段 $\mathrm{d}s$,则 $\mathrm{d}s$ 段中

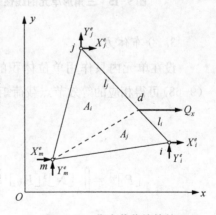

图 9-14　集中载荷的等效

的载荷可看作集中力,设为:

$$[\mathrm{d}Q_s] = \begin{bmatrix} \dfrac{q}{l}s\mathrm{d}s \\ 0 \end{bmatrix} \tag{9-72}$$

由前述边界上集中力的移置规律,该微线段上的载荷转化为节点载荷是:

$$[\mathrm{d}P]^e = \frac{qs\mathrm{d}s}{l^2}\begin{bmatrix} s & 0 & l-s & 0 & 0 & 0 \end{bmatrix}^{\mathrm{T}} \tag{9-73}$$

式中,l 为 ij 边界的长度。这样,对式(9-65)积分可得到等效节点载荷矩阵:

$$[P]^e = \int_0^l \begin{bmatrix} s & 0 & l-s & 0 & 0 & 0 \end{bmatrix}^{\mathrm{T}} \frac{q}{l^2}s\mathrm{d}s = \frac{ql}{2}\begin{bmatrix} \dfrac{2}{3} & 0 & \dfrac{1}{3} & 0 & 0 & 0 \end{bmatrix}^{\mathrm{T}} \tag{9-74}$$

式(9-74)表明,在 ij 边界上线性分布面力的合力 $\dfrac{ql}{2}$,其 $\dfrac{2}{3}$ 分配到节点 i,$\dfrac{1}{3}$ 分配到节点 j,而且与外载荷一样,都是沿 x 方向。这结果与直接按"合力相等,合力矩相等"的转换结果相同。

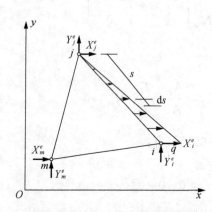

图 9-15　三角形单元的线性载荷

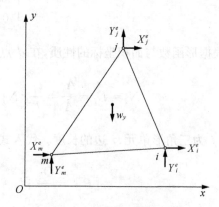

图 9-16　线性载荷的等效

3. 分布体力

设在单元内只作用单位体积的体力 $[P_V] = \begin{bmatrix} 0 & -w_y \end{bmatrix}^{\mathrm{T}}$,如图 9-16 所示。由式(9-68)可得相应的等效节点载荷矩阵为:

$$[P]^{e\mathrm{T}} = \iint_A [N]^{\mathrm{T}}[P_V]^{\mathrm{T}}h\,\mathrm{d}x\,\mathrm{d}y = \iint_A \begin{bmatrix} N_i & 0 \\ 0 & N_i \\ N_j & 0 \\ 0 & N_j \\ N_m & 0 \\ 0 & N_m \end{bmatrix}\begin{bmatrix} 0, & -w_y \end{bmatrix}h\,\mathrm{d}x\,\mathrm{d}y$$

$$= \iint_A -w_y \begin{bmatrix} 0 & N_i & 0 & N_j & 0 & N_m \end{bmatrix}^T h\,dx\,dy \tag{9-75}$$

式中，w_y 为常量，分别对 N_i，N_j，N_m 进行积分计算。由形函数与面积坐标的关系，以及根据面积坐标的积分公式，得：

$$\iint_A N_i\,dx\,dy = \iint_A L_i\,dx\,dy = \iint_A L_i\,dx\,dy = \frac{1!}{(1+2)!} \cdot 2A = \frac{A}{3} \tag{9-76}$$

同理：

$$\iint_A N_j\,dx\,dy = \frac{A}{3} \quad \iint_A N_m\,dx\,dy = \frac{A}{3} \tag{9-77}$$

代入式（9-67），得：

$$[P]^e = -Ahw_y \begin{bmatrix} 0 & \dfrac{1}{3} & 0 & \dfrac{1}{3} & 0 & \dfrac{1}{3} \end{bmatrix}^T \tag{9-78}$$

设 $W_y = Ahw_y$ 为单元的总体力，则：

$$[P]^e = \begin{bmatrix} 0 & -\dfrac{1}{3}W_y & 0 & -\dfrac{1}{3}W_y & 0 & -\dfrac{1}{3}W_y \end{bmatrix}^T \tag{9-79}$$

式（9-79）表明，均布体积力的移置规律是把单元重力平均地分配到 3 个节点上。

9.4　总刚度方程

经过单元分析，建立了各单元的单元刚度矩阵和节点力矩阵后，就可以进行结构的整体分析。结构的整体分析必须遵循以下两个原则：

第一，整个离散体系的各单元在变形后必须在节点处协调地联结起来。例如，与节点 i 相连结的有 n 个单元，则这 n 个单元在该节点 i 处必须具有相同的节点位移（节点位移连续条件），即有：

$$[\Delta_i^{①}] = [\Delta_i^{②}] = \cdots = [\Delta_i^{ⓝ}] = [\Delta_i] \tag{9-80}$$

第二，组成离散体的各节点必须满足平衡条件。如与节点 i 直接相连的所有各单元作用于该节点上的节点力，应与作用在该节点上的节点载荷保持平衡，用公式表示为：

$$\sum_e [F_i^e] - [R_i] = 0 \tag{9-81}$$

式中，$[F_i^e] = [X_i^e \quad Y_i^e]^T$ 表示单元 e 的节点 i 处节点力矢量。如将与节点 i 直接相连的所有各单元求和，表示节点 i 上的节点外载荷，它包括两部分，一是直接作用在节点 i 上的集中力 $[Q_i] = [Q_{ix} \quad Q_{iy}]^T$，二是各单元在节点 i 处的等效节点载荷的和，即：

$$[R_i] = [Q_i] + \sum_e [P_i^e] \tag{9-82}$$

如果在节点 i 上既无集中力作用，直接与节点 i 相联结的各单元也没有等效节点载荷分配到节点 i 上，则 $[R_i]$ 为零矢量，即 $[R_i]=[0 \quad 0]^T$。

整体分析的目的是，根据上述原则建立用节点位移表示的整个离散体系的平衡方程组，即总刚度方程。

9.4.1 总刚度方程的形成

现以图 9-17 所示的离散体系为例，来说明总刚度方程的形成过程。先应求出各单元的刚度矩阵，这样各单元的刚度方程分别如下。

单元①，当 $i=1$，$j=2$，$m=3$ 时，刚度方程为：

$$\begin{bmatrix} F_1^{①} \\ F_2^{①} \\ F_3^{①} \end{bmatrix} = \begin{bmatrix} K_{11}^{①} & K_{12}^{①} & K_{13}^{①} \\ K_{21}^{①} & K_{22}^{①} & K_{23}^{①} \\ K_{31}^{①} & K_{32}^{①} & K_{33}^{①} \end{bmatrix} \begin{bmatrix} \Delta_1^{①} \\ \Delta_2^{①} \\ \Delta_3^{①} \end{bmatrix} \tag{9-83}$$

单元②，当 $i=2$，$j=5$，$m=3$ 时，刚度方程为：

$$\begin{bmatrix} F_2^{②} \\ F_5^{②} \\ F_3^{②} \end{bmatrix} = \begin{bmatrix} K_{22}^{②} & K_{25}^{②} & K_{23}^{②} \\ K_{52}^{②} & K_{55}^{②} & K_{53}^{②} \\ K_{32}^{②} & K_{35}^{②} & K_{33}^{②} \end{bmatrix} \begin{bmatrix} \Delta_2^{②} \\ \Delta_5^{②} \\ \Delta_3^{②} \end{bmatrix} \tag{9-84}$$

单元③，当 $i=4$，$j=5$，$m=2$ 时，刚度方程为：

$$\begin{bmatrix} F_4^{③} \\ F_5^{③} \\ F_2^{③} \end{bmatrix} = \begin{bmatrix} K_{44}^{③} & K_{45}^{③} & K_{42}^{③} \\ K_{54}^{③} & K_{55}^{③} & K_{52}^{③} \\ K_{24}^{③} & K_{25}^{③} & K_{22}^{③} \end{bmatrix} \begin{bmatrix} \Delta_4^{③} \\ \Delta_5^{③} \\ \Delta_2^{③} \end{bmatrix} \tag{9-85}$$

单元④，当 $i=4$，$j=6$，$m=5$ 时，刚度方程为：

$$\begin{bmatrix} F_4^{④} \\ F_6^{④} \\ F_5^{④} \end{bmatrix} = \begin{bmatrix} K_{44}^{④} & K_{46}^{④} & K_{45}^{④} \\ K_{64}^{④} & K_{66}^{④} & K_{65}^{④} \\ K_{54}^{④} & K_{56}^{④} & K_{55}^{④} \end{bmatrix} \begin{bmatrix} \Delta_4^{④} \\ \Delta_6^{④} \\ \Delta_5^{④} \end{bmatrix} \tag{9-86}$$

接着可建立各节点的平衡方程。由图 9-17 可得到用矩阵形式表示的平衡方程为：

$$\begin{aligned}
[F_1^{①}] &= [R_1] \\
[F_2^{①}] + [F_2^{②}] + [F_2^{③}] &= [R_2] \\
[F_3^{①}] + [F_3^{②}] &= [R_3] \\
[F_4^{③}] + [F_4^{④}] &= [R_4] \\
[F_5^{②}] + [F_5^{③}] + [F_5^{④}] &= [R_5] \\
[F_6^{④}] &= [R_6]
\end{aligned} \tag{9-87}$$

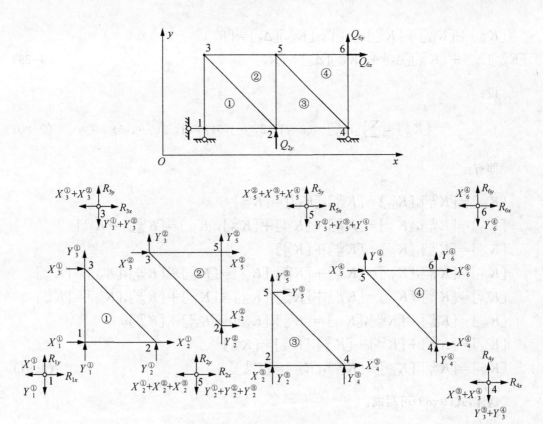

图 9-17　总刚度方程形成示例

对应本例情况，$[R_1]=[Q_{1x}\quad Q_{1y}]^T$，$[R_4]=[0\quad Q_{4y}]^T$ 其中节点力分量理解为支反力，而 $[R_2]=[0\quad Q_{2y}]^T$，$[R_6]=[Q_{6x}\quad Q_{6y}]^T$ 为节点外载荷（集中力），其余 $[R_3]$ 和 $[R_5]$ 均为零矢量。

将各单元刚度方程式（9-83）—式（9-86），按节点力展开，并代入式（9-87）中，利用节点位移连续条件式（9-80），即：

$$[\Delta_1^{①}]=[\Delta_1],[\Delta_2^{①}]=[\Delta_2^{②}]=[\Delta_2^{③}]=[\Delta_2]$$
$$[\Delta_3^{①}]=[\Delta_3^{②}]=[\Delta_3],[\Delta_4^{③}]=[\Delta_4^{④}]=[\Delta_4] \tag{9-88}$$
$$[\Delta_5^{②}]=[\Delta_5^{③}]=[\Delta_5^{④}]=[\Delta_5],[\Delta_6^{④}]=[\Delta_6]$$

可以得到用节点位移表示的各节点的平衡方程：

$$[K_{11}^{①}][\Delta_1]+[K_{12}^{①}][\Delta_2]+[K_{13}^{①}][\Delta_3]=[R_1]$$

$[K_{21}^{①}][\Delta_1]+([K_{22}^{①}]+[K_{22}^{②}]+[K_{22}^{③}])[\Delta_2]+([K_{23}^{①}]+[K_{23}^{②}])[\Delta_3]+[K_{24}^{③}][\Delta_4]+$
$\quad([K_{25}^{②}]+[K_{25}^{③}])[\Delta_5]=[R_2]$

$[K_{31}^{①}][\Delta_1]+([K_{32}^{①}]+[K_{32}^{②}])[\Delta_2]+([K_{33}^{①}]+[K_{33}^{②}])[\Delta_3]+[K_{35}^{②}][\Delta_5]=[R_3]$

$[K_{42}^{③}][\Delta_2]+([K_{44}^{③}]+[K_{44}^{④}])[\Delta_4]+([K_{45}^{③}]+[K_{45}^{④}])[\Delta_5]+[K_{46}^{④}][\Delta_6]=[R_4]$

$([K_{52}^{②}]+[K_{52}^{③}])[\Delta_2]+[K_{53}^{②}][\Delta_3]+([K_{54}^{③}]+[K_{54}^{④}])[\Delta_4]+$

$$([K_{55}^{\textcircled{1}}]+[K_{55}^{\textcircled{1}}]+[K_{55}^{\textcircled{1}}])[\Delta_5]+[K_{56}^{\textcircled{1}}][\Delta_6]=[R_5]$$

$$[K_{64}^{\textcircled{1}}][\Delta_4]+[K_{65}^{\textcircled{1}}][\Delta_5]+[K_{66}^{\textcircled{1}}][\Delta_6]=[R_6] \qquad (9\text{-}89)$$

设：

$$[K_{ij}]=\sum_e[K_{ij}^e] \quad (i=1,\,2,\,\cdots,\,6;j=1,\,2,\,\cdots,\,6) \qquad (9\text{-}90)$$

即有：

$$[K_{11}]=[K_{11}^{\textcircled{1}}],[K_{12}]=[K_{12}^{\textcircled{1}}],[K_{13}]=[K_{13}^{\textcircled{1}}]$$

$$[K_{21}]=[K_{21}^{\textcircled{1}}],[K_{22}]=[K_{22}^{\textcircled{2}}]+[K_{22}^{\textcircled{2}}]+[K_{22}^{\textcircled{2}}],[K_{23}]=[K_{23}^{\textcircled{2}}]+[K_{23}^{\textcircled{1}}]$$

$$[K_{24}]=[K_{24}^{\textcircled{1}}],[K_{25}]=[K_{25}^{\textcircled{1}}]+[K_{25}^{\textcircled{1}}]$$

$$[K_{31}]=[K_{31}^{\textcircled{2}}],[K_{32}]=[K_{32}^{\textcircled{2}}]+[K_{32}^{\textcircled{2}}],[K_{33}]=[K_{33}^{\textcircled{1}}]+[K_{33}^{\textcircled{1}}],[K_{35}]=[K_{35}^{\textcircled{2}}]$$

$$[K_{42}]=[K_{42}^{\textcircled{2}}],[K_{44}]=[K_{44}^{\textcircled{1}}]+[K_{44}^{\textcircled{1}}],[K_{45}]=[K_{45}^{\textcircled{1}}]+[K_{45}^{\textcircled{1}}],[K_{46}]=[K_{46}^{\textcircled{1}}]$$

$$[K_{52}]=[K_{52}^{\textcircled{1}}]+[K_{52}^{\textcircled{1}}],[K_{53}]=[K_{53}^{\textcircled{1}}],[K_{54}]=[K_{54}^{\textcircled{1}}]+[K_{54}^{\textcircled{1}}]$$

$$[K_{55}]=[K_{55}^{\textcircled{1}}]+[K_{55}^{\textcircled{1}}]+[K_{55}^{\textcircled{1}}],[K_{56}]=[K_{56}^{\textcircled{1}}]$$

$$[K_{64}]=[K_{64}^{\textcircled{1}}],[K_{65}]=[K_{65}^{\textcircled{1}}],[K_{66}]=[K_{66}^{\textcircled{1}}] \qquad (9\text{-}91)$$

这样，式(9-89)可写成：

$$\sum_{s=1}^{6}[K_{ps}][\Delta_s]=[R_p] \quad (p=1,\,2,\,\cdots,\,6) \qquad (9\text{-}92)$$

式中,如果$[\Delta_s]$没有出现,则意味所对应的$[K_{ps}]=[0]$。

写成矩阵形式,即为：

$$\begin{bmatrix} [K_{11}] & [K_{12}] & [K_{13}] & & & \\ [K_{21}] & [K_{22}] & [K_{23}] & [K_{24}] & [K_{25}] & \\ [K_{31}] & [K_{32}] & [K_{33}] & & [K_{35}] & \\ & [K_{42}] & & [K_{44}] & [K_{45}] & [K_{46}] \\ & [K_{52}] & [K_{53}] & [K_{54}] & [K_{55}] & [K_{56}] \\ & & & [K_{64}] & [K_{65}] & [K_{66}] \end{bmatrix} \begin{bmatrix} [\Delta_1] \\ [\Delta_2] \\ [\Delta_3] \\ [\Delta_4] \\ [\Delta_5] \\ [\Delta_6] \end{bmatrix} = \begin{bmatrix} [R_1] \\ [R_2] \\ [R_3] \\ [R_4] \\ [R_5] \\ [R_6] \end{bmatrix} \qquad (9\text{-}93)$$

式(9-93)可简写成：

$$[K][\Delta]=[R] \qquad (9\text{-}94)$$

式(9-94)即称为结构的总刚度方程,或称为结构的整体平衡方程,式中,$[\Delta]$为结构的节点位移矩阵,$[R]$为结构的节点载荷矩阵,它的组成由式(9-82)所规定,即：

$$[R_i]=[Q_i]+\sum_e[P_i^e] \qquad (9\text{-}95)$$

而 $[K]$ 称为结构的总刚度矩阵。

9.4.2 总刚度矩阵的形成与特征

从总刚度方程的构成可以看到,总刚度方程中关键是结构总刚度矩阵(简称总刚矩阵)的形成。由上面的实例,不失一般性,可以看出总刚度矩阵中各子块矩阵的组成规律是:矩阵 $[K]$ 中的子阵 $[K_{ij}]$ 是与节点 i、节点 j 直接相连的各单元刚度矩阵中出现的相应子矩阵 $[K_{ij}^e]$ 的叠加,即 $[K_{ij}] = \sum\limits_e [K_{ij}^e]$,如上例中 $[K_{25}]$ 是与节点"2"、节点"5"直接相连的单元 ②、单元 ③ 的刚度矩阵中子块 $[K_{25}^{②}]$ 和 $[K_{25}^{③}]$ 叠加的结果。

按照上述特点,在计算出刚度单元矩阵之后,就可以按上述方法直接形成总刚度矩阵。为说明便捷起见,仍以图 9-17 所示的例子加以说明。

(1) 计算出结构中所有单元的单元刚度矩阵。

(2) 根据结构的节点总数 n,画一 $n \times d$ 的表格,上例中 $n=6$ 则画一 6×6 的表格,见表 9-1。表格中每一行与每一列分别用 $1, 2, \cdots, n$ 编号,则每一方格可表示为总刚度矩阵中的一块子矩阵 $[K_{ij}]$ $(i=1, 2, \cdots, n; j=1, 2, \cdots, n)$。

表 9-1 总刚矩阵

	1	2	3	4	5	6
1	$[K_{11}^{①}]$	$[K_{12}^{①}]$	$[K_{13}^{①}]$			
2	$[K_{21}^{①}]$	$[K_{22}^{①}][K_{22}^{②}][K_{22}^{③}]$	$[K_{23}^{①}][K_{23}^{③}]$	$[K_{24}^{②}]$	$[K_{25}^{②}][K_{25}^{③}]$	
3	$[K_{31}^{①}]$	$[K_{32}^{①}][K_{32}^{③}]$	$[K_{33}^{①}][K_{33}^{③}]$		$[K_{35}^{③}]$	
4		$[K_{42}^{②}]$		$[K_{44}^{②}][K_{44}^{④}]$	$[K_{45}^{②}][K_{45}^{④}]$	$[K_{46}^{④}]$
5		$[K_{52}^{②}][K_{52}^{③}]$	$[K_{53}^{③}]$	$[K_{54}^{②}][K_{54}^{④}]$	$[K_{55}^{②}][K_{55}^{③}][K_{55}^{④}]$	$[K_{56}^{④}]$
6				$[K_{64}^{④}]$	$[K_{65}^{④}]$	$[K_{66}^{④}]$

(3) 将每一单元的单元刚度矩阵中的子块矩阵 $[K_{ij}^e]$ 按其下标依次填入上述表格中的第 i 行第 j 列的位置上,这一步称之为"对号入座",实例见表 9-1。

(4) 将表 9-1 中同一位置的各子块矩阵相叠加,就得到总刚度矩阵中相应的子块矩阵。表中一些格子内无子块矩阵(即为空格)时,则刚度矩阵中相对应的子矩阵块为零矩阵。

这种"对号入座"组集总刚度矩阵的方法,称为直接刚度法。

上述总刚度矩阵中每一子块矩阵 $[K_{ij}]$,对平面问题而言,应当展开为如下的 2×2 阶矩阵,即:

$$[K_{ij}] = \begin{bmatrix} k_{ij}^{11} & k_{ij}^{12} \\ k_{ij}^{21} & k_{ij}^{22} \end{bmatrix} \quad (i, j = 1, 2, \cdots, 6) \tag{9-96}$$

这样，总刚度矩阵应是 $2n \times 2n$ 阶矩阵（n 为结构的节点总数）。对图 9-17 所示的实例，总刚度方程可展开为：

$$
\begin{bmatrix}
k_{11}^{11} & k_{11}^{12} & k_{12}^{11} & k_{12}^{12} & k_{13}^{11} & k_{13}^{12} & & & & & & \\
k_{11}^{21} & k_{11}^{22} & k_{12}^{21} & k_{12}^{22} & k_{13}^{21} & k_{13}^{22} & & & & & & \\
k_{21}^{11} & k_{21}^{12} & k_{22}^{11} & k_{22}^{12} & k_{23}^{11} & k_{23}^{12} & k_{24}^{11} & k_{24}^{12} & k_{25}^{11} & k_{25}^{12} & & \\
k_{21}^{21} & k_{21}^{22} & k_{22}^{21} & k_{22}^{22} & k_{23}^{21} & k_{23}^{22} & k_{24}^{21} & k_{24}^{22} & k_{25}^{21} & k_{25}^{22} & & \\
k_{31}^{11} & k_{31}^{12} & k_{32}^{11} & k_{32}^{12} & k_{33}^{11} & k_{33}^{12} & & & k_{35}^{11} & k_{35}^{12} & & \\
k_{31}^{21} & k_{31}^{22} & k_{32}^{21} & k_{32}^{22} & k_{33}^{21} & k_{33}^{22} & & & k_{35}^{21} & k_{35}^{22} & & \\
 & & k_{42}^{11} & k_{42}^{12} & & & k_{44}^{11} & k_{44}^{12} & k_{45}^{11} & k_{45}^{12} & k_{46}^{11} & k_{46}^{12} \\
 & & k_{42}^{21} & k_{42}^{22} & & & k_{44}^{21} & k_{44}^{22} & k_{45}^{21} & k_{45}^{22} & k_{46}^{21} & k_{46}^{22} \\
 & & k_{52}^{11} & k_{52}^{12} & k_{53}^{11} & k_{53}^{12} & k_{54}^{11} & k_{54}^{12} & k_{55}^{11} & k_{55}^{12} & k_{56}^{11} & k_{56}^{12} \\
 & & k_{52}^{21} & k_{52}^{22} & k_{53}^{21} & k_{53}^{22} & k_{54}^{21} & k_{54}^{22} & k_{55}^{21} & k_{55}^{22} & k_{56}^{21} & k_{56}^{22} \\
 & & & & & & k_{64}^{11} & k_{64}^{12} & k_{65}^{11} & k_{65}^{12} & k_{66}^{11} & k_{66}^{12} \\
 & & & & & & k_{64}^{21} & k_{64}^{22} & k_{65}^{21} & k_{65}^{22} & k_{66}^{21} & k_{66}^{22}
\end{bmatrix}
\begin{bmatrix}
u_1 \\ v_1 \\ u_2 \\ v_2 \\ u_3 \\ v_3 \\ u_4 \\ v_4 \\ u_5 \\ v_5 \\ u_6 \\ v_6
\end{bmatrix}
=
\begin{bmatrix}
R_{1x} \\ R_{1y} \\ R_{2x} \\ R_{2y} \\ R_{3x} \\ R_{3y} \\ R_{4x} \\ R_{4y} \\ R_{5x} \\ R_{5y} \\ R_{6x} \\ R_{6y}
\end{bmatrix}
\tag{9-97}
$$

根据上述推导及式（9-90）、式（9-96）和式（9-97），可以看到总刚度矩阵的特征如下：

（1）总刚度矩阵中非零的子块矩阵基本集中分布于对角线附近，在大型结构中形成"带状"。这是因为一个节点的平衡方程，除与本身的节点位移有关外，还与那些和它直接相联系的单元节点的节点位移有关，而不在同一单元上的两个节点之间相互没有影响。如图 9-16 所示结构中，节点 3 与单元①、单元②直接相连接，它的平衡方程除与节点 3 的位移有关外，还与节点 1、节点 2、节点 5 的节点位移有关，但节点 3 与节点 4、节点 6 无关，所以，$[K_{34}]$ 和 $[K_{36}]$ 为零。因此，在大型结构的有限元分析中，与一个节点直接相连接的单元总是不多的，这样，总刚度矩阵总是呈稀疏的带状分布。

通常，把从每一行的第一个非零元素起，至该行的对角线上的元素为止的元素个数，称为总刚度矩阵在该行的"带宽"。带宽以外的元素全为零。带宽的大小，除与相关节点的位移个数有关外，还与相邻节点编号之差值有关。利用总刚度矩阵具有的稀疏带状的性质，在编制程序中只需存放带宽内的元素，可以大量地节省计算机容量。减少带宽的措施是尽量减少相邻节点编号之差值。在大型通用有限元分析程序中，大多有带宽优化功能，即给节点重新编号，使带宽尽可能地小。

（2）总刚度矩阵是对称阵。为此，只要证明 $[K_{rs}] = [K_{sr}]^{\mathrm{T}}$。由式（9-82）和式（9-90）：

$$[K_{sr}]^{\mathrm{T}} = \sum_e [K_{sr}]^{\mathrm{T}} = \sum_e ([B_s]^{\mathrm{T}}[D][B_r]^{\mathrm{T}})hA$$

$$= \sum_e ([B_r]^{\mathrm{T}}[D][B_s]^{\mathrm{T}})hA = \sum_e [K_{rs}] = [K_{rs}]$$

(9-98)

所以,总刚度矩阵是对称矩阵。这样在实际计算时,只需计算在对角线及其一侧的元素。

(3) 总刚度矩阵是奇异矩阵。

由于结构在外载荷作用下处于平衡状态,因此,节点载荷矩阵$[R]$的分量要满足 3 个静力平衡方程,反映在总刚度矩阵$[K]$中就存在 3 个线性相关的行或列,这同单元刚度矩阵类似,所以,它是奇异的,不存在逆矩阵。

分析至此,从另外一个角度讲,我们还没有引进约束条件,也就是讲,结构还存在着刚体位移,这也是通过式(9-94)求不出节点位移的原因。所以,在求解总刚度方程前,先要根据约束条件,修正总刚度方程,消除总刚度矩阵的奇异性,然后才能求出节点位移。

(4) 总刚度矩阵中主对角线上的元素总是正的。如总刚度矩阵$[K]$中的元素K_{33}^{11}表示节点 3 在 x 方向产生单位位移(其他位移为零时),在节点 3 的 x 方向上产生的力,它自然应顺着位移方向,因而为正号。

9.5 边界条件的处理

由于总刚度矩阵是奇异矩阵,不存在逆阵。因此,要求得唯一解,必须利用给定的边界条件对总刚度方程进行处理,消除总刚度矩阵的奇异性。边界约束条件的处理实质就是消除结构的刚体位移,使能求得节点位移。

有限单元法中的边界条件也就是假定在节点上受到约束,限制线位移的约束是支座链杆。每一个约束条件,将提供一个位移方程$u_i = \alpha$(α 为已知量),这使结构少一个特定的位移未知量,但却增加了一个待定的支承反力R_i。当$\alpha = 0$时,我们称之为零位移约束,这时的支座链杆为刚性支杆。而当$\alpha \neq 0$时,称为非零位移约束。当然,非零位移约束也可能是弹性支承,它的处理以后会讲到。

边界约束条件的处理方法有三种。

9.5.1 划行划列法

划行划列法,又称消行降阶法,适用于结构只受零位移约束的情况。当结构的边界条件均是零位移约束时,对如图 9-17 所示结构,在节点 1 为固定铰支座,节点 4 为 y 方向活动铰支座,即有:

$$u_1 = v_1 = v_4 = 0$$

(9-99)

把以上条件引入总刚度方程式(9-88)后,在节点位移矩阵$[\Delta]$中相应项为零,在总刚度矩阵中,与位移为零的项所对应的行与列的元素,在求其他节点的位移时将不起作用,因而可以从矩阵[K]中划去。这样原来的 12 阶线性方程就降低为 9 阶线性方程组,见式(9-100)。

$$
\begin{bmatrix}
k_{11}^{11} & k_{11}^{12} & k_{12}^{11} & k_{12}^{12} & k_{13}^{11} & k_{13}^{12} & - & - & - & - & - & - \\
k_{11}^{21} & k_{11}^{22} & k_{12}^{21} & k_{12}^{22} & k_{13}^{21} & k_{13}^{22} & - & - & - & - & - & - \\
k_{21}^{11} & k_{21}^{12} & k_{22}^{11} & k_{22}^{12} & k_{23}^{11} & k_{23}^{12} & k_{24}^{11} & k_{24}^{12} & k_{25}^{11} & k_{25}^{12} & - & - \\
k_{21}^{21} & k_{21}^{22} & k_{22}^{21} & k_{22}^{22} & k_{23}^{21} & k_{23}^{22} & k_{24}^{21} & k_{24}^{22} & k_{25}^{21} & k_{25}^{22} & - & - \\
k_{31}^{11} & k_{31}^{12} & k_{32}^{11} & k_{32}^{12} & k_{33}^{11} & k_{33}^{12} & - & - & k_{35}^{11} & k_{35}^{12} & - & - \\
k_{31}^{21} & k_{31}^{22} & k_{32}^{21} & k_{32}^{22} & k_{33}^{21} & k_{33}^{22} & - & - & k_{35}^{21} & k_{35}^{22} & - & - \\
- & - & k_{42}^{11} & k_{42}^{12} & - & - & k_{44}^{11} & k_{44}^{12} & k_{45}^{11} & k_{45}^{12} & k_{46}^{11} & k_{46}^{12} \\
- & - & k_{42}^{21} & k_{42}^{22} & - & - & k_{44}^{21} & k_{44}^{22} & k_{45}^{21} & k_{45}^{22} & k_{46}^{21} & k_{46}^{22} \\
- & - & k_{52}^{11} & k_{52}^{12} & k_{53}^{11} & k_{53}^{12} & k_{54}^{11} & k_{54}^{12} & k_{55}^{11} & k_{55}^{12} & k_{56}^{11} & k_{56}^{12} \\
- & - & k_{52}^{21} & k_{52}^{22} & k_{53}^{21} & k_{53}^{22} & k_{54}^{21} & k_{54}^{22} & k_{55}^{21} & k_{55}^{22} & k_{56}^{21} & k_{56}^{22} \\
- & - & - & - & - & - & k_{64}^{11} & k_{64}^{12} & k_{65}^{11} & k_{65}^{12} & k_{66}^{11} & k_{66}^{12} \\
- & - & - & - & - & - & k_{64}^{21} & k_{64}^{22} & k_{65}^{21} & k_{65}^{22} & k_{66}^{21} & k_{66}^{22}
\end{bmatrix}
\begin{bmatrix} u_1 \\ v_1 \\ u_2 \\ v_2 \\ u_3 \\ v_3 \\ u_4 \\ v_4 \\ u_5 \\ v_5 \\ u_6 \\ v_6 \end{bmatrix}
=
\begin{bmatrix} R_{1x} \\ R_{1y} \\ R_{2x} \\ R_{2y} \\ R_{3x} \\ R_{3y} \\ R_{4x} \\ R_{4y} \\ R_{5x} \\ R_{5y} \\ R_{6x} \\ R_{6y} \end{bmatrix}
$$

$$(9\text{-}100)$$

这种修正总刚度方程的办法,明显降低了矩阵的阶数,对于单元较少的结构,采用手算时是比较适用的。由于在处理的同时,明显地改变了总刚度方程的排列顺序,使计算机程序变得复杂,又是不可取的。实际有限元程序通常不采用此方法来处理边界约束条件。

9.5.2 划零置 1 法

划零置 1 法,又称消行修正法。当边界条件不一定是零位移约束,而是已知值时,对如图 9-17 所示结构,有:

$$u_1 = \bar{\alpha}, \quad v_1 = \bar{\beta}, \quad v_4 = \bar{\gamma} \tag{9-101}$$

式中,$\bar{\alpha}$,$\bar{\beta}$,$\bar{\gamma}$ 均为已知值,当然也可以为零。用划零置 1 法可以如下处理:

(1) 在总刚度矩阵 [K] 中,把与给定节点位移相对应的主对角元上的元素置为 1,而该行该列上的其余元素置为零。对式(9-97),则应在[K]中把$[K_{11}^{11}]$,$[K_{11}^{22}]$,$[K_{44}^{22}]$置为 1,而第一行和第一列,第二行和第二列,第八行和第八列中的其余元素均取为零,见式(9-102)。

$$
\begin{bmatrix}
1 & 0 & 0 & 0 & 0 & 0 & 0 & 0 & 0 & 0 & 0 & 0 \\
0 & 1 & 0 & 0 & 0 & 0 & 0 & 0 & 0 & 0 & 0 & 0 \\
0 & 0 & k_{22}^{11} & k_{22}^{12} & k_{23}^{11} & k_{23}^{12} & k_{24}^{11} & 0 & k_{25}^{11} & k_{25}^{12} & 0 & 0 \\
0 & 0 & k_{22}^{21} & k_{22}^{22} & k_{23}^{21} & k_{23}^{22} & k_{24}^{21} & 0 & k_{25}^{21} & k_{25}^{22} & 0 & 0 \\
0 & 0 & k_{32}^{11} & k_{32}^{12} & k_{33}^{11} & k_{33}^{12} & 0 & 0 & k_{35}^{11} & k_{35}^{12} & 0 & 0 \\
0 & 0 & k_{32}^{21} & k_{32}^{22} & k_{33}^{21} & k_{33}^{22} & 0 & 0 & k_{35}^{21} & k_{35}^{22} & 0 & 0 \\
0 & 0 & k_{42}^{11} & k_{42}^{12} & k_{43}^{11} & k_{43}^{12} & k_{44}^{11} & 0 & k_{45}^{11} & k_{45}^{12} & k_{46}^{11} & k_{46}^{12} \\
0 & 0 & 0 & 0 & 0 & 0 & 0 & 1 & 0 & 0 & 0 & 0 \\
0 & 0 & k_{52}^{11} & k_{52}^{12} & k_{53}^{11} & k_{53}^{12} & k_{54}^{11} & 0 & k_{55}^{11} & k_{55}^{12} & k_{56}^{11} & k_{56}^{12} \\
0 & 0 & k_{52}^{21} & k_{52}^{22} & k_{53}^{21} & k_{53}^{22} & k_{54}^{21} & 0 & k_{55}^{21} & k_{55}^{22} & k_{56}^{21} & k_{56}^{22} \\
0 & 0 & 0 & 0 & 0 & 0 & k_{64}^{11} & 0 & k_{65}^{11} & k_{65}^{12} & k_{66}^{11} & k_{66}^{12} \\
0 & 0 & 0 & 0 & 0 & 0 & k_{64}^{21} & 0 & k_{65}^{21} & k_{65}^{22} & k_{66}^{21} & k_{66}^{22}
\end{bmatrix}
\begin{bmatrix}
u_1 \\ v_1 \\ u_2 \\ v_2 \\ u_3 \\ v_3 \\ u_4 \\ v_4 \\ u_5 \\ v_5 \\ u_6 \\ v_6
\end{bmatrix}
=
\begin{bmatrix}
\bar{\alpha} \\
\bar{\beta} \\
R_{2x} - k_{21}^{11}\bar{\alpha} - k_{21}^{12}\bar{\beta} - k_{24}^{12}\bar{\gamma} \\
R_{2y} - k_{21}^{21}\bar{\alpha} - k_{21}^{22}\bar{\beta} - k_{24}^{22}\bar{\gamma} \\
R_{3x} - k_{31}^{11}\bar{\alpha} - k_{31}^{12}\bar{\beta} - k_{34}^{12}\bar{\gamma} \\
R_{3y} - k_{31}^{21}\bar{\alpha} - k_{31}^{22}\bar{\beta} - k_{34}^{22}\bar{\gamma} \\
R_{4x} - k_{41}^{11}\bar{\alpha} - k_{41}^{12}\bar{\beta} - k_{44}^{12}\bar{\gamma} \\
\bar{\gamma} \\
R_{5x} - k_{51}^{11}\bar{\alpha} - k_{51}^{12}\bar{\beta} - k_{54}^{12}\bar{\gamma} \\
R_{5y} - k_{51}^{21}\bar{\alpha} - k_{51}^{22}\bar{\beta} - k_{54}^{22}\bar{\gamma} \\
R_{6x} - k_{61}^{11}\bar{\alpha} - k_{61}^{12}\bar{\beta} - k_{64}^{12}\bar{\gamma} \\
R_{6y} - k_{61}^{21}\bar{\alpha} - k_{61}^{22}\bar{\beta} - k_{64}^{22}\bar{\gamma}
\end{bmatrix}
\tag{9-102}
$$

（2）在节点载荷矩阵 $[R]$ 中，把相应的项用给定的位移值代替。而其余元素，则应从中减去给定的节点位移与 $[K]$ 中相应的列项的乘积，见式（9-102）。

这样的处理，由式（9-102），马上可得到：

$$
u_1 = \bar{\alpha}, \quad v_1 = \bar{\beta}, \quad v_4 = \bar{\gamma} \tag{9-103}
$$

而且保留了总刚度方程的原有阶数，自然也没有变更方程组的排列顺序。

9.5.3 乘大数法

乘大数法，又称对角元扩大法，该办法也用于边界条件不一定为零位移约束的情形。对图 9-17 所示结构，也有类似于式（9-101）的假定。它的处理办法如下：

（1）把总刚度矩阵 $[K]$ 中给定节点位移相对应的主对角线上的元素乘以相当大的一个数，如 1×10^{15}，$[K]$ 中其他元素不变，见式（9-104）。

$$
\begin{bmatrix}
k_{11}^{11} \times 10^{15} & k_{11}^{12} & k_{12}^{11} & k_{12}^{12} & k_{13}^{11} & k_{13}^{12} & & & & & & \\
k_{11}^{21} & k_{11}^{22} \times 10^{15} & k_{12}^{21} & k_{12}^{22} & k_{13}^{21} & k_{13}^{22} & & & & & & \\
k_{21}^{11} & k_{21}^{12} & k_{22}^{11} & k_{22}^{12} & k_{23}^{11} & k_{23}^{12} & k_{24}^{11} & k_{24}^{12} & k_{25}^{11} & k_{25}^{12} & & \\
k_{21}^{21} & k_{21}^{22} & k_{22}^{21} & k_{22}^{22} & k_{23}^{21} & k_{23}^{22} & k_{24}^{21} & k_{24}^{22} & k_{25}^{21} & k_{25}^{22} & & \\
k_{31}^{11} & k_{31}^{12} & k_{32}^{11} & k_{32}^{12} & k_{33}^{11} & k_{33}^{12} & & & k_{35}^{11} & k_{35}^{12} & & \\
k_{31}^{21} & k_{31}^{22} & k_{32}^{21} & k_{32}^{22} & k_{33}^{21} & k_{33}^{22} & & & k_{35}^{21} & k_{35}^{22} & & \\
& & k_{42}^{11} & k_{42}^{12} & & & k_{44}^{11} & k_{44}^{12} & k_{45}^{11} & k_{45}^{12} & k_{46}^{11} & k_{46}^{12} \\
& & k_{42}^{21} & k_{42}^{22} & & & k_{44}^{21} & k_{44}^{22} \times 10^{15} & k_{45}^{21} & k_{45}^{22} & k_{46}^{21} & k_{46}^{22} \\
& & k_{52}^{11} & k_{52}^{12} & k_{53}^{11} & k_{53}^{12} & k_{54}^{11} & k_{54}^{12} & k_{55}^{11} & k_{55}^{12} & k_{56}^{11} & k_{56}^{12} \\
& & k_{52}^{21} & k_{52}^{22} & k_{53}^{21} & k_{53}^{22} & k_{54}^{21} & k_{54}^{22} & k_{55}^{21} & k_{55}^{22} & k_{56}^{21} & k_{56}^{22} \\
& & & & & & k_{64}^{11} & k_{64}^{12} & k_{65}^{11} & k_{65}^{12} & k_{66}^{11} & k_{66}^{12} \\
& & & & & & k_{64}^{21} & k_{64}^{22} & k_{65}^{21} & k_{65}^{22} & k_{66}^{21} & k_{66}^{22}
\end{bmatrix}
\begin{bmatrix}
u_1 \\ v_1 \\ u_2 \\ v_2 \\ u_3 \\ v_3 \\ u_4 \\ v_4 \\ u_5 \\ v_5 \\ u_6 \\ v_6
\end{bmatrix}
$$

$$= \begin{bmatrix} \bar{\alpha} \times k_{11}^{11} \times 10^{15} \\ \bar{\beta} \times k_{11}^{22} \times 10^{15} \\ R_{2x} \\ R_{2y} \\ R_{3x} \\ R_{3y} \\ R_{4x} \\ \bar{\gamma} \times k_{44}^{22} \times 10^{15} \\ R_{5x} \\ R_{5y} \\ R_{6x} \\ R_{6y} \end{bmatrix} \tag{9-104}$$

（2）把节点载荷矩阵$[R]$中的对应项用给定的节点位移与相应的主对角线元素、同一相当大的数（如1×10^{15}）这三项的乘积代，见式（9-104）。

这样处理后，如展开式（9-104）的第一个方程，有：

$$k_{11}^{11} \times 10^{15} u_1 + k_{11}^{12} v_1 + k_{12}^{11} u_2 + k_{12}^{12} v_2 + k_{13}^{11} u_3 + k_{13}^{12} v_3 + k_{14}^{11} u_4 +$$
$$k_{14}^{12} v_4 + k_{15}^{11} u_5 + k_{15}^{12} v_5 + k_{16}^{11} u_6 + k_{16}^{12} v_6 = \bar{\alpha} \times k_{11}^{11} \times 10^{15} \tag{9-105}$$

式（9-105）中由于除包含大数1×10^{15}的两项外，其余各项相对都很小，可以略去，即：

$$k_{11}^{11} \times 10^{15} \gg k_{ij} \quad (j = 1, 2, \cdots, 6) \tag{9-106}$$

因此，式（9-106）就可写为：

$$k_{11}^{11} \times 10^{15} \times u_1 \approx \bar{\alpha} \times k_{11}^{11} \times 10^{15} \tag{9-107}$$
$$u_1 = \bar{\alpha}$$

同理可以得到：

$$v_1 = \bar{\beta} \tag{9-108}$$
$$v_4 = \bar{\gamma}$$

均满足已知位移边界条件。

比较划零置1法和乘大数法可以看到，这两种方法都适用于零位移约束和非零位移约束边界条件。但是，当边界条件为零位移约束时，用划零置1法更为简洁；而对非零位移约束，用乘大数法更为方便。

用以上方法进行边界条件约束处理后，总刚度方程也得到修正，成为：

$$[K^*][\Delta] = [R^*] \tag{9-109}$$

这时可以求解，求得节点位移。

9.6　计算结果整理及解题步骤

在进行边界约束条件处理后,求解节点位移,这将归结于求解一个大型联立线性方程组。求解方程组在有限元分析过程中,将占据计算时间的绝大部分。

求解大型联立线性方程组的方法很多。最常用的是直接法和迭代法。为了避免直接求逆的计算负担,直接法利用矩阵 $[K]$ 的稀疏和对称特性将它分解为几个子矩阵,它们的结果等于原始矩阵。然后通过简单的返回置换获得解向量。迭代法是引入试探解后迭代直到达到平衡位置(解矢量无变化)。尽管迭代法有减少存储空间的优点但运算次数大大高于直接法。在众多方法中最适合的应是能充分利用总刚度矩阵的对称、稀疏和带状特性,以便能极大地减少计算的存储量和求解时间的方法。自然,在小型计算机上计算时更注重于减少计算存储量,而大型计算机则着重于减小计算时间。

求解总刚度方程,得到节点位移后,代入式(9-41)即可求得单元应力。

计算出的节点位移就是结构上各离散点的位移值。据此,可直接画出结构的位移分布图,即变形图。大部分有限元通用程序的后处理中,均能显示出结构计算前后的变形图,也能显示出各部位的变形大小。

应力计算结果,则必须进行整理。这是因为对常应变三角形单元,单元中应力也是常量,而不是某一点的应力值,通常,把它作为三角形单元形心处的应力。为了由计算结果推出结构上某一点的接近实际的应力值,可采用绕节点平均法或两单元平均法。

所谓绕节点平均法,就是把环绕某一节点的各单元常应力加以平均,用以表示该节点的应力。如图 9-17 中所示节点 1 的应力,可认为:

$$[\sigma_1] = \frac{1}{6}\sum_{e=1}^{6}[\sigma]^e$$

为了使绕节点平均应力能较真实地表示节点处的实际应力,环绕该节点的各个单元的面积不能相差太大。绕节点平均法比较适用于内节点应力的推算。对边界节点,绕节点法的误差将较大。一般边界节点的应力,可由内节点的应力通过插值推算。如图 9-17 中节点 4 的应力,可先用绕节点平均法计算出内节点 1,节点 2,节点 3 的应力,再由这三点的应力用抛物线插值公式推算出节点 4 的应力。

所谓两单元平均法,就是把两个相邻单元之中的常应力加以平均,用来表示公共边界中点处的应力。如图 9-18 中,A 点和 B 点处的应力分别为:

$$[\sigma]_A = \frac{1}{2}([\sigma]^{⑨} + [\sigma]^{⑪});$$

$$[\sigma]_B = \frac{1}{2}([\sigma]^{⑩} + [\sigma]^{⑫}) \tag{9-110}$$

为了使两单元平均法所推算的应力具有较好的

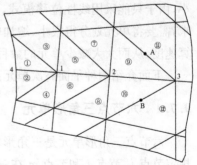

图 9-18　某点应力的确定

表征性,两个相邻单元的面积不应相差太大。

在求出各点的应力分量 σ_x, σ_y, γ_{xy} 后,还可求出主应力 σ_1, σ_2 及主方向。这些值都可在图上表述出来,显示结构内应力分布情况。在大型通用有限单元分析程序中,都可以用等应力线的形式给出各种应力分量的分布图,供设计人员分析研究。

通过以上应用常应变三角形单元求解平面问题的论述,可以归纳出有限单元法分析步骤大致如下:

(1) 根据具体分析对象,作出结构简图。在此基础上进行有限元离散化,即网格划分,目的是得到分析对象的数学模型。包括:

① 选择坐标系,选择单元。

② 确定网格大小、疏密,画出网格图。

③ 边界约束条件和载荷的简化、确定。

(2) 单元分析,目的是求出各单元的刚度矩阵及等效节点载荷矩阵。

一般可直接根据各种类型单元的刚度矩阵表达式求出。如对常应变三角形单元,可根据节点坐标值,计算出各单元的面积及常系数 b_i, c_i, b_j, c_j, b_m, c_m 的值,代入式(9-52)后求出各单元的刚度矩阵。

根据各单元所受载荷,利用式(9-68)移置到各节点上,形成等效节点载荷矩阵。

(3) 整体分析,就是将各单元的分析组集成一整体,形成总刚度矩阵 $[K][\Delta] = [R]$。包括:

① 组集总刚度矩阵 $[K]$,可利用直接刚度法或其他方法。

② 组集结构节点载荷矩阵。这一步也可结合单元分析形成各单元等效节点载荷矩阵时直接组集。

(4) 边界约束条件处理,修正总刚度方程,并由此求解得到各节点位移 $[\Delta]$。

(5) 求单元应力和节点应力。整理计算结果后给出结构变形图及各种应力分量的等值曲线。

*9.7　平面高次单元

上面讨论的三角形单元简单、适应性强,能够容易适应曲线边界及随意改变单元大小,由于只能采用线性位移模式,所以它的计算精度受到限制。为了满足一定的精度要求,需要将单元划分得很小,增加单元数。分析表明,采用高次单元位移模式可以提高计算速度,从而大大减少单元的数目。

下面介绍两种平面高次单元:六节点三角形单元和矩形单元。

9.7.1　六节点三角形单元

六节点三角形单元是三角形单元的基础上,把三条边的中点也取为节点而形成的。规定节点 i,节点 j 和节点 m 在三角形的三个顶点上,其排列仍按坐标系右手法则定。节点1,节点2和节点3分别在节点 i,节点 j 和节点 m 的对边上,如图9-19所示,图9-19(a)

为网格中的六节点单元,图 9-19(b)为其节点编号方式及节点的面积坐标。单元的节点
位移矩阵 $[\Delta]^e$ 和单元节点力矩阵 $[F]^e$ 分别为:

$$[\Delta]^e = [[\Delta_i^e]^T \quad [\Delta_j^e]^T \quad [\Delta_m^e]^T \quad [\Delta_1^e]^T \quad [\Delta_2^e]^T \quad [\Delta_3^e]^T]^T; \quad (9\text{-}111)$$

$$[F]^e = [[F_i^e]^T \quad [F_j^e]^T \quad [F_m^e]^T \quad [F_1^e]^T \quad [F_2^e]^T \quad [F_3^e]^T]^T \quad (9\text{-}112)$$

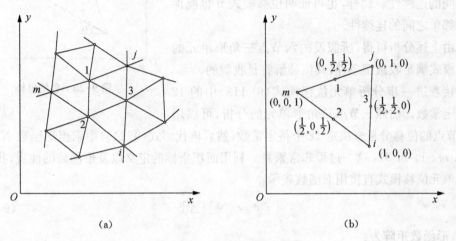

图 9-19　六节点三角形单元

其中,

$$[\Delta_i^e] = \begin{bmatrix} u_i \\ v_i \end{bmatrix} \quad (i,j,m), \quad [\Delta_1^e] = \begin{bmatrix} u_1 \\ v_1 \end{bmatrix} \quad (1,2,3);$$

$$[F_i^e] = \begin{bmatrix} X_i^e \\ Y_i^e \end{bmatrix} \quad (i,j,m), \quad [F_1^e] = \begin{bmatrix} X_1^e \\ Y_1^e \end{bmatrix} \quad (1,2,3)$$

1. 单元位移模式

六节点三角形单元有 6 个节点,单元位移模式可假设为完全的二次多项式:

$$\begin{cases} u = \alpha_1 + \alpha_2 x + \alpha_3 y + \alpha_4 x^2 + \alpha_5 xy + \alpha_6 y^2 \\ v = \alpha_7 + \alpha_8 x + \alpha_9 y + \alpha_{10} x^2 + \alpha_{11} xy + \alpha_{12} y^2 \end{cases} \quad (9\text{-}113)$$

式中,$\alpha_i (i=1,2,\cdots,12)$ 为待定常数。

先讨论一下位移模式的收敛性问题。系数 α_1,α_2,α_3 与 α_7,α_8,α_9 由三节点三角形
单元位移模式的收敛性讨论可知,它们反映了单元的刚体位移和常应变,满足解答收敛的
完备条件。

为了说明位移模式在相邻单元之间的连续性,设在单元边界上利用式(9-114):

$$x = x_i + s\cos\alpha, \quad y = y_i + s\sin\alpha \quad (9\text{-}114)$$

把式(9-113)中第一式的 x,y 坐标变换成自然坐标 s(图 9-20),经整理后,该式成为

$$u = \beta_1 + \beta_2 s + \beta_3 s^2 \qquad (9\text{-}115)$$

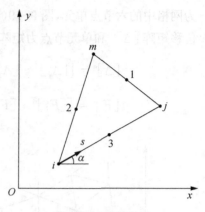

图 9-20　自然坐标

可见,在单元边界 ij 上,利用节点 i、节点 j 和节点 3 的位移分量 u_i,u_j,u_3 可以确定 β_1,β_2,β_3,因此,在两个相邻单元的公共边界 ij 上,两个单元具有相同的位移函数 u,这就保证了位移模式 u 在相邻单元之间的连续性。同样,也可证明位移模式 v 也能保证相邻单之间的连续性。

由上述分析可得,所假设的六节点三角形单元的位移模式满足收敛型条件,其位移解答是收敛的。

接着进一步分析单元位移模式(9-113)中的 12 个待定常数。仿照三节点三角形单元的分析,可以用 6 个节点的位移分量来决定 12 个待定常数,然后再代回式(9-113)中求出形函数 N_r ($r = i$,j,m,1,2,3),这一过程非常繁复。利用面积坐标的定义以及形函数的性质,我们可以将单元位移模式直接用形函数表示:

$$[f]^e = [N][\Delta]^e \qquad (9\text{-}116)$$

式中,形函数矩阵为:

$$[N] = \begin{bmatrix} N_i & 0 & N_j & 0 & N_m & 0 & N_1 & 0 & N_2 & 0 & N_3 & 0 \\ 0 & N_i & 0 & N_j & 0 & N_m & 0 & N_1 & 0 & N_2 & 0 & N_3 \end{bmatrix}$$

$$(9\text{-}117)$$

$$N_i = L_i(2L_i - 1) \quad (i,j,m)$$
$$N_1 = 4L_j L_m \quad (1,j,m;\ 2,i,m;\ 3,i,j)$$

式中,L_r ($r = i$,j,m,1,2,3)分别为节点 i、节点 j、节点 m、节点 1、节点 2、节点 3 的面积坐标。显然把它们代入式(9-116)后,立即可得出相应节点的节点位移 u_r,v_r ($r = i$,j,m,1,2,3)。

由于形函数 N_r ($r = i$,j,m,1,2,3)是面积坐标 L_i,L_j,L_m 得二次式,根据直角坐标和面积坐标的转换关系式(9-28)和式(9-32)可见,式(9-116)式(9-113)是等同的,同样,满足解答的收敛性。

2. 单元刚度矩阵

把位移模式(9-113)代入几何方程,有:

$$[\varepsilon] = \begin{bmatrix} \varepsilon_x \\ \varepsilon_y \\ \gamma_{xy} \end{bmatrix} = \begin{bmatrix} \dfrac{\partial u}{\partial x} \\[2mm] \dfrac{\partial v}{\partial y} \\[2mm] \dfrac{\partial u}{\partial y} + \dfrac{\partial v}{\partial x} \end{bmatrix} = [B][\Delta]^e \qquad (9\text{-}118)$$

由于：

$$\varepsilon_x = \frac{\partial u}{\partial x} = \frac{\partial N_i}{\partial x}u_i + \frac{\partial N_j}{\partial x}u_j + \frac{\partial N_m}{\partial x}u_m + \frac{\partial N_1}{\partial x}u_1 + \frac{\partial N_2}{\partial x}u_2 + \frac{\partial N_3}{\partial x}u_3$$

$$\varepsilon_y = \frac{\partial v}{\partial y} = \frac{\partial N_i}{\partial y}v_i + \frac{\partial N_j}{\partial y}v_j + \frac{\partial N_m}{\partial y}v_m + \frac{\partial N_1}{\partial y}v_1 + \frac{\partial N_2}{\partial y}v_2 + \frac{\partial N_3}{\partial y}v_3$$

$$\gamma_{xy} = \frac{\partial u}{\partial y} + \frac{\partial u}{\partial x} = \frac{\partial N_i}{\partial y}u_i + \frac{\partial N_i}{\partial x}v_i + \frac{\partial N_j}{\partial y}u_j + \frac{\partial N_j}{\partial x}v_j + \frac{\partial N_m}{\partial y}u_m + \frac{\partial N_m}{\partial x}v_m +$$

$$\frac{\partial N_1}{\partial y}u_1 + \frac{\partial N_1}{\partial x}v_1 + \frac{\partial N_2}{\partial y}u_2 + \frac{\partial N_2}{\partial x}v_2 + \frac{\partial N_3}{\partial y}u_3 + \frac{\partial N_3}{\partial x}v_3 \qquad (9\text{-}119)$$

所以，

$$[B] = [[B_i][B_j][B_m][B_1][B_2][B_3]] \qquad (9\text{-}120)$$

式中，

$$[B_i] = \begin{bmatrix} \dfrac{\partial N_i}{\partial x} & 0 \\[2mm] 0 & \dfrac{\partial N_i}{\partial y} \\[2mm] \dfrac{\partial N_i}{\partial y} & \dfrac{\partial N_i}{\partial x} \end{bmatrix} \quad (i, j, m), \quad [B_1] = \begin{bmatrix} \dfrac{\partial N_1}{\partial x} & 0 \\[2mm] 0 & \dfrac{\partial N_1}{\partial y} \\[2mm] \dfrac{\partial N_1}{\partial y} & \dfrac{\partial N_1}{\partial x} \end{bmatrix} \quad (1, 2, 3) \ (9\text{-}121)$$

由式(9-106)，并注意到 $L_i = \dfrac{a_i + b_i x + c_i y}{2A}(i, j, m)$，有：

$$\frac{\partial N_i}{\partial x} = \frac{\partial N_i}{\partial L_i}\frac{\partial L_i}{\partial x} = (4L_i - 1)\frac{b_i}{2A} = \frac{b_i}{2A}(4L_i - 1) \quad (i, j, m)$$

$$\frac{\partial N_1}{\partial x} = \frac{\partial N_1}{\partial L_j}\frac{\partial L_j}{\partial x} + \frac{\partial N_1}{\partial L_m}\frac{\partial L_m}{\partial x} = 4L_m\frac{b_j}{2A} + 4L_j\frac{b_m}{2A} \qquad (9\text{-}122)$$

$$= \frac{4(b_j L_m + b_m L_j)}{2A} \quad (1, j, m; 2, i, m; 3, i, j)$$

同理，

$$\frac{\partial N_i}{\partial y} = \frac{c_i}{2A}(4L_i - 1) \quad (i, j, m)$$

$$\frac{\partial N_1}{\partial y} = \frac{4(c_j L_m + c_m L_j)}{2A} \quad (1, j, m; 2, i, m; 3, i, j) \qquad (9\text{-}123)$$

所以，

$$[B_i] = \frac{1}{2A}\begin{bmatrix} b_i(4L_i-1) & 0 \\ 0 & c_i(4L_i-1) \\ c_i(4L_i-1) & b_i(4L_i-1) \end{bmatrix} \quad (i,j,m)$$

$$[B_1] = \frac{1}{2A}\begin{bmatrix} 4(b_jL_m+b_mL_j) & 0 \\ 0 & 4(c_jL_m+c_mL_j) \\ 4(c_jL_m+c_mL_j) & 4(b_jL_m+b_mL_j) \end{bmatrix} \quad (1,j,m;\,2,i,m;\,3,i,j)$$

$$(9\text{-}124)$$

由式(9-124)可知,应变分量是面积坐标的一次式,因而也是 x,y 的一次式。也就是说,单元内的应变是线性变化的,不再是常量。

把应变表达式代入物理方程,可得到单元应力表达式:

$$[\sigma] = [D][\varepsilon] = [D][B][\Delta]^e = [S][\Delta]^e \tag{9-125}$$

式中,应力矩阵为:

$$[S] = [D][B] = [[S_i][S_j][S_m][S_1][S_2][S_3]] \tag{9-126}$$

其中,子块矩阵为:

$$[S_i] = [D][B_i] = \frac{Eh(4L_i-1)}{4(1-\mu^2)A}\begin{bmatrix} 2b_i & 2\mu c_i \\ 2\mu b_i & 2c_i \\ (1-\mu)c_i & (1-\mu)b_i \end{bmatrix} \quad (i,j,m)$$

$$[S_1] = [D][B_1] = \frac{Eh(4L_i-1)}{4(1-\mu^2)A}\begin{bmatrix} 8(b_jL_m+b_mL_j) & 8\mu(c_jL_m+c_mL_j) \\ 8\mu(b_jL_m+b_mL_j) & 8(c_jL_m+c_mL_j) \\ 4(1-\mu)(b_mL_j+b_jL_m) & 4(1-\mu)8\mu(b_jL_m+b_mL_j) \end{bmatrix}$$

$$(1,j,m;2,m,i;3,i,j) \tag{9-127}$$

应力矩阵 $[S]$ 同样是面积坐标 x,y 坐标的一次式。说明了单元中的应力是线性变化,也不再是常量。

单元刚度矩阵的一般表达式我们已根据虚功方程导出,它为:

$$[K]^e = \iint_A [B]^{\mathrm{T}}[D][B]h\,\mathrm{d}x\,\mathrm{d}y \tag{9-128}$$

将应变矩阵 $[B]$ 的表达式代入,并运用积分公式:

$$\iint_A L_i^a L_j^b L_m^c \,\mathrm{d}x\,\mathrm{d}y = \frac{a!\,b!\,c!}{(a+b+c+2)!}2A \tag{9-129}$$

又注意到关系式:

$$b_i+b_j+b_m = y_j-y_m+y_m-y_i+y_i-y_j = 0 \tag{9-130}$$

及

$$c_i + c_j + c_m = 0 \qquad (9\text{-}131)$$

可得单元刚度矩阵为：

$$[K]^e = \frac{Eh}{24(1-\mu^2)A}
\begin{bmatrix}
F_i & P_{ij} & P_{im} & 0 & -4P_{im} & -4PA_{ij} \\
P_{ji} & F_j & P_{jm} & -4P_{jm} & 0 & -4P_{ji} \\
P_{mi} & P_{mj} & F_m & -4P_{mj} & -4P_{mi} & 0 \\
0 & -4P_{mj} & -4P_{jm} & G_i & Q_{ij} & Q_{im} \\
-4P_{mi} & 0 & -4P_{im} & Q_{ji} & G_j & Q_{jm} \\
-4P_{ji} & -4P_{ij} & 0 & Q_{mi} & Q_{mi} & G_m
\end{bmatrix}$$

$$(9\text{-}132)$$

式中，

$$F_i = \begin{bmatrix}
6b_i^2 + 3(1-\mu)c_i^2 & 3(1+\mu)b_ic_i \\
3(1+\mu)b_ic_i & 6c_i^2 + 3(1-\mu)b_i^2
\end{bmatrix} \quad (i,j,m)$$

$$G_i = \begin{bmatrix}
16(b_i^2 - b_jb_m) + 8(1-\mu)(c_i^2 - c_jc_m) & 4(1+\mu)(b_ic_i + b_jc_j + b_mc_m) \\
4(1+\mu)(b_ic_i + b_jc_j + b_mc_m) & 16(c_i^2 - c_jc_m) + 8(1-\mu)(b_i^2 - b_jb_m)
\end{bmatrix}$$

$$(i,j,m)$$

$$[P_{rs}] = \begin{bmatrix}
-2b_rb_s - (1-\mu)c_rc_s & -2\mu b_rc_s - (1-\mu)c_rb_s \\
-2\mu c_rb_s - (1-\mu)b_rc_s & -2c_rc_s - (1-\mu)b_rb_s
\end{bmatrix} \quad (r=i,j,m; \, s=i,j,m)$$

$$[Q_{rs}] = \begin{bmatrix}
16b_rb_s + 8(1-\mu)c_rc_s & 4(1+\mu)(c_rb_s + b_rc_s) \\
4(1+\mu)(c_rb_s + b_rc_s) & 16c_rc_s + 8(1-\mu)b_rb_s
\end{bmatrix} \quad (r=i,j,m; \, s=i,j,m)$$

$$(9\text{-}133)$$

对于平面应变问题，只须在应力矩阵 $[S]$ 和单元刚度矩阵 $[K]^e$ 中将 E 换成 $\dfrac{E}{1-\mu^2}$，

μ 换成 $\dfrac{\mu}{1-\mu}$ 即可。

3. 等效节点载荷的计算

由于六节点三角形单元的位移模式是非线性的，所以必须用非节点载荷向节点移置的一般公式来求等效节点载荷，即有：

$$[P]^e = [N]^T[Q] + \int_s [N]^T[P_A]h\,\mathrm{d}s + \iint_A [N]^T[P_V]h\,\mathrm{d}x\mathrm{d}y \qquad (9\text{-}134)$$

1) 体力的移置

设单元受体力 w_y 作用，如图 9-21 所示，则：

$$[P_V] = \begin{bmatrix} 0 \\ -w \end{bmatrix}$$

由式(9-134),单元的等效节点载荷矩阵为:

$$[P]^e = \iint_A [N]^T [P_V] h\,\mathrm{d}x\,\mathrm{d}y$$

$$= \iint_A \begin{bmatrix} N_i & 0 & N_j & 0 & N_m & 0 & N_1 & 0 & N_2 & 0 & N_3 & 0 \\ 0 & N_i & 0 & N_j & 0 & N_m & 0 & N_1 & 0 & N_2 & 0 & N_3 \end{bmatrix} \begin{bmatrix} 0 \\ -w \end{bmatrix} h\,\mathrm{d}x\,\mathrm{d}y$$

$$= -hw \iint_A \begin{bmatrix} 0 & N_i & 0 & N_j & 0 & N_m & 0 & N_1 & 0 & N_2 & 0 & N_3 \end{bmatrix}^T \mathrm{d}x\,\mathrm{d}y$$

$$= -\frac{Ahw}{3} \begin{bmatrix} 0 & 0 & 0 & 0 & 0 & 0 & 0 & 1 & 0 & 1 & 0 & 1 \end{bmatrix}^T \tag{9-135}$$

设单元的总重量为 $W_y = -Ahw_y$ 则节点等效载荷矩阵为:

$$[P]^T = \begin{bmatrix} 0 & 0 & 0 & 0 & 0 & 0 & 0 & \dfrac{1}{3}W_y & 0 & \dfrac{1}{3}W_y & 0 & \dfrac{1}{3}W_y \end{bmatrix}^T \tag{9-136}$$

式(9-136)表明,单元的总体力是平均分配到各边中点的节点1,节点2和节点3上,而三角形三个顶点的节点上为零。

2) 面力载荷的移置

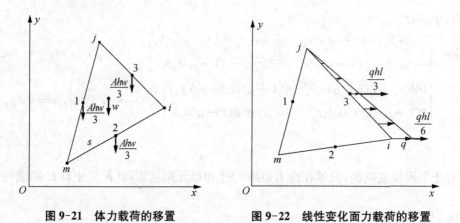

图 9-21 体力载荷的移置   图 9-22 线性变化面力载荷的移置

设在单元 ij 边界上,作用沿 x 方向的按线性变化的面力,在节点 i 上的强度为 q,在节点 j 上的强度为零,如图9-22所示。这样,其面力矩阵为:

$$[P_A] = \begin{bmatrix} qL_i \\ 0 \end{bmatrix} \tag{9-137}$$

代入式(9-134)后,有:

$$[P]^e = \int_{\overline{ij}} [N]_{\overline{ij}}^T \begin{bmatrix} qL_i \\ 0 \end{bmatrix} h\,\mathrm{d}s \tag{9-138}$$

该式的积分是沿边 $\overline{ij}$ 进行。由于边 $\overline{ij}$ 上面积坐标 $L_m = 0$ 所以形函数就简化为:

$$N_i = L_i(2L_i-1), N_j = L_j(2L_j-1), N_m = 0 \tag{9-139}$$
$$N_1 = 0, N_2 = 0, N_3 = 4L_iL_j$$

代入式(9-138)后,有:

$$[P]^e = \iint_{\overline{ij}} \begin{bmatrix} N_i & 0 & N_j & 0 & 0 & 0 & 0 & 0 & 0 & 0 & N_3 & 0 \\ 0 & N_i & 0 & N_j & 0 & 0 & 0 & 0 & 0 & 0 & 0 & N_3 \end{bmatrix}^{\mathrm{T}} \begin{bmatrix} qL_i \\ 0 \end{bmatrix} h\,\mathrm{d}s$$

$$= qh \int_{\overline{ij}} \begin{bmatrix} N_iL_i & 0 & N_jL_i & 0 & 0 & 0 & 0 & 0 & 0 & N_3L_i & 0 & 0 \end{bmatrix}^{\mathrm{T}}\mathrm{d}s \tag{9-140}$$

利用面积坐标的幂函数沿三角形单元某一边的积分公式:

$$\int L_i^a L_j^b \,\mathrm{d}s = \frac{a!\ b!}{(a+b+1)!} l \quad (i,\ j,\ m) \tag{9-141}$$

式(9-141)有:

$$[P]^e = \frac{lhq}{2} \begin{bmatrix} \dfrac{1}{3} & 0 & 0 & 0 & 0 & 0 & 0 & 0 & 0 & \dfrac{2}{3} & 0 \end{bmatrix}^{\mathrm{T}} \tag{9-142}$$

式中, l 为边 $\overline{ij}$ 的长度。

式(9-142)表明,总面力为 $\dfrac{lhq}{2}$ 的 $\dfrac{1}{3}$ 是移置到节点 i 上,而 $\dfrac{2}{3}$ 是移置到边 ij 的中点 3 处。其余节点载荷分量均为零。

求出六节点三角形单元的单元刚度矩阵和等效节点载荷矩阵后,即可按前面所述的方法组集成结构总刚度方程,进行约束处理后求解得节点位移,再代入物理方程求出单元应力。方法基本相同,这里不再重复。

9.7.2 四节点矩形单元

当结构外形比较规则时,可以采用四节点平面矩形单元。这也是一种精度较高的单元。

假设从离散体系中取出一矩形单元[图 9-23(a)]。为了简便,矩形单元的边界平行于坐标轴 x 轴和 y 轴,并引入局部坐标 ξ, η。坐标原点取在单元的形心上,ξ 轴和 η 轴分别平行于 x 轴和 y 轴。局部坐标 ξ, η 与整体坐标 x, y 的转换关系为:

$$\xi = \frac{1}{a}(x-x_0), x_0 = \frac{1}{2}(x_i+x_j), 2a = x_j-x_i \tag{9-143}$$
$$\eta = \frac{1}{b}(y-y_0), y_0 = \frac{1}{2}(y_i+y_p), 2b = y_p-y_i$$

根据式(9-143),可得到节点 i,节点 j,节点 m,节点 p 的局部坐标分别是 $(-1, 1)$, $(1, -1)$, $(1, 1)$, $(-1, 1)$,如图 9-23(b)所示。

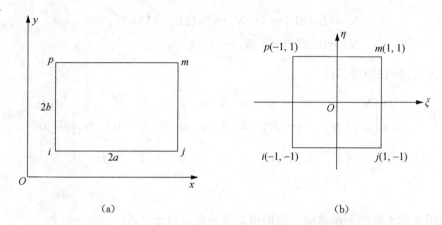

(a)   (b)

图 9-23　四节点平面矩形单元

矩形单元的节点位移矩阵 $[\Delta]^e$ 和单元节点力矩阵 $[F]^e$ 分别为：

$$[\Delta]^e = \left[[\Delta_i^e]^T \quad [\Delta_j^e]^T \quad [\Delta_m^e]^T \quad [\Delta_p^e]^T\right]^T \tag{9-144}$$

$$[f]^e = \left[[F_i^e]^T \quad [F_j^e]^T \quad [F_m^e]^T \quad [F_p^e]^T\right]^T$$

式中，

$$[\Delta_i^e]^T = \begin{bmatrix} u_i \\ v_i \end{bmatrix} \quad (i,\ j,\ m,\ p) \tag{9-145}$$

$$[F_i^e]^T = \begin{bmatrix} X_i^e \\ Y_i^e \end{bmatrix} \quad (i,\ j,\ m,\ p)$$

1. 单元位移模式

由于矩形单元有 4 个节点，相应有 8 个自由度，所以，取单元位移模式为双线性函数，即：

$$u = \alpha_1 + \alpha_2 \xi + \alpha_3 \eta + \alpha_4 \xi\eta \tag{9-146}$$

$$v = \alpha_5 + \alpha_6 \xi + \alpha_7 \eta + \alpha_8 \xi\eta$$

式中，$\alpha_i (i = 1,\ 2,\ \cdots,\ 8)$ 为待定常数。

为求出 α_i，可把 4 个节点的局部坐标值代入，有：

$$u_i = \alpha_1 - \alpha_2 - \alpha_3 + \alpha_4$$

$$u_j = \alpha_1 + \alpha_2 - \alpha_3 - \alpha_4 \tag{9-147}$$

$$u_m = \alpha_1 + \alpha_2 + \alpha_3 + \alpha_4$$

$$u_p = \alpha_1 - \alpha_2 + \alpha_3 - \alpha_4$$

求解上述方程式，得：

$$\alpha_1 = \frac{1}{4}(u_i + u_j + u_m + u_p)$$

$$\alpha_2 = \frac{1}{4}(-u_i + u_j + u_m - u_p)$$

(9-148)

$$\alpha_3 = \frac{1}{4}(-u_i - u_j + u_m + u_p)$$

$$\alpha_4 = \frac{1}{4}(u_i - u_j + u_m - u_p)$$

代入式(9-146)后,并整理得:

$$u(\xi, \eta) = \frac{1}{4}(1-\xi)(1-\eta)u_i + \frac{1}{4}(1+\xi)(1-\eta)u_j +$$

(9-149)

$$\frac{1}{4}(1+\xi)(1+\eta)u_m + \frac{1}{4}(1-\xi)(1+\eta)u_p$$

$$= N_i u_i + N_j u_j + N_m u_m + N_p u_p$$

同理也可求得:

$$v(\xi, \eta) = N_i v_i + N_j v_j + N_m v_m + N_p v_p \qquad (9\text{-}150)$$

其中,

$$N_i = \frac{1}{4}(1+\xi_i\xi)(1+\eta_i\eta) \quad (i, j, m, p) \qquad (9\text{-}151)$$

这样,单元的位移模式可写为:

$$[f] = \begin{bmatrix} u \\ v \end{bmatrix} = \begin{bmatrix} N_i & 0 & N_j & 0 & N_m & 0 & N_p & 0 \\ 0 & N_i & 0 & N_j & 0 & N_m & 0 & N_p \end{bmatrix}^T [\Delta]^e = [N][\Delta]^e$$

(9-152)

下面讨论一下位移模式的收敛性问题。由于式(9-146)中包含常数项和 ξ, η 的一次项 α_1, α_5, α_2, α_3, α_6, α_7,所以与三角形常应变单元分析一样可知,它们反映了单元的刚体位移和常应变状态,满足解答收敛的完备条件。在单元的四条边界上,ξ 与 η 可分别是常量,因而单元位移函数在边界上分别是 ξ 与 η 的线性函数。这样相邻单元公共边界上的位移由边界上的两个节点的位移完全确定,也是线性变化的。这就保证了相邻单元在公共边上位移的连续性,满足解答收敛的协调条件。因此矩形单元是完备的协调单元。

2. 单元刚度矩阵

将单元位移模式(9-146)代入几何方程,可得单元应变为:

$$[\varepsilon] = \begin{bmatrix} \varepsilon_x \\ \varepsilon_y \\ \gamma_{xy} \end{bmatrix} = \begin{bmatrix} \dfrac{\partial u}{\partial x} \\ \dfrac{\partial v}{\partial y} \\ \dfrac{\partial v}{\partial x} + \dfrac{\partial u}{\partial y} \end{bmatrix} = \begin{bmatrix} \dfrac{\partial u}{\partial \xi}\dfrac{\partial \xi}{\partial x} \\ \dfrac{\partial v}{\partial \eta}\dfrac{\partial \eta}{\partial y} \\ \dfrac{\partial v}{\partial \xi}\dfrac{\partial \xi}{\partial y} + \dfrac{\partial u}{\partial \eta}\dfrac{\partial \eta}{\partial x} \end{bmatrix} = \frac{1}{ab}\begin{bmatrix} b\dfrac{\partial u}{\partial \xi} \\ a\dfrac{\partial v}{\partial \eta} \\ a\dfrac{\partial u}{\partial \eta} + b\dfrac{\partial v}{\partial \xi} \end{bmatrix} \quad (9\text{-}153)$$

$$= [[B_i][B_j][B_m][B_p]][\Delta]^e = [B][\Delta]^e$$

式中,子块矩阵 $[B_i]$ 为:

$$[B_i] = \frac{1}{ab}\begin{bmatrix} b\dfrac{\partial N_i}{\partial \xi} & 0 \\ 0 & a\dfrac{\partial N_i}{\partial \eta} \\ a\dfrac{\partial N_i}{\partial \eta} & b\dfrac{\partial N_i}{\partial \xi} \end{bmatrix} = \frac{1}{4ab}\begin{bmatrix} b\xi_i(1+\eta_i\eta) & 0 \\ 0 & a\eta_i(1+\xi_i\xi) \\ a\eta_i(1+\xi_i\xi) & b\xi_i(1+\eta_i\eta) \end{bmatrix} \quad (i,j,m,p)$$

$$(9\text{-}154)$$

由物理方程可得单元应力为:

$$[\sigma] = [D][\varepsilon] = [D][B][\Delta]^e = [D][[B_i][B_j][B_m][B_p]][\Delta]^e \quad (9\text{-}155)$$

$$= [[S_i][S_j][S_m][S_p]][\Delta]^e = [S][\Delta]^e$$

对平面应力问题,应力子块矩阵 $[S_i]$ 为:

$$[S_i] = [D][B_i] = \frac{E}{4ab(1-\mu^2)}\begin{bmatrix} b\xi_i(1+\eta_i\eta) & \mu a\eta_i(1+\xi_i\xi) \\ \mu b\xi_i(1+\eta_i\eta) & a\eta_i(1+\xi_i\xi) \\ \dfrac{1-\mu}{2}a\eta_i(1+\xi_i\xi) & \dfrac{1-\mu}{2}\dfrac{1-\mu}{2} \end{bmatrix} \quad (i,j,m,p)$$

$$(9\text{-}156)$$

对于平面应变问题,只需在式(9-156)中将 E 代之以 $\dfrac{E}{1-\mu^2}$,μ 代之以 $\dfrac{\mu}{1-\mu}$ 即可。

对式(9-154)和式(9-156)可见,矩形单元的应变与应力都是线性变化的,所以它比三角形常应变单元能较好地反映结构内实际的应力和位移变化情况,计算精度通常比三角形常应变单元高。

单元刚度矩阵可由虚功方程导出的一般形式得到,其中局部坐标与整体坐标的关系式为:

$$[K]^e = \iint_A [B]^T[D][B]h\,\mathrm{d}x\,\mathrm{d}y$$

$$= abh\int_{-1}^{1}\int_{-1}^{1}\begin{bmatrix} [B_i]^T \\ [B_j]^T \\ [B_m]^T \\ [B_p]^T \end{bmatrix}[D][[B_i][B_j][B_m][B_p]]\,\mathrm{d}\xi\,\mathrm{d}\eta$$

$$= \begin{bmatrix} [K^e_{ii}] & [K^e_{ij}] & [K^e_{im}] & [K^e_{ip}] \\ [K^e_{ji}] & [K^e_{jj}] & [K^e_{jm}] & [K^e_{jp}] \\ [K^e_{mi}] & [K^e_{mj}] & [K^e_{mm}] & [K^e_{mp}] \\ [K^e_{pi}] & [K^e_{pj}] & [K^e_{pm}] & [K^e_{pp}] \end{bmatrix} \tag{9-157}$$

其中,每一块子矩阵具体表示为:

$$[K^e_{rs}] = abh \int_{-1}^{1} \int_{-1}^{1} [B_r]^{\mathrm{T}} [D][B] \mathrm{d}\xi \mathrm{d}\eta = \frac{E}{4(1-\mu^2)} \times$$

$$\begin{bmatrix} \dfrac{b}{a} \xi_r \xi_s \left(1 + \dfrac{1}{3} \eta_r \eta_s\right) + \dfrac{1-\mu}{2} \dfrac{b}{a} \eta_r \eta_s \left(1 + \dfrac{1}{3} \xi_r \xi_s\right) & \mu \xi_r \eta_s + \dfrac{1-\mu}{2} \xi_s \eta_r \\ \mu \xi_s \eta_r + \dfrac{1-\mu}{2} \xi_r \eta_s & \dfrac{b}{a} \eta_r \eta_s \left(1 + \dfrac{1}{3} \xi_r \xi_s\right) + \dfrac{1-\mu}{2} \dfrac{b}{a} \xi_r \xi_s \left(1 + \dfrac{1}{3} \eta_r \eta_s\right) \end{bmatrix}$$

$$(r, s = i, j, m, p)$$

$$\tag{9-158}$$

对平面应变问题,也是在式(9-158)中将 E 用 $\dfrac{E}{1-\mu^2}$ 代, μ 用 $\dfrac{\mu}{1-\mu}$ 代即可。

3. 等效节点力的计算

1) 体力的移置

设单元受均匀体力 $[R_{\mathrm{V}}] = \begin{bmatrix} X \\ Y \end{bmatrix}$ 作用(图 9-24),则等效节点力矩阵为:

$$[P]^e = \iint_A [N]^{\mathrm{T}} [P_{\mathrm{V}}] h \, \mathrm{d}x \mathrm{d}y = \int_{-1}^{1} \int_{-1}^{1} \begin{bmatrix} N_i & 0 \\ 0 & N_i \\ N_j & 0 \\ 0 & N_j \\ N_m & 0 \\ 0 & N_m \\ N_p & 0 \\ 0 & N_p \end{bmatrix} \begin{bmatrix} X \\ Y \end{bmatrix} hab \, \mathrm{d}\xi \mathrm{d}\eta \tag{9-159}$$

$$= \begin{bmatrix} \dfrac{W_x}{4} & \dfrac{W_y}{4} & \dfrac{W_x}{4} & \dfrac{W_y}{4} & \dfrac{W_x}{4} & \dfrac{W_y}{4} & \dfrac{W_x}{4} & \dfrac{W_y}{4} \end{bmatrix}^{\mathrm{T}}$$

式中, $W_x = 2a \times 2bhX$, $W_y = 2a \times 2bhY$ 分别为单元在 x 方向与 y 方向的总体力。

式(9-159)表明,整个物体上所受体力平均移置到 4 个节点上。

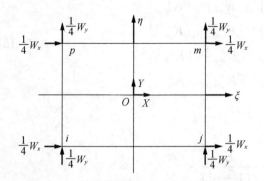
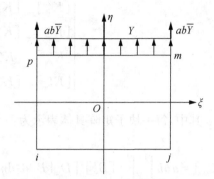

图9-24　四节点平面矩形单元体力的移置　　图9-25　四节点平面矩形单元均匀面力的移置

2）均匀面力的移置

如图9-25设单元在 $\eta=1$ 边界上作用均匀表面力 $[P_A]=\begin{bmatrix}0\\\bar{Y}\end{bmatrix}$，则等效节点载荷矩阵为：

$$[P]^e=\int_s [N]^{\mathrm{T}}[P_A]h\,\mathrm{d}s=\int_{-1}^1 [N]_{\eta=1}^{\mathrm{T}}\begin{bmatrix}0\\\bar{Y}\end{bmatrix}ha\,\mathrm{d}\xi \tag{9-160}$$

注意到形函数矩阵在 $\eta=1$ 边界上取值在 $\eta=1$ 边界上，

$$N_i(\xi,\,1)=\frac{1}{4}(1+\xi_i\xi)(1-1)=0 \quad (i,\,j) \tag{9-161}$$

$$\int_{-1}^1 N_m(\xi,\,1)\mathrm{d}\xi=\int_{-1}^1\frac{1}{4}(1+\xi_m\xi)(1+1)\mathrm{d}\xi=1 \quad (m,\,p)$$

所以代回式（9-160）后，有：

$$[P]^e=\begin{bmatrix}0 & 0 & 0 & 0 & 0 & \dfrac{1}{2}(2ah\bar{Y}) & 0 & \dfrac{1}{2}(2ah\bar{Y})\end{bmatrix}^{\mathrm{T}} \tag{9-162}$$

$$=\begin{bmatrix}0 & 0 & 0 & 0 & 0 & \dfrac{1}{2}\bar{W}_y & 0 & \dfrac{1}{2}\bar{W}_y\end{bmatrix}$$

式中，$\bar{W}_y=2ah\bar{Y}$ 为单元 $\eta=1$ 边界上 y 方向的总面力。

　　矩形单元比常应变三角形单元有较高的精度，但由于它不能适应曲线边界和斜边界，也不便于在不同部位上采用不同大小分级的单元，因此，在工程实际中使用不多。一般它可与三角形单元混合使用或用任意四边形的等参元。

9.8　典型例题

例9.1　如图9-26所示为一平面应力状态的直角三角形单元，设 $\mu=\dfrac{1}{6}$。试求：

（1）形函数矩阵 $[N]$；

（2）应变矩阵 $[B]$；

（3）应力矩阵 $[S]$；

（4）单元刚度矩阵 $[K]^e$。

解：（1）将 i，j，m 的坐标代入式(9-8)得：

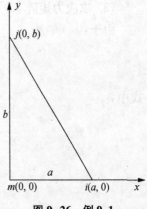

图 9-26 例 9.1

$$a_i = 0, \quad a_j = 0, \quad a_m = ab$$

$$b_i = b, \quad b_j = 0, \quad b_m = -b$$

$$c_i = 0, \quad c_j = a, \quad c_m = -b$$

且 $A = \dfrac{1}{2}ab$。

所以有：

$$N_i = \frac{1}{2A}(a_i + b_i x + c_i y) = \frac{x}{a}$$

$$N_j = \frac{1}{2A}(a_j + b_j x + c_j y) = \frac{y}{b}$$

$$N_m = \frac{1}{2A}(a_m + b_m x + c_m y) = 1 - \frac{x}{a} - \frac{y}{b}$$

得：

$$[N] = \begin{bmatrix} N_i & 0 & N_j & 0 & N_m & 0 \\ 0 & N_i & 0 & N_j & 0 & N_m \end{bmatrix}$$

$$= \begin{bmatrix} \dfrac{x}{a} & 0 & \dfrac{y}{b} & 0 & 1 - \dfrac{x}{a} - \dfrac{y}{b} & 0 \\[3mm] 0 & \dfrac{x}{a} & 0 & \dfrac{y}{b} & 0 & 1 - \dfrac{x}{a} - \dfrac{y}{b} \end{bmatrix}$$

（2）求应变矩阵 $[B]$

$$[B] = \frac{1}{2A} \begin{bmatrix} b_i & 0 & b_j & 0 & b_m & 0 \\ 0 & c_i & 0 & c_j & 0 & c_m \\ c_i & b_i & c_j & b_j & c_m & b_m \end{bmatrix} = \begin{bmatrix} \dfrac{1}{a} & 0 & 0 & 0 & -\dfrac{1}{a} & 0 \\[3mm] 0 & 0 & 0 & \dfrac{1}{b} & 0 & -\dfrac{1}{b} \\[3mm] 0 & \dfrac{1}{a} & \dfrac{1}{b} & 0 & -\dfrac{1}{b} & -\dfrac{1}{a} \end{bmatrix}$$

（3）求应力矩阵 $[S]$

由于：

$$[S]=[D][B]$$

式中，

$$[D]=\frac{E}{1-\mu^2}\begin{bmatrix}1 & \mu & 0 \\ \mu & 1 & 0 \\ 0 & 0 & \dfrac{1-\mu}{2}\end{bmatrix}$$

所以：

$$[S]=[D][B]=\frac{E}{1-\mu^2}\begin{bmatrix}1 & \mu & 0 \\ \mu & 1 & 0 \\ 0 & 0 & \dfrac{1-\mu}{2}\end{bmatrix}\begin{bmatrix}\dfrac{1}{a} & 0 & 0 & 0 & -\dfrac{1}{a} & 0 \\ 0 & 0 & 0 & \dfrac{1}{b} & 0 & -\dfrac{1}{b} \\ 0 & \dfrac{1}{a} & \dfrac{1}{b} & 0 & -\dfrac{1}{b} & -\dfrac{1}{a}\end{bmatrix}$$

$$=\frac{E}{1-\mu^2}\begin{bmatrix}\dfrac{1}{a} & 0 & 0 & \dfrac{\mu}{b} & -\dfrac{1}{a} & -\dfrac{\mu}{b} \\ \dfrac{\mu}{a} & 0 & 0 & \dfrac{1}{b} & -\dfrac{\mu}{a} & -\dfrac{1}{b} \\ 0 & \dfrac{1-\mu}{2a} & \dfrac{1-\mu}{2b} & 0 & -\dfrac{1-\mu}{2b} & -\dfrac{1-\mu}{2a}\end{bmatrix}$$

当 $\mu=\dfrac{1}{6}$ 时，

$$[S]=\frac{36E}{35}\begin{bmatrix}\dfrac{1}{a} & 0 & 0 & \dfrac{\mu}{b} & -\dfrac{1}{a} & -\dfrac{1}{6b} \\ \dfrac{1}{6a} & 0 & 0 & \dfrac{1}{b} & -\dfrac{1}{6a} & -\dfrac{1}{b} \\ 0 & \dfrac{5}{12a} & \dfrac{5}{12b} & 0 & -\dfrac{5}{12b} & -\dfrac{5}{12a}\end{bmatrix}$$

（4）求单元刚度矩阵 $[K]^e$

由于：

$$[K]^e=[B]^{\mathrm{T}}[S]tA$$

所以：

$$[K]^e = \frac{ab}{2}t\frac{36E}{35}
\begin{bmatrix}
\dfrac{1}{a} & 0 & 0 \\[2mm]
0 & 0 & \dfrac{1}{a} \\[2mm]
0 & 0 & \dfrac{1}{b} \\[2mm]
0 & \dfrac{1}{b} & 0 \\[2mm]
-\dfrac{1}{a} & 0 & -\dfrac{1}{b} \\[2mm]
0 & -\dfrac{1}{b} & -\dfrac{1}{a}
\end{bmatrix}
\begin{bmatrix}
\dfrac{1}{a} & 0 & 0 & \dfrac{1}{6b} & -\dfrac{1}{a} & -\dfrac{1}{6b} \\[2mm]
\dfrac{1}{6a} & 0 & 0 & \dfrac{1}{b} & -\dfrac{1}{6a} & -\dfrac{1}{b} \\[2mm]
0 & \dfrac{5}{12a} & \dfrac{5}{12b} & 0 & -\dfrac{5}{12b} & -\dfrac{5}{12a}
\end{bmatrix}$$

$$= \frac{18}{35}Etab
\begin{bmatrix}
\dfrac{1}{a^2} & 0 & 0 & \dfrac{1}{6ab} & -\dfrac{1}{a^2} & -\dfrac{1}{6ab} \\[2mm]
0 & \dfrac{5}{12a^2} & \dfrac{5}{12ab} & 0 & -\dfrac{5}{12ab} & -\dfrac{5}{12a^2} \\[2mm]
0 & \dfrac{5}{12ab} & \dfrac{5}{12b^2} & 0 & -\dfrac{5}{12b^2} & -\dfrac{5}{12ab} \\[2mm]
\dfrac{1}{6ab} & 0 & 0 & \dfrac{1}{b^2} & -\dfrac{1}{6ab} & -\dfrac{1}{b^2} \\[2mm]
-\dfrac{1}{a^2} & -\dfrac{5}{12ab} & -\dfrac{5}{12b^2} & -\dfrac{1}{6ab} & \left(\dfrac{1}{a^2}+\dfrac{5}{12b^2}\right) & \dfrac{7}{12ab} \\[2mm]
-\dfrac{1}{6ab} & -\dfrac{5}{12a^2} & -\dfrac{5}{12ab} & -\dfrac{1}{b^2} & \dfrac{7}{12ab} & \left(\dfrac{1}{b^2}+\dfrac{5}{12a^2}\right)
\end{bmatrix}$$

例 9.2　如图 9-27(a)所示的悬臂梁,已知在右端面作用着均匀分布的拉力,其合力为 P。采用如图 9-27(b)所示的简单网格,设 $\mu = \dfrac{1}{3}$,厚度为 t,试求节点位移。

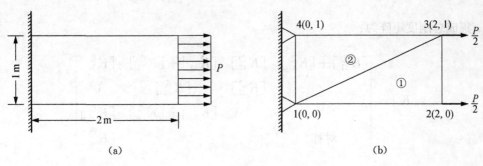

(a)　　　　　　　　　　(b)

图 9-27　例 9.2

解： 对于单元①，节点 i、节点 j、节点 m 相当于节点 1、节点 2、节点 3。

$$b_i = y_j - y_m = -1 \text{ m}, \ b_j = y_m - y_i = 1 \text{ m}, \ b_m = y_i - y_j = 0$$

$$c_i = x_m - x_j = 0, \ c_j = x_i - x_m = -2 \text{ m}, \ c_m = x_j - x_i = 2 \text{ m}$$

$$A = 1 \text{ m}^2$$

本题属于平面应力问题，$[K]^e$ 的系数为：

$$\frac{Et}{4(1-\mu^2)A} = \frac{9Et}{32}$$

则：

$$[K^{\textcircled{1}}]^e = \begin{bmatrix} [K_{11}^{\textcircled{1}}] & [K_{13}^{\textcircled{1}}] & [K_{14}^{\textcircled{1}}] \\ [K_{31}^{\textcircled{1}}] & [K_{33}^{\textcircled{1}}] & [K_{34}^{\textcircled{1}}] \\ [K_{41}^{\textcircled{1}}] & [K_{43}^{\textcircled{1}}] & [K_{44}^{\textcircled{1}}] \end{bmatrix} = \frac{3Et}{32} \begin{bmatrix} 3 & 0 & -3 & 2 & -4 & -2 \\ 0 & 1 & 2 & -1 & -2 & 0 \\ 0 & 2 & 7 & -4 & -4 & 2 \\ 2 & -1 & -4 & 13 & 2 & -12 \\ 0 & -2 & -4 & 2 & 4 & 0 \\ -2 & 0 & 2 & -12 & 0 & 12 \end{bmatrix}$$

对于单元②，节点 i、节点 j、节点 m 相当于节点 1、节点 3、节点 4。

$$b_i = y_j - y_m = 0, \ b_j = y_m - y_i = 1 \text{ m}, \ b_m = y_i - y_j = -1 \text{ m}$$

$$c_i = x_m - x_j = -2 \text{ m}, \ c_j = x_i - x_m = 0, \ b_m = x_j - x_i = 2 \text{ m}$$

$$[K^{\textcircled{2}}]^e = \begin{bmatrix} [K_{11}^{\textcircled{2}}] & [K_{12}^{\textcircled{2}}] & [K_{13}^{\textcircled{2}}] \\ [K_{21}^{\textcircled{2}}] & [K_{22}^{\textcircled{2}}] & [K_{23}^{\textcircled{2}}] \\ [K_{31}^{\textcircled{2}}] & [K_{32}^{\textcircled{2}}] & [K_{33}^{\textcircled{2}}] \end{bmatrix} = \frac{3Et}{32} \begin{bmatrix} 4 & 0 & 0 & -2 & 0 & 2 \\ 0 & 12 & -2 & 0 & 2 & -12 \\ -3 & -2 & 3 & 0 & -3 & 2 \\ -2 & 0 & 0 & 1 & 2 & -1 \\ -4 & 2 & -3 & 2 & 7 & -4 \\ 2 & -12 & 2 & -1 & -4 & 13 \end{bmatrix}$$

集成总刚度矩阵为：

$$[K] = \begin{bmatrix} [K_{11}^{\textcircled{1}}] + [K_{11}^{\textcircled{2}}] & [K_{12}^{\textcircled{2}}] & [K_{13}^{\textcircled{1}}] + [K_{13}^{\textcircled{2}}] & [K_{14}^{\textcircled{2}}] \\ & [K_{22}^{\textcircled{2}}] & [K_{23}^{\textcircled{2}}] & 0 \\ & & [K_{33}^{\textcircled{1}}] + [K_{33}^{\textcircled{2}}] & [K_{34}^{\textcircled{2}}] \\ \text{对称} & & & [K_{44}^{\textcircled{2}}] \end{bmatrix}$$

由此可得：

$$\frac{3Et}{32}\begin{bmatrix} 7 & 0 & -3 & 2 & 0 & -4 & -4 & 2 \\ 0 & 13 & 2 & -1 & -4 & 0 & 2 & -12 \\ -3 & 2 & 7 & -4 & -4 & 2 & 0 & 0 \\ 2 & -1 & -4 & 13 & 2 & -12 & 0 & 0 \\ 0 & -4 & -4 & 2 & 7 & 0 & -3 & 2 \\ -4 & 0 & 2 & -12 & 0 & 13 & 2 & -1 \\ -4 & 2 & 0 & 0 & -3 & 2 & 7 & -4 \\ 2 & -12 & 0 & 0 & 2 & -1 & -4 & 13 \end{bmatrix} \cdot \begin{bmatrix} u_1 \\ v_1 \\ u_2 \\ v_2 \\ u_3 \\ v_3 \\ u_4 \\ v_4 \end{bmatrix} = \begin{bmatrix} U_1 \\ V_1 \\ U_2 \\ V_2 \\ U_3 \\ V_3 \\ U_4 \\ V_4 \end{bmatrix}$$

根据约束条件得到：$u_1 = v_1 = u_4 = v_4 = 0$，则非零位移只剩下 4 个，划去以上相应的行与列后，代入节点载荷得到：

$$\frac{3Et}{32}\begin{bmatrix} 7 & -4 & -4 & 2 \\ -4 & 13 & 2 & -12 \\ -4 & 2 & 7 & 0 \\ 2 & -12 & 0 & 13 \end{bmatrix}\begin{bmatrix} u_2 \\ v_2 \\ u_3 \\ v_3 \end{bmatrix} = \begin{bmatrix} \dfrac{P}{2} \\ 0 \\ \dfrac{P}{2} \\ 0 \end{bmatrix}$$

所以：

$$7u_2 - 4v_2 - 4u_3 + 2v_3 = 5.33\frac{P}{Et},$$

$$-4u_2 + 13v_2 + 2u_3 - 12v_3 = 0,$$

$$-4u_2 - 2v_2 + 7u_3 = 5.33\frac{P}{Et},$$

$$2u_2 - 12v_2 + 13v_3 = 0$$

解以上联立方程得到：

$$\begin{bmatrix} u_2 \\ v_2 \\ u_3 \\ v_3 \end{bmatrix} = \begin{bmatrix} 1.98 \\ 0.333 \\ 1.80 \\ 0 \end{bmatrix}\frac{P}{Et}$$

9.9　本章小结

本章介绍了三种不同形式的单元，它们在使用中各有优缺点，从非均匀性及曲线边界的适应性角度，三角形单元最好，六节点三角形单元次之，面矩形单元适应性最差。而从计算精度以及单元数(同一问题，节点数大致相同时)角度，六节点三角形单元最好，三角形单元较差,单元数也多。但是由于六节点三角形单元节点多,因此,在刚度方程中关联的节点位移较多,自然存在总刚度矩阵中带宽较大和占用计算机的容量较大的问题。所以在选择单元时,还应综合考虑结构几何形状、计算精度要求及计算机容量等多方面的因素。此外,本章还介绍了有限单元法的形函数、自然坐标以及非节点载荷偏置等有限单元法的主要方法,形函数的选取会影响有限单元法与真实值之间的误差,如果形函数接近于真实的变形情况,通过有限单元法得到的结果更加接近于真实值。

思考题

9.1　有限单元法的一般步骤是什么?

9.2　网格划分时应该注意什么?

9.3　有限单元法的主要思想是什么?

9.4　建立总刚度矩阵的原则是什么?

9.5　有限单元法中为什么要进行非节点载荷的移置?

9.6　处理边界条件的目的是什么?

习　题

9.1　如图 9-28 所示的某单元,已知其节点编号为 i, j, m。其坐标分别为$(2,2)$、$(6,3)$、$(5,6)$。试根据三角形单元的性质,写出其形函数 N_i、N_j、N_m 及单元的应变矩阵$[B]$。

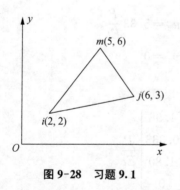

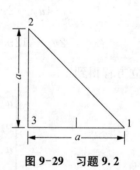

图 9-28　习题 9.1　　　　图 9-29　习题 9.2

9.2　如图 9-29 所示的三角形单元,已知其厚度为 t,弹性模量为 E,设泊松比 $\mu=0$,试求:

(1) 形函数矩阵 $[N]$;

(2) 应变矩阵 $[B]$;

(3) 应力矩阵 $[S]$;

(4) 单元刚度矩阵 $[K]^e$。

9.3 如图 9-30 所示的矩形单元,已知边长分别为 $2a$ 和 $2b$,坐标原点取在单元的中心。设位移函数为:

$$u = \alpha_1 + \alpha_2 x + \alpha_3 y + \alpha_4 xy;$$
$$v = \alpha_5 + \alpha_6 x + \alpha_7 y + \alpha_8 xy$$

试推导单元内部任一点的位移 u,v 与 4 个节点位移之间的关系式。

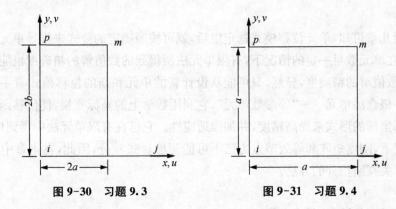

图 9-30 习题 9.3   图 9-31 习题 9.4

9.4 如图 9-31 所示的正方形单元,已知边长为 a,该单元的厚度为 1 个单位,设泊松比为 $\mu = 0.2$。设位移函数为:

$$u = \alpha_1 + \alpha_2 x + \alpha_3 y + \alpha_4 xy;$$
$$v = \alpha_5 + \alpha_6 x + \alpha_7 y + \alpha_8 xy$$

试具体计算出此正方形单元在平面应变时的单元刚度矩阵。

9.5 如图 9-32(a)所示的悬臂深梁,已知在右端作用着均匀分布的剪力,其合力为 P,采用如图 9-32(b)所示的简单网格,设 $\mu = \dfrac{1}{3}$,厚度为 t,试求节点位移。

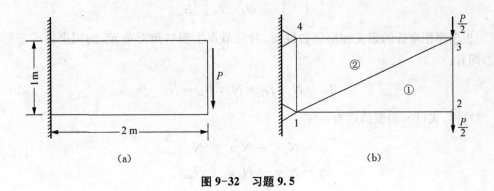

图 9-32 习题 9.5

第 10 章　等参数单元

由前面几章可知,单元位移模式选定以后,就可按照确定的公式来推导单元的刚度矩阵。同时,在单元数目一定的情况下,有限单元法所得到的数值解的精确度也能确定。因此,要提高数值解的精确度,显然,只可能从设计新的单元和新的位移模式着手。本章将介绍另一种概念的单元——"等参数单元",它利用数学上的坐标变换,使位移函数通过一种新的局部坐标的形式来提高精度,并加强适应性。它已在有限单元法中得到广泛应用。在这种情况下,刚度矩阵和等效节点力已不可能写成显式积分,因此,在本章中还将简单介绍一些有关高斯积分的方法。

10.1　等参数单元的概念

在平面问题的有限单元法中,三节点平面三角形单元的位移模式用形函数表示为:

$$u = N_i u_i + N_j u_j + N_m u_m$$
$$v = N_i v_i + N_j v_j + N_m v_m$$
$$\tag{10-1}$$

面积坐标与直角坐标的关系为:

$$\begin{bmatrix} 1 \\ x \\ y \end{bmatrix} = \begin{bmatrix} 1 & 1 & 1 \\ x_i & x_j & x_m \\ y_i & y_j & y_m \end{bmatrix} \begin{bmatrix} L_i \\ L_j \\ L_m \end{bmatrix} \tag{10-2}$$

根据面积坐标的定义和形函数性质,对三节点平面三角形单元,面积坐标等于形函数,即有:

$$L_i = N_i, \ L_j = N_j, \ L_m = N_m \tag{10-3}$$

这样,式(10-2)变换后有:

$$x = N_i x_i + N_j x_j + N_m x_m$$
$$y = N_i y_i + N_j y_j + N_m y_m$$
$$\tag{10-4}$$

式(10-4)实际是一种坐标变换形式,它把 xOy 平面上的任意一个 $\triangle ijm$ 变换为 $L_i L_j$ 平面上的 $\triangle i_1 j_1 m_1$,如图 10-1 所示。在 xOy 平面上的 $\triangle ijm$ 中的任一点都可以在 $L_i L_j$ 平面的 $\triangle i_1 j_1 m_1$ 中找到相应的位置,自然在 $\triangle i_1 j_1 m_1$ 中任意一点也可以在 xOy 平面上的 $\triangle ijm$ 中找到相应位置。

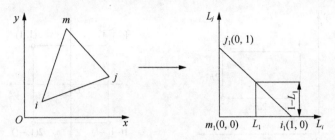

图 10-1　面积坐标

这里,面积坐标就是一种局部坐标,它的独立变量是 L_i 和 L_j,而 $L_m = 1 - L_i - L_j$。不论 xOy 平面的三角形其形状、大小怎样变化,变换到 L_iL_j 平面后 $\triangle i_1 j_1 m_1$ 的形状、大小始终不变,我们把 xOy 平面上的 $\triangle ijm$ 称为实际单元,而把 L_iL_j 平面上的 $\triangle i_1 j_1 m_1$ 称为基本单元或母单元。

由式(10-1)和式(10-4)可以看到,三角形单元的位移模式和坐标变换式都采用了相同的形函数,并且都用 节点 i、节点 j、节点 m 的位移分量和坐标值进行函数插值来表达单元的位移和几何坐标。

再来看一下平面问题中的矩形单元。

在 xOy 平面上边长为 $2a$ 和 $2b$ 的任意一个矩形单元,再引入一个原点取在矩形形心、坐标轴分别与 x 轴和 y 轴平行的局部坐标系 ξ, η,且坐标变换的关系为:

$$\xi = \frac{x - x_0}{a}, \ \eta = \frac{y - y_0}{b} \tag{10-5}$$

式中,x_0 和 y_0 为矩形形心的坐标值。

这样,用形函数表示的单元位移模式为:

$$u = N_1 u_1 + N_2 u_2 + N_3 u_3 + N_4 u_4 = \sum_{i=1}^{4} N_i u_i$$
$$v = N_1 v_1 + N_2 v_2 + N_3 v_3 + N_4 v_4 = \sum_{i=1}^{4} N_i v_i \tag{10-6}$$

式中,形函数是用局部坐标 (ξ, η) 来表示的:

$$N_1 = \frac{1}{4}(1-\xi)(1-\eta), N_2 = \frac{1}{4}(1+\xi)(1-\eta)$$
$$N_3 = \frac{1}{4}(1+\xi)(1+\eta), N_1 = \frac{1}{4}(1-\xi)(1+\eta) \tag{10-7}$$

经过式(10-5)的变换,实际上可以把在 xOy 平面上任意一个矩形单元变换为在 ξ, η 坐标系中的一个边长为 2 的正方形单元(图 10-2)。同样把 xOy 平面内的矩形单元称为实际单元,把 ξ, η 坐标系中的正方形单元称为基本单元或母单元。不论实际单元的尺寸如何,基本单元都是不变的。实际单元中的每一点都可在基本单元中找到对应点,反之亦然,它们之间的对应关系除式(10-5)外,还可用形函数来表示:

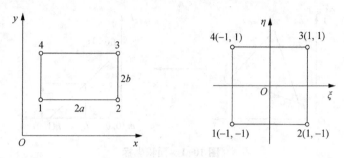

图 10-2 矩形单元坐标变换

$$x = N_1 x_1 + N_2 x_2 + N_3 x_3 + N_4 x_4 = \sum_{i=1}^{4} N_i x_i$$

$$y = N_1 y_1 + N_2 y_2 + N_3 y_3 + N_4 y_4 = \sum_{i=1}^{4} N_i y_i$$

(10-8)

式(10-8)的证明只要把形函数代入,并经代换即可得到。

由式(10-6)和式(10-8)也可看到,矩形单元的位移模式和坐标变换都采用了相同的形函数,并且都用 4 个节点的位移分量和坐标值进行函数插值来表达单元的位移和几何坐标。三角形单元和矩形单元在这一点上具有相同的特征,并不是偶然的,因为它们都属于本章要介绍的"等参数单元"。

所谓等参数单元,是指实际单元的位移模式和坐标变换式采用等同的形函数,并且用同一节点的位移分量和坐标值进行函数插值来表达单元内任一点的位移和几何坐标。

这里强调,只有当位移函数和坐标变换式中的形函数 N_i 与节点参数都相同时,才称这个实际单元为等参数单元(简称等参元)。在某些特殊情况下,如位移函数的精度要求高,选用较高次的单元(如具有 12 节点的四边形),但几何坐标变换用较低的(如 8 节点)单元,这时位移函数中的形函数 $N_{i(u)}$ 的阶次大于坐标变换式中的形函数 $N_{i(x)}$ 的阶次,这种单元称为次参数单元(简称次参元)。反之,位移函数选用较少的节点单元,坐标变换式选用较多节点的单元,位移函数的形函数阶次小于坐标变换式的形函数阶次,则称为超参数单元(简称超参元),如图 10-3 所示。

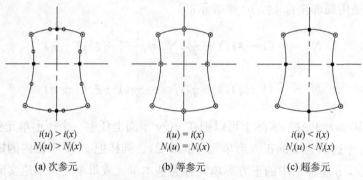

$i(u) > i(x)$ $\qquad$ $i(u) = i(x)$ $\qquad$ $i(u) < i(x)$
$N_i(u) > N_i(x)$ $\qquad$ $N_i(u) = N_i(x)$ $\qquad$ $N_i(u) < N_i(x)$
(a) 次参元 $\qquad\qquad$ (b) 等参元 $\qquad\qquad$ (c) 超参元

$i(x)$ ——坐标变换所用单元节点数; ● ——坐标变换所用单元节点;
$i(u)$ ——位移函数所用单元节点数; ◎ ——位移函数所用单元节点

图 10-3 等参元、次参元与超参元

上面根据三角形单元和矩形单元的位移函数与坐标几何变换式建立了等参数单元的概念,我们习惯上不把三角形单元和矩形单元称为等参数单元。应用等参数的概念,主要是为了建立高次单元,如任意四边形单元(包含曲边的四边形单元),可以是 8 节点、12 节点或更多节点;又如空间的曲棱曲面单元可以是 8 节点、20 节点或更多节点。这样单元的形状越复杂,自位移插值函数的次数也越高,它们的适应能力也就越强,计算精度也越高。同时,所需单元的个数减少,方程组个数减少,求解所费时间也少。但是,由于形函数阶数的提高,形成刚度矩阵的运算过程复杂化了。因而对于一定的工程实际问题,就存在着某种最适宜的单元,它既能提高计算精度,又能减少花费机时。

为了以后讨论问题方便与清楚起见,把在整体坐标系下的实际单元视为由在局部坐标系下的基本单元通过变换而得到的。由于引入了无因次的参数坐标 (ξ, η),使得实际单元对于插值位移函数与坐标变换式都具有同等的形函数与节点参数,所以,这些实际单元就是等参数单元。可以证明,如果位移函数在基本单元中充分反映了刚体位移与常量应变,则它在等参数单元中也能充分反映刚体位移与常量应变,如果实际单元是曲线边界,可以用类似方法处理并推广到更多节点的单元,如平面 8 节点单元或 12 节点单元,空间 20 节点单元等。

10.2　平面等参数单元的位移插值函数

等参数单元的位移模式主要取决于单元的形函数(位移插值函数),它既反映了单元的位移形状,也反映了单元的几何形状,一旦确定了形函数也就确定了位移模式。所以,在讨论位移模式过程中,主要在于分析形函数。

各种实际单元都可作为由相应的基本单元通过坐标变换而成的,因此,只要分析基本单元用局部坐标表示的插值位移函数。局部坐标是一种无因次坐标系,规定单元的节点坐标值为 ±1,而单元中任意点的坐标值不超过 1,因此,用局部坐标来表示插值函数将简化表达式,并给以后的刚度计算程序化带来方便。

各种平面等参元相应的基本单元都是同节点数的正方形。用局部坐标表示的基本单元位移模式一般为:

$$u(\xi, \eta) = \sum_{i=1}^{n} N_i(\xi, \eta) u_i(\xi_i, \eta_i)$$
$$v(\xi, \eta) = \sum_{i=1}^{n} N_i(\xi, \eta) v_i(\xi_i, \eta_i) \qquad (i = 1, 2, \cdots, n) \qquad (10\text{-}9)$$

式中,n 为单元的节点数。

由于上述位移模式也同样适用于节点,因此形函数必须满足下列条件,并可根据此条件来构造形函数:

$$N_i(\xi_k, \eta_k) = \begin{cases} 1 & (k = i) \\ 0 & (k \neq i) \end{cases} \quad (i, k = 1, 2, \cdots, n) \qquad (10\text{-}10)$$

1. 四节点任意四边形单元

图 10-4(a)所示的边长为 2 的正方形基本单元,可任意变换成任意四边形实际单元[图 10-4(b)]。现根据式(10-10)来构造形函数,以 N_1 为例,基本单元的 4 条边的方程为:

$$
\begin{aligned}
&边\overline{12}: \eta = -1, 即\ 1+\eta = 0; \\
&边\overline{23}: \xi = 1, 即\ 1-\xi = 0; \\
&边\overline{34}: \eta = 1, 即\ 1-\eta = 0; \\
&边\overline{41}: \xi = -1, 即\ 1+\xi = 0
\end{aligned}
\tag{10-11}
$$

由于形函数 N_1 在节点 2,节点 3,节点 4 处的值均为零,而这三点在边 $\overline{23}$、边 $\overline{34}$ 上,因此,有:

$$
N_1(\xi_k,\ \eta_k) = C_1(1-\xi)(1-\eta) \quad (k=1,\ 2,\ 3,4)
$$

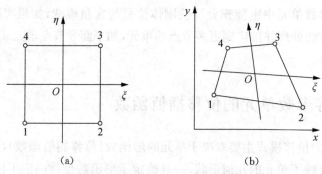

图 10-4 四节点四边形等参变换

而 N_1 在节点 1 处的值应为零,即有:

$$
C_1(1-\xi_1)(1-\eta_1) = 1
\tag{10-12}
$$

把节点 1 的坐标 $\xi_1 = -1,\ \eta_1 = -1$ 代入式(10-12)后,有:

$$
C_1 = \frac{1}{(1-\xi_1)(1-\eta_1)} = \frac{1}{4}
\tag{10-13}
$$

这样就有:

$$
N_1 = \frac{1}{4}(1-\xi)(1-\eta)
\tag{10-14}
$$

同理,有:

$$
N_2 = \frac{1}{4}(1+\xi)(1-\eta)
$$

$$
N_3 = \frac{1}{4}(1+\xi)(1+\eta)
\tag{10-15}
$$

$$
N_4 = \frac{1}{4}(1-\xi)(1+\eta)
$$

如引进新的变换 $\xi_0 = \xi_i \xi$，$\eta_0 = \eta_i \eta$（$i=1，2，3，4$）则形函数可统一写成：

$$N_i = \frac{1}{4}(1+\xi_0)(1+\eta_0) \quad (i=1，2，3，4) \tag{10-16}$$

由此，基本单元的位移函数可写成：

$$u(\xi，\eta) = \sum_{i=1}^{4} N_i(\xi，\eta)u_i \tag{10-17}$$

$$v(\xi，\eta) = \sum_{i=1}^{4} N_i(\xi，\eta)v_i$$

坐标变换式为：

$$x(\xi，\eta) = \sum_{i=1}^{4} N_i(\xi，\eta)x_i \tag{10-18}$$

$$y(\xi，\eta) = \sum_{i=1}^{4} N_i(\xi，\eta)y_i$$

2. 八节点任意四边形单元

图 10-5(a)所示的八节点正方形单元可变换映射为八节点任意四边形与曲边四边形实际单元，如图 10-5(b)和图 10-5(c)所示。基本单元和实际单元都有 4 个角节点与在 4 条边中间的节点构成。角节点以 1，2，3，4 命名，中间节点以 5，6，7，8 命名。形函数 N_i 的形成可以分 $N_1 \sim N_4$ 与 $N_5 \sim N_8$ 两种情况来分析。

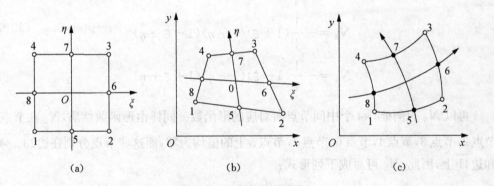

(a)　　　　　　　(b)　　　　　　　(c)

图 10-5　八节点四边形单元

基本单元上四条边 $\overline{12}$、$\overline{23}$、$\overline{34}$、$\overline{41}$ 的方程仍为：

$$\begin{aligned} &\overline{12}\,边，1+\eta=0，\ \overline{23}\,边，1-\xi=0 \\ &\overline{34}\,边，1-\eta=0，\ \overline{45}\,边，1+\xi=0 \end{aligned} \tag{10-19}$$

而四边中点依次连线的方程为：

$$\overline{56}\,线，1-\xi+\eta=0$$

$$\overline{67}\,线，1-\xi-\eta=0$$

$$\overline{78}\text{ 线},1+\xi-\eta=0$$
$$\overline{85}\text{ 线},1+\xi+\eta=0 \tag{10-20}$$

角点上以 N_1 为例来推导,由形函数性质可知 N_1 在 2,3,4,5,6,7,8 节点上的值均为零,由于节点 2,节点 6,节点 3,节点 7,节点 4 分别在边 $\overline{23}$ 与边 $\overline{34}$ 上,而节点 5 和节点 8 在边 $\overline{85}$ 连线上,所以,N_1 的形式为:

$$N_1=C_1(1-\xi)(1-\eta)(1+\xi+\eta) \tag{10-21}$$

而 N_i 在节点处的值应为 1,所以把节点 1 的坐标代入式(10-20),应有:

$$C_1(1-\xi_1)(1-\eta_1)(1+\xi_1+\eta_1)=1 \tag{10-22}$$

这样有:

$$C_1=\frac{1}{(1-\xi_1)(1-\eta_1)(1+\xi_1+\eta_1)}=-\frac{1}{4} \tag{10-23}$$

则形函数:

$$N_1=-\frac{1}{4}(1-\xi)(1-\eta)(1+\xi+\eta) \tag{10-24}$$

同理,可得角点上对应的形函数为:

$$N_2=-\frac{1}{4}(1+\xi)(1-\eta)(1-\xi+\eta)$$

$$N_3=-\frac{1}{4}(1+\xi)(1+\eta)(1-\xi-\eta) \tag{10-25}$$

$$N_4=-\frac{1}{4}(1-\xi)(1+\eta)(1+\xi-\eta)$$

再以 N_5 为例推导 4 个中间节点所对应的形函数。同样由形函数性质,N_5 在节点 1,节点 2,节点 3,节点 4,节点 6,节点 7,节点 8 上的值均为零,而这些节点分别在边 $\overline{23}$、$\overline{34}$ 边和边 $\overline{41}$ 上,因此,N_5 可写成下列形式:

$$N_5=C_5(1-\xi)(1-\eta)(1+\xi) \tag{10-26}$$

又由于 N_5 在节点 5 上的值等于 1,得:

$$C_5(1-\xi_5)(1-\eta_5)(1+\xi_5)=1 \tag{10-27}$$

这样有:

$$C_5=\frac{1}{(1-\xi_5)(1-\eta_5)(1+\xi_5)}=\frac{1}{2} \tag{10-28}$$

则有形函数:

$$N_5 = \frac{1}{2}(1-\xi)(1-\eta)(1+\xi) = \frac{1}{2}(1-\xi^2)(1-\eta) \tag{10-29}$$

同理,可得其余三个中间节点上对应的形函数为:

$$N_6 = \frac{1}{2}(1+\xi)(1+\eta)(1-\eta) = \frac{1}{2}(1+\xi)(1-\eta^2)$$

$$N_5 = \frac{1}{2}(1+\xi)(1-\xi)(1+\eta) = \frac{1}{2}(1-\xi^2)(1+\eta) \tag{10-30}$$

$$N_5 = \frac{1}{2}(1-\xi)(1+\eta)(1-\eta) = \frac{1}{2}(1-\xi)(1-\eta^2)$$

同样引进新的变换 $\xi_0 = \xi_i\xi$, $\eta_0 = \eta_i\eta (i=1, 2, 3, \cdots, 8)$ 后,上述 8 个形函数可以用统一的公式写成:

$$N_i = \frac{1}{4}(1+\xi_0)(1+\eta_0)(\xi_0+\eta_0-1)\xi_i^2\eta_i^2 +$$

$$\frac{1}{2}(1-\xi^2)(1+\eta_0)(1-\xi_i^2)\eta_i^2 + \frac{1}{2}(1-\eta^2)(1+\xi_0)(1-\eta_i^2)\xi_i^2 \tag{10-31}$$

这样,基本单元的位移函数为:

$$u(\xi, \eta) = \sum_{i=1}^{8} N_i(\xi, \eta)u_i$$

$$v(\xi, \eta) = \sum_{i=1}^{8} N_i(\xi, \eta)v_i \tag{10-32}$$

而坐标变换式为:

$$x(\xi, \eta) = \sum_{i=1}^{8} N_i(\xi, \eta)x_i$$

$$y(\xi, \eta) = \sum_{i=1}^{8} N_i(\xi, \eta)y_i \tag{10-33}$$

根据上述四节点四边形单元和八节点任意四边形单元形函数的推导,利用同样的方法,我们还可以构造一系列精度更高的等参数平面单元。要达到这一目的,只须在边上中间增加节点。在工程计算中,通常只用到 3 次等参数单元,如图 10-6 所示的 12 节点等参数单元。假设边上中间节点均在所在边的 $\frac{1}{3}$ 处位置上,即节点 5 的局部坐标为 $\left(-\frac{1}{3}, -1\right)$,节点 6 的局部坐标为 $\left(\frac{1}{3}, -1\right)$,节点 7 的局部坐标为 $\left(1, -\frac{1}{3}\right)$,节点 8 的局部坐标为 $\left(1, \frac{1}{3}\right)$,其余类推。它的形函数为(中间过程略,读者可仿照上述方法自行推导):

$$N_i = \frac{1}{2\ 048}(1+\xi_0)(1+\eta_0)\left[9(\xi^2+\eta^2)-10\right](9\xi_i^2-1)(9\eta_i^2-1)+$$

$$\frac{81}{256}(1+\xi_0)(1-\eta^2)(1+9\eta_0)(1-\eta_i^2)+ \tag{10-34}$$

$$\frac{81}{256}(1+\eta_0)(1-\xi^2)(1+9\xi_0)(1-\xi_i^2)$$

式中，$\xi_0 = \xi_i\xi$，$\eta_0 = \eta_i\eta (i=1, 2, \cdots, 12)$。

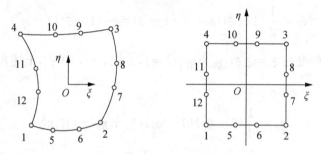

图 10-6　12 节点等参单元

*10.3　单元特性分析

10.3.1　等参数单元的应变矩阵

根据几何关系式，等参数单元的应变表达式为：

$$[\varepsilon] = [B][\Delta]^e = [[B_1][B_2]\cdots[B_n]][\Delta]^e \tag{10-35}$$

式中　$[\Delta]^e$——单元 e 的节点位移矩阵；

　　n——单元的节点数。

对于空间单元：

$$[\Delta]^e = [u_1 \quad v_1 \quad w_1 \quad u_2 \quad v_2 \quad w_2 \quad \cdots \quad u_n \quad v_n \quad w_n]^T \tag{10-36}$$

对于平面单元：

$$[\Delta]^e = [u_1 \quad v_1 \quad u_2 \quad v_2 \quad \cdots \quad u_n \quad v_n]^T \tag{10-37}$$

$[B]$ 为应变矩阵，$[B_i]$ 为子块矩阵 $(i=1, 2, \cdots, e)$，对于平面单元为：

$$[B_i] = \begin{bmatrix} N_{i,x} & 0 & 0 \\ 0 & N_{i,y} & 0 \\ N_{i,y} & N_{i,x} & 0 \end{bmatrix} \tag{10-38}$$

式中,记号 $N_{i,x}$,$N_{i,y}$ 分别表示 N_i 对 x,y 的偏导数 $\dfrac{\partial N_i}{\partial x}$,$\dfrac{\partial N_i}{\partial y}$。此后,下标 x,y 的意义均如此。

对于平面单元,由整体坐标 x,y 与局部坐标 ξ,η 之间的几何变换式可知,N_i 是 ξ,η 的函数,也是 x,y 的复合函数,所以可根据复合函数的求导法则得:

$$N_{i,\xi} = N_{i,x} X_{,\xi} + N_{i,y} Y_{,\xi} \tag{10-39}$$
$$N_{i,\eta} = N_{i,x} X_{,\eta} + N_{i,y} Y_{,\eta}$$

写成矩阵形式

$$\begin{bmatrix} N_{i,\xi} \\ N_{i,\eta} \end{bmatrix} = \begin{bmatrix} X_{,\xi} & Y_{,\xi} \\ X_{,\eta} & Y_{,\eta} \end{bmatrix} \begin{bmatrix} N_{i,x} \\ N_{i,y} \end{bmatrix} = [J] \begin{bmatrix} N_{i,x} \\ N_{i,y} \end{bmatrix} \tag{10-40}$$

式中,$X_{,\xi} = \dfrac{\partial X}{\partial \xi}$,其他类似定义。

$$[J] = \begin{bmatrix} X_{,\xi} & Y_{,\xi} \\ X_{,\eta} & Y_{,\eta} \end{bmatrix} \tag{10-41}$$

称为雅可比(Jacobian)矩阵,是一个非奇异矩阵。把坐标变换代入,可得:

$$[J] = \begin{bmatrix} \displaystyle\sum_{i=1}^{n} N_{i,\xi} X_i & \displaystyle\sum_{i=1}^{n} N_{i,\xi} Y_i \\ \displaystyle\sum_{i=1}^{n} N_{i,\eta} X_i & \displaystyle\sum_{i=1}^{n} N_{i,\eta} Y_i \end{bmatrix} \tag{10-42}$$

利用式(10-39)求得:

$$\begin{bmatrix} N_{i,x} \\ N_{i,y} \end{bmatrix} = [J]^{-1} \begin{bmatrix} N_{i,x} \\ N_{i,y} \end{bmatrix} \tag{10-43}$$

代入式(10-37)后,即可求得空间 n 个节点单元的应变矩阵。

10.3.2　等参数单元的应力矩阵

单元内的应力可以表示成

$$[\sigma] = [D][\varepsilon] = [D][B][\Delta]^e = [S][\Delta]^e \tag{10-44}$$

式中,应力矩阵可以写成分块形式:

$$[S] = [[S_1][S_2]\cdots[S_n]] \tag{10-45}$$

式中,n 为单元的节点数。

对平面等参数单元,在平面应力情况下,应力矩阵的子块矩阵 $[S_i]$ 为:

$$[S_i] = [D][B_i] = \frac{E}{1-\mu^2} \begin{bmatrix} N_{i,x} & \mu N_{i,y} \\ \mu N_{i,x} & N_{i,y} \\ \dfrac{1-\mu}{2}N_{i,y} & \dfrac{1-\mu}{2}N_{i,x} \end{bmatrix} \quad (i=1, 2, \cdots, n)$$

(10-46)

10.3.3　等参数单元的单元刚度矩阵

和以前一样,由虚功原理可以推得单元刚度矩阵为:

$$[K]^e = \iiint [B]^{\mathrm{T}}[D][B]\,\mathrm{d}x\mathrm{d}y\mathrm{d}z = \begin{bmatrix} [K_{11}^e] & [K_{21}^e] & \cdots & [K_{n1}^e] \\ [K_{21}^e] & [K_{22}^e] & \cdots & [K_{2n}^e] \\ \vdots & \vdots & & \vdots \\ [K_{n1}^e] & [K_{n2}^e] & \cdots & [K_{m}^e] \end{bmatrix}$$

(10-47)

对平面等参数单元,在平面应力情况下,每一个子矩阵的计算公式是:

$$[K]^e = \iiint [B_i]^{\mathrm{T}}[D][B_j]\,\mathrm{d}x\mathrm{d}y\mathrm{d}z = \int_{-1}^{1}\int_{-1}^{1}\int_{-1}^{1} [B_i]^{\mathrm{T}}[D][B_j]\,|J|\,\mathrm{d}\xi\mathrm{d}\eta\mathrm{d}\zeta$$

(10-48)

而,

$$[B_i]^{\mathrm{T}}[D][B_j] = \frac{E}{1-\mu^2} \begin{bmatrix} N_{i,x}N_{j,x}+\dfrac{1-\mu}{2}N_{i,y}N_{j,y} & \mu N_{i,x}N_{j,y}+\dfrac{1-\mu}{2}N_{i,y}N_{j,x} \\ \mu N_{i,y}N_{j,x}+\dfrac{1-\mu}{2}N_{i,x}N_{j,y} & N_{i,y}N_{j,y}+\dfrac{1-\mu}{2}N_{i,x}N_{j,x} \end{bmatrix}$$

$$(i=1, 2, \cdots, n; j=1, 2, \cdots, n)$$

(10-49)

从式(10-47)、式(10-48)可以看到,刚度矩阵已不可能写成显式积分,被积函数是很复杂的,需要用数值积分计算。

10.4　高斯积分法

在计算等参数单元的刚度矩阵与等效节点力中,往往会遇到如下形式的积分:

$$\int_{-1}^{1} f(\xi)\,\mathrm{d}\xi$$

$$\int_{-1}^{1}\int_{-1}^{1} f(\xi, \eta)\,\mathrm{d}\xi\mathrm{d}\eta$$

(10-50)

其中的被积函数一般都很复杂,即使能得出它们的显式,它们的积分运算也很繁复,为此一般都用数值积分来替代函数积分。所谓数值积分就是将积分问题化为求和问题来处理。对有限元来说就是在单元内选出某些点,称为积分点,算出被积函数在这些点的函数值,然后用一些加权系数乘上这些函数值,求其总和,作为近似积分值。

数值积分有多种方法及其计算公式,如矩阵公式、梯形公式、辛普森(Simpson)公式、牛顿-柯特斯(Newton-Cotes)公式和高斯(Gauss)公式等。其中高斯积分法是一种较好的方法,由于它对积分点与加权系数都进行了优选,因此与其他数值积分法相比,可以用同样数目的积分点达到较高的精度,或者说,可以用较少的积分点达到同样的精度,所以高斯积分法得到广泛应用。

10.4.1 一维高斯求积公式

一维高斯积分的通用形式如下:

$$I = \int_{-1}^{1} f(\xi) \mathrm{d}\xi = \sum_{i=1}^{n} H_i f(\xi_i) \tag{10-51}$$

式中 $f(\xi_i)$—— 被积函数在积分点 ξ_i 处的值;

H_i—— 加权系数;

n—— 所取积分点的数目。

如果有 n 个积分点,就可以选择 n 个 ξ_i 与 n 个 H_i 共 $2n$ 个数值。根据积分性质,可使式(10-51) 在 $f(\xi)$ 为 ξ 的 $2n-1$ 次多项式时给出完全精确的积分值。

例如当积分点为 2 时,即 n=2,则:

$$\int_{-1}^{1} f(\xi) \mathrm{d}\xi = H_1 f(\xi_1) + H_2 f(\xi_2) \tag{10-52}$$

如果这时被积函数 $f(\xi)$ 为 ξ 的三次式,即:

$$f(\xi) = C_0 + C_1 \xi + C_2 \xi^2 + C_3 \xi^3 \tag{10-53}$$

它的精确积分值为:

$$I = \int_{-1}^{1} (C_0 + C_1 \xi + C_2 \xi^2 + C_3 \xi^3) \mathrm{d}\xi = 2C_0 + \frac{2}{3} C_2 \tag{10-54}$$

由式(10-52)、式(10-53)及式(10-54)有:

$$H_1(C_0 + C_1 \xi_1 + C_2 \xi_1^2 + C_3 \xi_1^3) + H_2(C_0 + C_1 \xi_2 + C_2 \xi_2^2 + C_3 \xi_2^3) = 2C_0 + \frac{2}{3} C_2 \tag{10-55}$$

为了在 C_0 至 C_3 取任意数值时(包括零值在内),式(10-52) 都是完全精确的,必须使式(10-54) 左右两侧 C_0,C_1,C_2,C_3 前的系数都相等,即

$$\begin{aligned} H_1 + H_2 &= 2 \\ H_1 \xi_1 + H_2 \xi_2 &= 0 \\ H_1 \xi_1^2 + H_2 \xi_2^2 &= \frac{2}{3} \\ H_1 \xi_1^3 + H_2 \xi_2^3 &= 0 \end{aligned} \tag{10-56}$$

解方程式(10-56)可得：

$$\xi_1 = -\xi_2 = -\frac{1}{\sqrt{3}} \qquad (10\text{-}57)$$

$$H_1 = H_2 = 1.0$$

两积分点的高斯求积公式的几何意义如图 10-7 所示。它是由两块矩形 ABHG 与 BCIJ 的面积替代两块曲边形面积，但是矩形的"底"H 与"高"ξ_i 都是根据使积分值达到或者非常近似与精确而求得的最佳值。

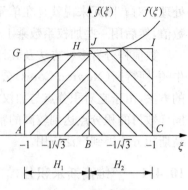

图 10-7 两点高斯积分

当积分点为 3 时，即 $n=3$，则被积函数为：

$$I = \int_{-1}^{1} f(\xi)\mathrm{d}\xi = H_1 f(\xi_1) + H_2 f(\xi_2) + H_3 f(\xi_3) \qquad (10\text{-}58)$$

如果这时被积函数 $f(\xi)$ 为 ξ 的五次式($2n-1=5$)，即：

$$f(\xi) = C_0 + C_1\xi + C_2\xi^2 + C_3\xi^3 + C_3\xi^4 + C_3\xi^5 \qquad (10\text{-}59)$$

它的精确积分值为：

$$I = \int_{-1}^{1} f(\xi)\mathrm{d}\xi = 2C_0 + \frac{2}{3}C_2 + \frac{2}{5}C_4 \qquad (10\text{-}60)$$

由式(10-58)、式(10-59)及式(5-60)有：

$$
\begin{aligned}
&H_1(C_0 + C_1\xi_1 + C_2\xi_1^2 + C_3\xi_1^3 + C_4\xi_1^4 + C_5\xi_1^5) + \\
&H_2(C_0 + C_1\xi_2 + C_2\xi_2^2 + C_3\xi_2^3 + C_4\xi_2^4 + C_5\xi_2^5) + \\
&H_3(C_0 + C_1\xi_3 + C_2\xi_3^2 + C_3\xi_3^3 + C_4\xi_3^4 + C_5\xi_3^5) \\
&= 2C_0 + \frac{2}{3}C_2 + \frac{2}{5}C_4
\end{aligned} \qquad (10\text{-}61)
$$

从而有：

$$
\begin{aligned}
&H_1 + H_2 + H_3 = 2 \\
&H_1\xi_1 + H_2\xi_2 + H_3\xi_3 = 0 \\
&H_1\xi_1^2 + H_2\xi_2^2 + H_3\xi_3^2 = \frac{2}{3} \\
&H_1\xi_1^3 + H_2\xi_2^3 + H_3\xi_3^3 = 0 \\
&H_1\xi_1^4 + H_2\xi_2^4 + H_3\xi_3^4 = \frac{2}{5} \\
&H_1\xi_1^5 + H_2\xi_2^5 + H_3\xi_3^5 = 0
\end{aligned} \qquad (10\text{-}62)
$$

解方程式(10-62)得：

$$\xi_1 = -\xi_3 = -\frac{3}{\sqrt{5}}$$

$$\xi_2 = 0$$

$$H_1 = H_3 = \frac{5}{9}$$ （10-63）

$$H_2 = \frac{8}{9}$$

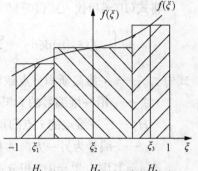

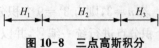

图 10-8　三点高斯积分

3 个积分点的高斯求积公式的几何意义如图 10-8 所示。

当被积函数 $f(\xi)$ 大于 ξ 的五次式时,要使根据高斯求积公式所得的值近似等于精确解,就必须增加积分点。对于 n 在 $2 \sim 5$ 个积分点,高斯求积公式中的积分点坐标 ξ_i 与加权系数 H_i 的数值列于表 10-1 中。

表 10-1　高斯求积公式的积分点坐标与加权系数

n(积分点数)	ξ_i(积分点)	H_i(加权系数)
2	$\pm\dfrac{1}{\sqrt{3}}$	1
3	$\pm\sqrt{\dfrac{3}{5}}$ 0	$\dfrac{5}{9}$ $\dfrac{8}{9}$
4	$\pm 0.861\ 136\ 311\ 594$ $\pm 0.339\ 981\ 043\ 584$	$0.347\ 854\ 845\ 137$ $0.652\ 145\ 154\ 862$
5	$\pm 0.906\ 179\ 845\ 939$ $\pm 0.538\ 469\ 310\ 106$ 0	$0.236\ 926\ 885\ 056$ $0.478\ 628\ 670\ 499$ $0.568\ 888\ 888\ 889$

*10.4.2　二维高斯求积公式

二维高斯求积公式可在一维高斯求积公式基础上推导出来。当求重积分 $\int_{-1}^{1}\int_{-1}^{1} f(\xi,\eta)\mathrm{d}\xi\mathrm{d}\eta$ 的数值时,可先对 ξ 进行数值积分,而把 η 当作常量,于是,由式(10-51)可得:

$$\int_{-1}^{1} f(\xi,\eta)\mathrm{d}\xi = \sum_{i=1}^{n} H_1 f(\xi_i,\eta) = \phi(\eta) \quad (10\text{-}64)$$

然后再对 η 进行积分得:

$$\int_{-1}^{1}\int_{-1}^{1} f(\xi,\eta)\mathrm{d}\xi\mathrm{d}\eta = \int_{-1}^{1} \phi(\eta)\mathrm{d}\eta = \sum_{j=1}^{n} H_j \phi(\eta_j) \quad (10\text{-}65)$$

将式(10-64)代入式(10-65)即得：

$$\int_{-1}^{1}\int_{-1}^{1}f(\xi,\eta)\mathrm{d}\xi\mathrm{d}\eta=\sum_{j=1}^{n}H_j\sum_{i=1}^{n}H_if(\xi_i,\eta_i)=\sum_{j=1}^{n}\sum_{i=1}^{n}H_iH_jf(\xi_i,\eta_i) \quad (10\text{-}66)$$

式中 n—— 一维高斯积分点数目；

ξ_i—— 沿一维编号的 i 积分点的横坐标；

H_i—— 一维点的 i 点的加权系数；

j——编号为另一方向的积分点。

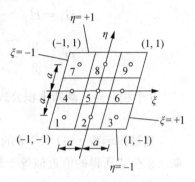

图 10-9 二维高斯积分

若 $n=3$，则有 $3^2=9$ 个积分点，如图 10-9 所示，如对 9 个积分点进行统一编号，并以 g 表示号码，即每个 g 有相应的 i、j，则式(10-66)的二重和可作为一重和，于是可写成：

$$\sum_{i=1}^{3}\sum_{j=1}^{3}H_iH_jf(\xi_i,\eta_j)=\sum_{g=1}^{9}H_gf_g \quad (10\text{-}67)$$

其中，

$$H_g=H_iH_j,\ f_g=f(\xi_i,\eta_i)$$

按图 10-9 所示的编号次序，各积分点相应坐标和加权系数列为表 10-2。

表 10-2　二维高斯积分的积分点坐标 ξ_i 与加权系数 H_i（n：积分点个数）

g	i	j	ξ_i	η_j	H_i	H_j	H_g	说明
1	1	1	$-a$	$-a$	H	H	H^2	
2	2	1	0	$-a$	J	H	JH	
3	3	1	0	$-a$	H	H	H^2	$a=-a_1=-a_3=0.774\,596\,669\,2$;
4	1	2	$-a$	0	H	J	JH	$a_2=0.0$;
5	2	2	0	0	J	J	J^2	$H=H_1=H_3=0.555\,555\,556$,
6	2	2	0	0	H	J	JH	$J=H_2=0.888\,888\,889$
7	1	3	$-a$	a	H	H	H^2	注：$a_2=0.0$ 表示积分点 ξ_2 或 η_2 在 η 轴或 ξ 轴上
8	2	3	0	a	J	H	JH	
9	3	3	0	a	H	H	H^2	

*10.5　等参数单元的病态问题

关于等参数单元的病态问题，可以从两个方面来加以分析。一方面，在计算单元刚度矩阵时，要用到雅可比矩阵 $[J]$ 的逆矩阵 $[J]^{-1}$ 和雅可比行列式 $|J|$ 来计算，因此，要保证 $|J|\neq0$；另一方面，要使整体坐标 (x,y,z) 与局部坐标 (ξ,η,ζ) 之间的变换（或者映射）必须是一一对应的连续变换。

由于雅可比行列式 $|J|$ 是一个函数的行列式，又是多变量的多项式，要使 $|J|\neq0$，

必须要检验多个控制点，即单元节点和积分点处的雅可比行列式 $|J| \neq 0$，这样做比较麻烦而且不便于在网格划分时就预先控制。可行的办法是，将解析条件 $|J| \neq 0$ 转化为几何条件，作为网格划分时的实用准则。关于二维任意四边形单元划分的准则为四边形必须是凸四边形。若为凹四边形，则在单元某些点处的 $|J|=0$。所谓凸四边形，其各内角都小于 $180°$。凹四边形，其中有一内角大于 $180°$，如图 10-10 所示。

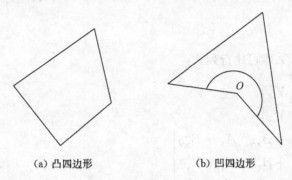

（a）凸四边形　　　　　　（b）凹四边形

图 10-10

现以四节点任意四边形单元为例（图 10-11）加以讨论。

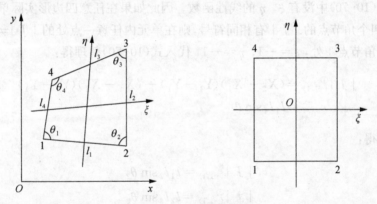

图 10-11　任意四边形单元

坐标变换式为：

$$x(\xi, \eta) = \sum_{i=1}^{4} N_i(\xi, \eta) x_i$$

$$y(\xi, \eta) = \sum_{i=1}^{4} N_i(\xi, \eta) y_i$$

(10-68)

式中，

$$N_i = \frac{1}{4}(1+\xi_0)(1+\eta_0), \ \xi_0 = \xi_i\xi, \ \eta_0 = \eta_i\eta \quad (i=1, 2, 3, 4)$$

$$X_{,\xi} = \frac{1}{4}\left[(-X_1 + X_2 + X_3 - X_4) + (X_1 - X_2 + X_3 - X_4)\eta\right] = \frac{1}{4}(A_x + B_x\eta)$$

$$X_{,\eta} = \frac{1}{4}[(-X_1 - X_2 + X_3 + X_4) + (X_1 - X_2 + X_3 - X_4)\xi] = \frac{1}{4}(C_x + B_x\xi)$$

$$Y_{,\xi} = \frac{1}{4}[(-Y_1 + Y_2 + Y_3 - Y_4) + (Y_1 - Y_2 + Y_3 - Y_4)\eta] = \frac{1}{4}(A_y + B_y\eta)$$

$$Y_{,y} = \frac{1}{4}[(-Y_1 - Y_2 + Y_3 + Y_4) + (Y_1 - Y_2 + Y_3 - Y_4)\xi] = \frac{1}{4}(C_y + B_y\xi)$$

$$(10\text{-}69)$$

将式(10-69)代入雅可比行列式：

$$
\begin{aligned}
|J| &= \begin{vmatrix} X_{,\xi} & Y_{,\xi} \\ X_{,\eta} & Y_{,\eta} \end{vmatrix} \\
&= \frac{1}{4}\begin{vmatrix} A_x + B_x\eta & A_y + B_y\eta \\ C_x + B_x\xi & C_y + B_y\xi \end{vmatrix} \\
&= \frac{1}{4}[(A_xC_y - C_xA_y) - (A_xB_y - B_xA_y)\xi + (B_xA_y - C_xB_y)\eta] \quad (10\text{-}70)
\end{aligned}
$$

由于式(10-70)中没有 ξ，η 的线性函数。因此如果在任意四边形实际单元变换为基本单元时，四个角节点的 $|J|$ 有相同符号，则在单元内任意一点处的 $|J| \neq 0$。

在典型角节点 1 处，$\xi = -1$，$\eta = -1$，代入式(10-70)整理得：

$$
\begin{aligned}
|J|_{(-1,1)}^{\textcircled{1}} &= (X_2 - X_1)(Y_4 - Y_1) - (X_4 - X_1)(Y_2 - Y_1) \\
&= l_1 l_4 \sin\theta_1 \quad (10\text{-}71)
\end{aligned}
$$

同理可得：

$$
\begin{aligned}
|J|_{(-1,1)}^{\textcircled{2}} &= l_1 l_2 \sin\theta_2 \\
|J|_{(-1,1)}^{\textcircled{3}} &= l_2 l_3 \sin\theta_3 \\
|J|_{(-1,1)}^{\textcircled{4}} &= l_3 l_4 \sin\theta_4
\end{aligned}
\quad (10\text{-}72)
$$

显然，只有当 θ_i 满足 $\theta_i < \pi$，$(i=1,2,3,4)$ 时，$\sin\theta > 0$，于是，4 个角点处 $|J|$ 的值取得同符号，且大于零。由此可见，四边形 4 个内角分别都小于 π 时，才能保证 $|J| \neq 0$。也就是说四边形必须是凸四边形。

凸四边形除了保证雅可比行列式 $|J| \neq 0$ 外，还能使整体坐标与局部坐标一一对应。因此，此例中所谓任意四边形等参元，其任意性是有一定限度的，也就是要满足条件，四边形的任意两条对边不能通过恰当的延伸在单元上出现交点，如图 10-12 所示交点。通常，在划分四边形单元时，为了保证精度，最好使其形状尽可能与正方形相差不多。

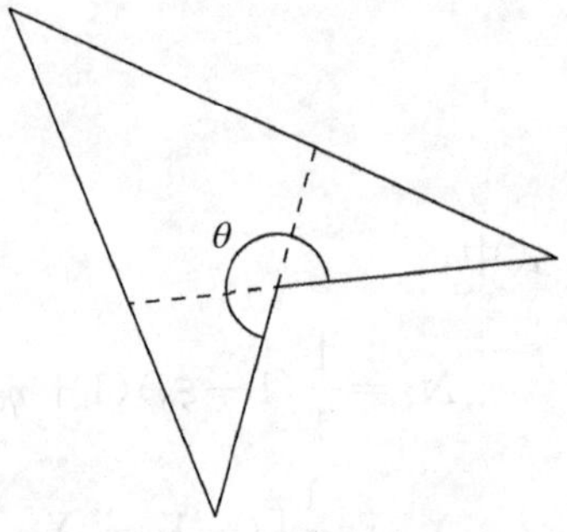

图 10-12　出现交点的情形

10.6　典型例题

例 10.1　用一点和两点高斯积分计算：

$$I = \int_{-1}^{1} \left[3e^x + x^2 + \frac{1}{(x+2)} \right] dx$$

解：当 $n=1$ 时，有 $H_1=2$ 和 $x_1=0$，则：

$$I \approx 2f(0) = 7.0$$

当 $n=2$ 时，有 $H_1=H_2=2$ 和 $x_1=-0.55735$，$\cdots$，$x_2=+0.57735$，则可以计算出：

$$I \approx 2f(0) = 7.0$$

上述计算出的解可以与精确值比较：

$$I_{\text{exact}} = 8.8165$$

10.7　本章小结

本章介绍了等参数单元的基本概念和等参数单元对应的插值位移函数，并讨论了等参数单元的应变矩阵、应力矩阵和刚度矩阵。等参数单元的刚度矩阵和等效节点力无法用显式积分表示，即无法求出其准确的积分值，所以，本章还介绍了关于高斯积分的方法，用于近似求解等参数单元中的刚度矩阵和等效节点力。

思考题

10.1　判断下列叙述是否正确：

(1) 沿一个四节点四边形单元的边界，其形函数是线性的；

(2) 对四节点、八节点四边形等参单元，基单元中 $\xi=0$，$\eta=0$ 的点与 x，y 坐标系中单元的质心是一致的；

(3) 单元内最大应力是高斯点上的应力；

(4) 用两点高斯积分可以精确计算 3 次多项式的积分。

习　题

10.1　分别用一点和两点阶高斯积分计算以下积分，并与精确值进行比较。

$$I = \int_{-1}^{1} (2x^3 + x^2 - 2) dx$$

部分习题参考答案

第 2 章

2.1 $W=1$

2.2 (a) 几何不变体系,有多余约束

（b) 几何不变体系,有多余约束

2.3 几何不变体系

2.4 几何不变体系,去除每一个塔身基本节的两根斜腹杆中的一个,仍能保持几何不变性。

2.5 几何可变体系

第 3 章

3.1

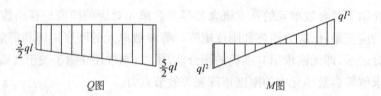

Q图　　　　　M图

3.2 $N_{AB}=N_{BC}=-10$ kN

$N_{BD}=N_{DF}=-20$ kN

$N_{CE}=N_{EF}=22.36$ kN

$N_{BE}=N_{DE}=0$

3.3 $N_1=-5.50$ kN

$N_2=2.60$ kN

$N_3=3.46$ kN

3.4

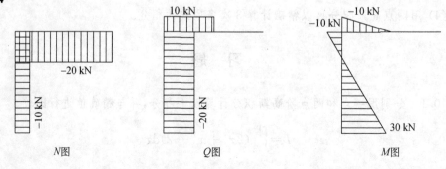

N图　　　　　Q图　　　　　M图

3.5　$N_{AD} = N_{BE} = 2\sqrt{2}qa$

$N_{AC} = N_{BC} = -2qa$

$N_{DF} = N_{EG} = -2qa$

$N_{DE} = 2qa$

3.6

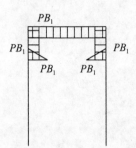

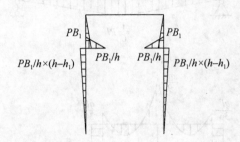

3.7　$\theta_C = \dfrac{150}{EI}$

3.8　$\Delta_{BV} = \dfrac{\pi}{4}\dfrac{PR^3}{EI}(\downarrow)$

3.9　$\Delta_{CV} = -0.011 \text{ m}(\downarrow)$

3.10　$\Delta_{AD} = \dfrac{1}{EI}\left[Mh^2 + hb \times \left(M + \dfrac{qb^2}{12}\right)\right](\rightarrow\!\leftarrow)$

3.11　$\Delta_{CV} = 1.34 \times 10^{-3} \text{ m}(\downarrow)$

3.12　$\Delta_{CV} = \dfrac{1}{2}v_A + \dfrac{1}{2}u_A + \dfrac{l}{4}\theta_A(\downarrow)$

3.13　(1) $\Delta_{CV} = 0.043\,3 \text{ m}(\downarrow)$

　　　　(2) $\Delta_{CV} = 0.011\,6 \text{ m}(\downarrow)$

3.14　$\Delta_1 = \dfrac{3pl^3}{EI}(\longleftrightarrow)$；$\Delta_2 = 0$；$\theta_{AB} = \dfrac{5pl^2}{EI}$

第 4 章

4.1

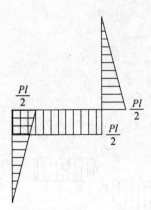

4.2

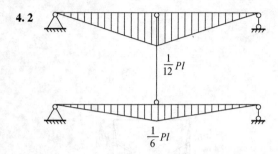

$$\frac{1}{12}Pl$$

$$\frac{1}{6}Pl$$

4.3

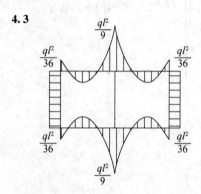

$$\frac{ql^2}{9}$$

$$\frac{ql^2}{36}$$

$$\frac{ql^2}{36}$$

$$\frac{ql^2}{36}$$

$$\frac{ql^2}{36}$$

$$\frac{ql^2}{9}$$

4.4

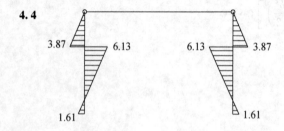

3.87 6.13   6.13 3.87

1.61   1.61

4.5

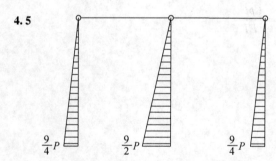

$$\frac{9}{4}P$$ $$\frac{9}{2}P$$ $$\frac{9}{4}P$$

第 5 章

5.1

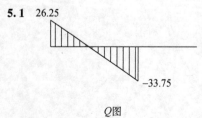

26.25

−33.75

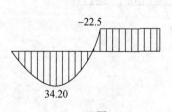

−22.5

34.20

Q图 M图

5. 2

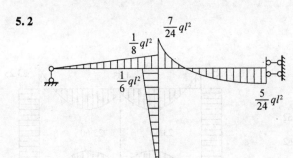

5. 3

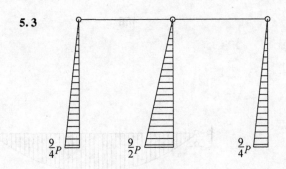

5. 4

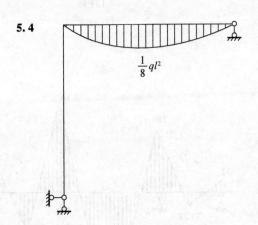

第 6 章

6. 2 $K = \begin{bmatrix} 612 \text{ kN/m} & 0 & -30 \text{ kN/m} \\ 0 & 324 \text{ kN/m} & 0 \\ -30 \text{ kN/m} & 0 & 300 \text{ kN/m} \end{bmatrix} \times 10^4$

6. 3 $N_{AB} = 10 \text{ kN}; \; N_{AC} = \dfrac{40}{3} \text{ kN}; \; N_{BC} = -\dfrac{50}{3} \text{ kN}$

6. 4 $N_{AB} = -97.69 \text{ kN}; \; N_{BC} = 59.84 \text{ kN}; \; N_{CD} = 42.31 \text{ kN}; \; N_{CA} = -42.31 \text{ kN};$

$N_{AD} = -53.30 \text{ kN}$

6.5

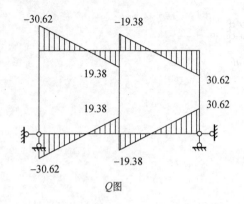

Q图

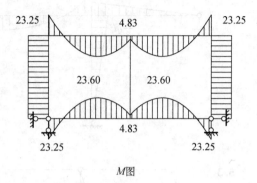

M图

6.6

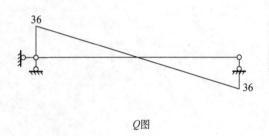

Q图

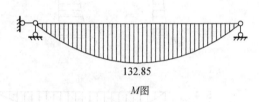

M图

6.7

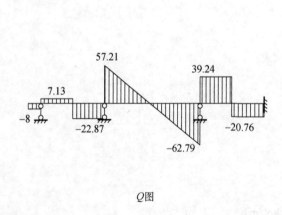

Q图

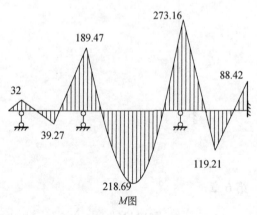

M图

第7章

7.2 $u(x) = \frac{1}{4}(x - x^2)$

$\sigma(x) = \frac{1}{4}(1 - 2x)$

7.3 4.5 MPa

7.5

序号	安全系数(最大畸变能准则)	安全系数(最大剪应力准则)
(1)	1.5	1.5
(2)	1.1	2.58
(3)	1.42	1.875
(4)	1.73	3

第8章

8.1

$$[K]^{(1)} = 10^6 \times \begin{bmatrix} 14 & 0 & -14 & 0 \\ 0 & 0 & 0 & 0 \\ -14 & 0 & 14 & 0 \\ 0 & 0 & 0 & 0 \end{bmatrix}$$

$$[K]^{(2)} = 10^6 \times \begin{bmatrix} 3.0311 & 5.2500 & -3.0311 & -5.2500 \\ 5.2500 & 9.0933 & -5.2500 & -9.0933 \\ -3.0311 & -5.2500 & 3.0311 & 5.2500 \\ -5.2500 & -9.0933 & 5.2500 & 9.0933 \end{bmatrix}$$

8.2

$$[K]^{(1)} = 10^6 \times \begin{bmatrix} 1.008 & 2.52 & -1.008 & 2.52 \\ 2.52 & 8.4 & -2.52 & 4.2 \\ -1.008 & -2.52 & 1.008 & -2.52 \\ 2.52 & 4.2 & -2.52 & 8.4 \end{bmatrix}$$

$$[K]^{(2)} = 10^6 \times \begin{bmatrix} 4.6667 & 7 & -4.6667 & 7 \\ 7 & 14 & -7 & 7 \\ -4.6667 & -7 & 4.6667 & -7 \\ 7 & 7 & -7 & 14 \end{bmatrix}$$

8.3

$$[K]^{(1)} = 10^6 \times \begin{bmatrix} 0.8064 & 2.016 & -0.8064 & 2.016 \\ 2.016 & 6.72 & -2.016 & 3.36 \\ -0.8064 & -2.016 & 0.8064 & -2.016 \\ 2.016 & 3.36 & -2.016 & 6.72 \end{bmatrix}$$

$$[K]^{(2)} = [K]^{(3)} = 10^6 \times \begin{bmatrix} 3.7333 & 5.6 & -3.7333 & 5.6 \\ 5.6 & 11.2 & -5.6 & 5.6 \\ -3.7333 & -5.6 & 3.7333 & -5.6 \\ 5.6 & 5.6 & -5.6 & 11.20 \end{bmatrix}$$

$$= \begin{bmatrix} 0.8064 & 2.016 & -0.8064 & 2.016 & 0 & 0 & 0 & 0 \\ 2.016 & 6.72 & -2.016 & 3.36 & 0 & 0 & 0 & 0 \\ -0.8064 & -2.0160 & 4.5397 & 3.584 & -3.7333 & 5.6 & 0 & 0 \\ 2.016 & 3.36 & 3.584 & 17.92 & -5.6 & 5.6 & 0 & 0 \\ 0 & 0 & -3.7333 & -5.6 & 7.4667 & 0 & -3.7333 & 5.6 \\ 0 & 0 & 5.6 & 5.6 & 0 & 22.4 & -5.6 & 5.6 \\ 0 & 0 & 0 & 0 & -3.7333 & -5.6 & 3.7333 & -5.6 \\ 0 & 0 & 0 & 0 & 5.6 & 5.6 & -5.6 & 11.2 \end{bmatrix} \begin{bmatrix} 0 \\ \theta_1 \\ 0 \\ \theta_2 \\ 0 \\ \theta_3 \\ 0 \\ 0 \end{bmatrix} = \begin{bmatrix} 15\,000 \\ 0 \\ 15\,000 \\ 0 \\ 0 \\ 20\,000 \\ F_4 \\ M_4 \end{bmatrix}$$

251

8. 4

$$[K]_1 = [K]_3 = 10^9 \times \begin{bmatrix} 0.003\,15 & 0 & -0.006\,3 & -0.003\,15 & 0 & -0.006\,3 \\ 0 & 2.625 & 0 & 0 & -2.625 & 0 \\ -0.006\,3 & 0 & 0.016\,8 & 0.006\,3 & 0 & 0.008\,4 \\ -0.003\,15 & 0 & 0.006\,3 & 0.003\,15 & 0 & 0.006\,3 \\ 0 & -2.625 & 0 & 0 & 2.625 & 0 \\ -0.006\,3 & 0 & 0.008\,4 & 0.006\,3 & 0 & 0.016\,8 \end{bmatrix}$$

$$[K]_2 = 10^9 \times \begin{bmatrix} 2.625 & 0 & 0 & -2.625 & 0 & 0 \\ 0 & 0.003\,15 & 0.006\,3 & 0 & -0.003\,15 & -0.006\,3 \\ 0 & 0.006\,3 & 0.016\,8 & 0 & -0.006\,3 & 0.008\,4 \\ -2.625 & 0 & 0 & 2.625 & 0 & 0 \\ 0 & -0.003\,15 & -0.006\,3 & 0 & 0.003\,15 & 0.006\,3 \\ 0 & 0.006\,3 & 0.008\,4 & 0 & -0.006\,3 & 0.016\,8 \end{bmatrix}$$

8. 5

$$[K]_1 = 10^9 \times \begin{bmatrix} 0.395\,5 & 0.681\,0 & -0.004\,1 & -0.395\,5 & -0.681\,0 & -0.004\,1 \\ 0.681\,0 & 1.181\,8 & 0.002\,4 & -0.681\,0 & -1.181\,8 & -0.002\,4 \\ -0.004\,1 & 0.002\,4 & 0.012\,6 & 0.004\,1 & -0.002\,4 & 0.006\,3 \\ -0.395\,5 & -0.681\,0 & 0.004\,1 & 0.395\,5 & 0.681\,0 & 0.004\,1 \\ -0.681\,0 & -1.181\,8 & -0.002\,4 & 0.681\,0 & 1.181\,8 & 0.002\,4 \\ -0.004\,1 & 0.002\,4 & 0.006\,3 & 0.004\,1 & -0.002\,4 & 0.012\,6 \end{bmatrix}$$

$$[K]_1 = 10^9 \times \begin{bmatrix} 2.1 & 0 & 0 & -2.1 & 0 & 0 \\ 0 & 0.005\,6 & 0.008\,4 & 0 & -0.005\,6 & -0.008\,4 \\ 0 & 0.008\,4 & 0.016\,8 & 0 & -0.008\,4 & 0.008\,4 \\ -2.1 & 0 & 0 & 2.1 & 0 & 0 \\ 0 & -0.005\,6 & -0.008\,4 & 0 & 0.005\,6 & 0.008\,4 \\ 0 & 0.008\,4 & 0.008\,4 & 0 & -0.008\,4 & 0.016\,8 \end{bmatrix}$$

$$[K]_3 = 10^9 \times \begin{bmatrix} 0.395\,5 & -0.681\,0 & 0.004\,1 & -0.395\,5 & 0.681\,0 & 0.004\,1 \\ -0.681\,0 & 1.181\,8 & 0.002\,4 & 0.681\,0 & -1.181\,8 & -0.002\,4 \\ 0.004\,1 & 0.002\,4 & 0.012\,6 & -0.004\,1 & -0.002\,4 & 0.006\,3 \\ -0.395\,5 & 0.681\,0 & -0.004\,1 & 0.395\,5 & -0.681\,0 & -0.004\,1 \\ 0.681\,0 & -1.181\,8 & -0.002\,4 & -0.681\,0 & 1.181\,8 & 0.002\,4 \\ 0.004\,1 & 0.002\,4 & 0.006\,3 & -0.004\,1 & -0.002\,4 & 0.012\,6 \end{bmatrix}$$

第 9 章

9. 1

$$N_i = \frac{1}{13}(21 - 3x - y) \quad N_j = \frac{1}{13}(-2 + 4x - 3y) \quad N_i = \frac{1}{13}(-6 - x + 4y)$$

$$[B] = \begin{bmatrix} -3 & 0 & 4 & 0 & -1 & 0 \\ 0 & -1 & 0 & -3 & 0 & 4 \\ -1 & -3 & 3 & 4 & 4 & -1 \end{bmatrix}$$

9.2

(1) $N = \begin{bmatrix} \dfrac{x}{a} & 0 & \dfrac{y}{a} & 0 & 1-\dfrac{x}{a}-\dfrac{y}{a} & 0 \\[2mm] 0 & \dfrac{x}{a} & 0 & \dfrac{y}{a} & 0 & 1-\dfrac{x}{a}-\dfrac{y}{a} \end{bmatrix}$

(2) $B = \dfrac{1}{a} \begin{bmatrix} 1 & 0 & 0 & 0 & -1 & 0 \\ 0 & 0 & 0 & 1 & 0 & -1 \\ 0 & 1 & 1 & 0 & -1 & -1 \end{bmatrix}$

(3) $[S] = \dfrac{E}{2a} \begin{bmatrix} 2 & 0 & 0 & 0 & -2 & 0 \\ 0 & 0 & 0 & 2 & 0 & -2 \\ 0 & 1 & 1 & 0 & -1 & -1 \end{bmatrix}$

(4) $[K]^* = \dfrac{Et}{4} \begin{bmatrix} 2 & 0 & 0 & 0 & -2 & 0 \\ 0 & 1 & 1 & 0 & -1 & -1 \\ 0 & 1 & 1 & 0 & -1 & -1 \\ 0 & 0 & 0 & 2 & 0 & -2 \\ -2 & -1 & -1 & 0 & 3 & 1 \\ 0 & -1 & -1 & -2 & 1 & 3 \end{bmatrix}$

9.3

$u = \dfrac{1}{4ab}[(a-x)(b-y)u_1 + (a+x)(b-y)u_2 + (a+x)(b+y)u_3 + (a-x)(b+y)u_4]$

$v = \dfrac{1}{4ab}[(a-x)(b-y)v_1 + (a+x)(b-y)v_2 + (a+x)(b+y)v_3 + (a-x)(b+y)v_4]$

9.4

$[K]^* = \dfrac{E}{43.2} \begin{bmatrix} 22 & 7.5 & -13 & -1.5 & -11 & -7.5 & 2 & 1.5 \\ & 22 & 1.5 & 2 & -7.5 & -11 & -1.5 & -13 \\ & & 22 & -7.5 & 2 & -1.5 & -11 & 7.5 \\ & & & 22 & 1.5 & -13 & 7.5 & -11 \\ & & & & 22 & 7.5 & -13 & -1.5 \\ & \text{对称} & & & & 22 & 1.5 & 2 \\ & & & & & & 22 & -7.5 \\ & & & & & & & 22 \end{bmatrix}$

9.5

$[u_2 \quad v_2 \quad u_3 \quad v_3]^{\mathrm{T}} = [-1.5 \quad -8.42 \quad 1.88 \quad -8.99]^{\mathrm{T}}$

第 10 章

10.1 $-\dfrac{7}{6}$

参 考 文 献

［1］卢耀祖,周中坚.机械与汽车结构的有限元分析[M].上海:同济大学出版社,1997.

［2］曾攀.有限元分析基础教程[M].北京:高等教育出版社,2009.

［3］卢耀祖,郑惠强,张氢.机械结构设计[M].上海:同济大学出版社,2004.

［4］徐秉业,黄炎,刘信声,等.弹性力学与塑性力学解题指导及习题集[M].北京:高等教育出版社,1985.

［5］张建文,刘彦辉,赵莹莹.工程弹性力学与有限元基础[M].北京:机械工业出版社,2013.

［6］钱德拉佩特拉,贝莱冈度.工程中的有限元方法[M].曾攀,雷丽萍,译.北京:机械工业出版社,2014.